高等职业院校精品教材系列

校级精品课
配套教材

电工电子技术基础及技能训练

王 欣 王兆霞 主 编

王宏玉 主 审

电子工业出版社
Publishing House of Electronics Industry
北京·BEIJING

内 容 简 介

本书依据教育部最新的职业教育教学改革要求，本着全面素质培养，以能力为本位，并突出职业技能的原则进行编写。全书共分 10 个单元，主要包括电路与电路定律、线性直流电路的分析方法、正弦交流电路分析、三相电路分析、半导体器件与整流电路分析、基本放大电路分析、集成运算放大器与应用、门电路与组合逻辑电路基础、触发器与时序逻辑电路基础、模拟量与数字量的转换，以及技能训练等。本书在保证系统性和完整性的基础上，尽量优化和压缩理论推导过程，增加实用性较强的、与生产实践相近的案例与技能训练，力求语言简练，通俗易懂，并设有职业导航、教学导航、知识分布网络、知识梳理与总结，使内容的条理性更加清晰，易于教学。

本书为高等职业本专科院校楼宇智能化专业、自动化类专业、电子信息类专业、设备类专业、制造类专业的教材，也可作为开放大学、成人教育、自学考试、中职学校和培训班的教材，以及工程技术人员的自学参考书。

本书配有免费的电子教学课件、习题参考答案，详见前言。

未经许可，不得以任何方式复制或抄袭本书之部分或全部内容。
版权所有，侵权必究。

图书在版编目（CIP）数据

电工电子技术基础及技能训练/王欣，王兆霞主编．—北京：电子工业出版社，2012.9（2022.9 重印）
高等职业院校精品教材系列
ISBN 978-7-121-17380-6

Ⅰ．①电…　Ⅱ．①王…②王…　Ⅲ．①电工技术－高等职业教育－教材②电子技术－高等职业教育－教材　Ⅳ．①TM②TN

中国版本图书馆 CIP 数据核字（2012）第 129924 号

策划编辑：陈健德（E-mail：chenjd@phei.com.cn）
责任编辑：李　蕊
印　　刷：涿州市般润文化传播有限公司
装　　订：涿州市般润文化传播有限公司
出版发行：电子工业出版社
　　　　　北京市海淀区万寿路 173 信箱　邮编 100036
开　　本：787×1 092　1/16　印张：18.25　字数：467.2 千字
版　　次：2012 年 9 月第 1 版
印　　次：2022 年 9 月第 17 次印刷
定　　价：42.00 元

凡所购买电子工业出版社图书有缺损问题，请向购买书店调换。若书店售缺，请与本社发行部联系，联系及邮购电话：（010）88254888，88258888。
质量投诉请发邮件至 zlts@phei.com.cn，盗版侵权举报请发邮件至 dbqq@phei.com.cn。
本书咨询联系方式：chenjd@phei.com.cn。

前 言

本书依据教育部最新的职业教育教学改革要求，本着以能力为本位、以企业需求为依据、以就业为导向，适应企业对技术发展的要求、体现教学内容的先进性，以学生为主体，体现教学组织的科学性和灵活性的原则进行编写。课程组人员结合本课程改革和多年的校企合作经验，根据传统教学的优势与缺点，对内容编排、理论深浅、知识应用等方面进行了优化与调整，使本书更方便教师教学，实用性更强。

本书具有如下特点：

（1）根据高等职业教育的教学规律、课程设置及知识结构安排，合理地确定出基本知识内容体系，删除以往电工电子课程中电动机、变压器、电气控制等内容（目前许多院校已把电动机、变压器、电气控制等内容作为单独的专业课程来设置），使本课程的知识脉络更加清晰合理，以"够用"为原则。

（2）以行业岗位技能需求为目标，增加与生产实践相近的案例与技能训练环节，突出操作能力的培养和训练。

（3）在内容的组织上，采用图、表、文字并用，优化并压缩理论证明和公式推导过程，通过小提示、案例、注意事项等加深学生的理解，使知识更加直观易懂。

（4）本书配有"职业导航"，使读者更加明确本课程与职业岗位的关系；在每个单元中同时配有"教学导航"，为教与学提供很好的指导作用；正文中的"知识分布网络"使读者掌握学习目标与章节重点；每个单元的结束配有"知识梳理与总结"，使读者更加有效地学习与归纳。

全书共分 10 个单元，主要包括电路与电路定律、线性直流电路的分析方法、正弦交流电路分析、三相电路分析、半导体器件与整流电路分析、基本放大电路分析、集成运算放大器与应用、门电路与组合逻辑电路基础、触发器与时序逻辑电路基础、模拟量与数字量的转换，以及技能训练等。本书的参考学时为 120 学时，各院校可根据不同专业的教学需要对内容和课时进行适当调整。

本书由黑龙江建筑职业技术学院王欣、王兆霞主编，王宏玉主审。其中，单元 1～4 由王欣编写；单元 5～9 由王兆霞编写；单元 10 由李庆武、武莉莉编写。全书由王欣负责统稿。在本书编写过程中，黑龙江建筑职业技术学院的刘复欣教授和李梅芳教授提供了非常珍贵的修改意见，哈尔滨光宇电源股份有限公司的赵伟工程师也提出了宝贵意见，在此对他们表示诚挚的谢意。

本书参考了大量的书刊资料，在此一并向这些书刊资料的作者表示衷心的感谢。

限于编者水平和时间仓促，书中缺点在所难免，恳请广大读者提出宝贵意见，以便修改。

本书配有免费的电子教学课件和习题参考答案，请有此需要的教师登录华信教育资源网（http://www.hxedu.com.cn）免费注册后下载。如有问题请在网站留言或与电子工业出版社联系（E-mail:hxedu@phei.com.cn）。

编 者

职业导航

- 计算机
- 数学
- 物理学

→ 专业基础 →

- 生涯规划
- 职业修养
- 职业道德

→ 人文素质 →

电工电子技术基础及技能训练

- 电路与电路定律
- 线性直流电路的分析方法
- 正弦交流电路分析
- 三相电路分析
- 半导体器件与整流电路分析
- 基本放大电路分析
- 集成运算放大器与应用
- 门电路与组合逻辑电路基础
- 触发器与时序逻辑电路基础
- 模拟量与数字量的转换
- 技能训练项目任务

↓

- 自动控制系统运行与维护
- 机械设备运行与维护
- 机床操作与维护
- 数控设备维护
- 电气设备安装与调试
- 电气安全

目 录

单元1 电路与电路定律 (1)
 教学导航 (1)
 1.1 电路的基本概念与认知 (2)
  1.1.1 电路组成与电路模型 (2)
  1.1.2 电路的基本物理量 (3)
  1.1.3 电路中电位的计算 (6)
  1.1.4 电路的电功率与电能 (8)
 1.2 电路的基本定律与工作状态分析 (9)
  1.2.1 欧姆定律 (9)
  1.2.2 电源有载工作、开路与短路 (10)
  1.2.3 基尔霍夫定律及其应用 (13)
 技能训练1 常用电工工具的使用 (15)
 技能训练2 常用电工仪器仪表的使用 (19)
 技能训练3 直流电路中电压、电流的测量 (32)
 技能训练4 基尔霍夫定律的验证 (33)
 知识梳理与总结 (35)
 思考与练习1 (36)

单元2 线性直流电路的分析方法 (40)
 教学导航 (40)
 2.1 电路的等效变换分析 (41)
  2.1.1 电阻的串/并联与混联及其等效变换 (41)
  2.1.2 电阻星形连接与三角形连接的等效变换 (44)
  2.1.3 电压源与电流源及其等效变换 (46)
 2.2 电路的分析方法 (50)
  2.2.1 支路电流法 (50)
  2.2.2 节点电压法 (52)
 2.3 电路定理的应用 (53)
  2.3.1 叠加定理 (53)
  2.3.2 戴维南定理与诺顿定理 (55)
 技能训练5 叠加定理的验证 (57)
 技能训练6 戴维南定理的验证 (59)

知识梳理与总结 ……………………………………………………………………… (61)
　　思考与练习2 ………………………………………………………………………… (61)

单元3　正弦交流电路分析 …………………………………………………………… (66)
　教学导航 ………………………………………………………………………………… (66)
　3.1　正弦交流电的基本概念与认知 …………………………………………………… (67)
　　　3.1.1　正弦交流电的基本物理量 ………………………………………………… (67)
　　　3.1.2　正弦量的表示方法 …………………………………………………………… (71)
　3.2　单一参数交流电路分析 …………………………………………………………… (73)
　　　3.2.1　纯电阻交流电路 ……………………………………………………………… (74)
　　　3.2.2　纯电感交流电路 ……………………………………………………………… (75)
　　　3.2.3　纯电容交流电路 ……………………………………………………………… (77)
　3.3　RLC串联交流电路分析 …………………………………………………………… (80)
　　　3.3.1　电路中电压与电流的关系 ………………………………………………… (80)
　　　3.3.2　电路中的电功率 ……………………………………………………………… (82)
　　　3.3.3　串联谐振 ……………………………………………………………………… (84)
　3.4　复阻抗的串/并联分析 ……………………………………………………………… (86)
　　　3.4.1　复阻抗的串联 ………………………………………………………………… (86)
　　　3.4.2　复阻抗的并联 ………………………………………………………………… (87)
　3.5　提高功率因数的意义和方法 ……………………………………………………… (88)
　　　3.5.1　提高功率因数的意义 ………………………………………………………… (89)
　　　3.5.2　提高功率因数的方法 ………………………………………………………… (89)
　　技能训练7　日光灯电路的接线与功率因数的提高 ………………………………… (91)
　　知识梳理与总结 ……………………………………………………………………… (93)
　　思考与练习3 ………………………………………………………………………… (95)

单元4　三相电路分析 ………………………………………………………………… (99)
　教学导航 ………………………………………………………………………………… (99)
　4.1　三相电源及其连接方法 …………………………………………………………… (100)
　　　4.1.1　三相电源的产生 ……………………………………………………………… (100)
　　　4.1.2　三相电源的连接方法 ………………………………………………………… (101)
　4.2　三相电路的分析与计算 …………………………………………………………… (103)
　　　4.2.1　三相负载的星形连接 ………………………………………………………… (104)
　　　4.2.2　三相负载的三角形连接 ……………………………………………………… (107)
　　　4.2.3　三相负载的电功率 …………………………………………………………… (109)
　　技能训练8　三相负载的连接及其相应物理量的测量 ……………………………… (110)
　　知识梳理与总结 ……………………………………………………………………… (114)
　　思考与练习4 ………………………………………………………………………… (114)

单元5　半导体器件与整流电路分析 ………………………………………………… (118)
　教学导航 ………………………………………………………………………………… (118)

5.1 半导体二极管的认知与应用 (119)
　　5.1.1 半导体的基础知识及PN结的工作特性 (119)
　　5.1.2 半导体二极管的结构、特性与参数 (121)
　　5.1.3 半导体二极管在电路中的应用 (123)
5.2 二极管整流电路分析 (124)
　　5.2.1 单相半波整流电路的工作原理及输入/输出关系 (124)
　　5.2.2 单相桥式整流电路的工作原理及输入/输出关系 (125)
　　5.2.3 滤波电路的类型及滤波原理 (127)
5.3 特殊二极管的认知 (129)
　　5.3.1 稳压二极管的工作特性及应用 (129)
　　5.3.2 发光二极管的工作特性及应用 (131)
　　5.3.3 光敏二极管的工作特性及应用 (131)
5.4 晶体管的认知 (132)
　　5.4.1 晶体管的基本结构及工作原理 (132)
　　5.4.2 晶体管的工作组态分析 (134)
　　5.4.3 晶体管的特性曲线分析 (135)
　　5.4.4 晶体管的主要参数 (138)
技能训练9 常用电子仪器仪表的使用 (139)
技能训练10 半导体元器件的识别与检测 (149)
技能训练11 整流与滤波电路的连接及测试 (150)
知识梳理与总结 (152)
思考与练习5 (153)

单元6 基本放大电路分析 (157)

教学导航 (157)
6.1 基本电压放大电路的分析 (158)
　　6.1.1 基本电压放大电路的组成 (158)
　　6.1.2 基本电压放大电路的工作状态分析 (159)
　　6.1.3 放大电路静态工作点稳定分析 (165)
6.2 其他放大电路的简要分析 (167)
　　6.2.1 共集电极放大电路的组成、特性及应用 (167)
　　6.2.2 多级放大电路的耦合方式、特点及应用 (170)
　　6.2.3 反馈放大电路的判别、类型及应用分析 (173)
　　6.2.4 集成功率放大电路简介 (175)
技能训练12 焊接技术实训 (176)
技能训练13 功率晶体管音频放大器的组装与调试 (178)
知识梳理与总结 (179)
思考与练习6 (180)

单元7 集成运算放大器与应用 (182)

教学导航 (182)

7.1 集成运算放大器的基本概念 (183)
- 7.1.1 集成运算放大器的组成 (183)
- 7.1.2 集成运算放大器的主要特征 (186)
- 7.1.3 集成运算放大器在电路中的应用 (187)

7.2 集成运算放大器在信号运算方面的应用 (187)
- 7.2.1 比例运算电路的电路构成及输入/输出关系 (187)
- 7.2.2 加法和减法运算电路的电路构成及输入/输出关系 (188)
- 7.2.3 积分和微分运算电路的电路构成及输入/输出关系 (189)

7.3 集成运算放大器的非线性应用 (190)
- 7.3.1 单门限电压比较器的工作过程及应用 (190)
- 7.3.2 滞回电压比较器的工作过程及应用 (190)

技能训练14 集成运算放大电路线性应用 (191)

知识梳理与总结 (193)

思考与练习7 (194)

单元8 门电路与组合逻辑电路基础 (196)

教学导航 (196)

8.1 数字电路概述 (197)
- 8.1.1 模拟信号和数字信号的特点 (197)
- 8.1.2 数字电路的应用举例 (197)

8.2 数字电路数制转换及码制 (198)
- 8.2.1 常用数制及其相互转换规律 (199)
- 8.2.2 码制的类型及编码规则 (200)

8.3 逻辑门电路的分析 (201)

8.4 组合逻辑电路的分析与综合运用 (204)
- 8.4.1 逻辑关系的表示方法及逻辑运算法则 (205)
- 8.4.2 逻辑函数式的化简 (205)
- 8.4.3 逻辑门电路的组合应用 (209)

8.5 数字集成组合逻辑电路应用 (211)
- 8.5.1 组合逻辑电路的分析与综合方法 (211)
- 8.5.2 常用组合逻辑电路的功能分析 (211)

技能训练15 四路智力竞赛抢答器的组装与调试 (218)

知识梳理与总结 (221)

思考与练习8 (222)

单元9 触发器与时序逻辑电路基础 (225)

教学导航 (225)

9.1 触发器的分类与功能 (226)

9.1.1　RS 触发器逻辑功能的描述方法 …………………………………………（226）
　　　9.1.2　边沿 JK 触发器逻辑功能的描述方法 ……………………………………（229）
　　　9.1.3　维持阻塞 D 触发器逻辑功能的描述方法 ………………………………（231）
　　　9.1.4　T 触发器和 T′触发器逻辑功能的描述方法 ……………………………（233）
　　　9.1.5　触发器间的相互转换 ………………………………………………………（233）
　9.2　常用寄存器及功能 ……………………………………………………………………（234）
　　　9.2.1　数码寄存器逻辑功能的描述方法 …………………………………………（234）
　　　9.2.2　移位寄存器逻辑功能的描述方法 …………………………………………（236）
　　　9.2.3　集成寄存器逻辑功能的描述方法 …………………………………………（238）
　9.3　计数器的分类与功能 …………………………………………………………………（241）
　　　9.3.1　二进制计数器逻辑功能的描述方法 ………………………………………（241）
　　　9.3.2　十进制计数器逻辑功能的描述方法 ………………………………………（246）
　　　9.3.3　其他进制计数器与集成计数器逻辑功能的描述方法 ……………………（247）
　9.4　555 定时器及其应用 …………………………………………………………………（250）
　　　9.4.1　555 定时器的电路结构 ……………………………………………………（250）
　　　9.4.2　555 定时器构成的单稳态触发器及其应用 ………………………………（251）
　　　9.4.3　555 定时器构成的多谐振荡器及其应用 …………………………………（252）
　技能训练 16　主要触发器的逻辑功能测试 ………………………………………………（253）
　技能训练 17　六十进制计数译码显示电路的组装与调试 ………………………………（255）
　知识梳理与总结 ……………………………………………………………………………（256）
　思考与练习 9 ………………………………………………………………………………（257）

单元 10　模拟量与数字量的转换 ………………………………………………………………（261）
　教学导航 ……………………………………………………………………………………（261）
　10.1　数模转换器（DAC）概述及应用 …………………………………………………（262）
　　　10.1.1　T 形电阻网络 DAC ………………………………………………………（262）
　　　10.1.2　倒 T 形电阻网络 DAC ……………………………………………………（264）
　　　10.1.3　集成电路 DAC ……………………………………………………………（266）
　　　10.1.4　主要参数 …………………………………………………………………（267）
　10.2　模数转换器（ADC）概述及应用 …………………………………………………（267）
　知识梳理与总结 ……………………………………………………………………………（270）
　思考与练习 10 ……………………………………………………………………………（270）

附录 A　半导体器件型号命名方法 ……………………………………………………………（272）
附录 B　常用半导体分立器件参数 ……………………………………………………………（273）
附录 C　半导体集成电路型号命名法 …………………………………………………………（276）
附录 D　常用半导体集成电路参数和符号 ……………………………………………………（277）
附录 E　TTL 门电路、触发器和计数器的部分品种型号 ……………………………………（278）
附录 F　国标、部标和国外逻辑符号对照表 …………………………………………………（279）
附录 G　触发器新、旧符号对照表 ……………………………………………………………（280）

参考文献 …………………………………………………………………………………………（281）

单元 1

电路与电路定律

教学导航

教	知识重点	1. 电路的组成结构 3. 电路中电位的计算 5. 电源有载工作、开路与短路分析 7. 基尔霍夫定律及其应用	2. 电路各物理量的参考方向 4. 电路的电功率与电能 6. 欧姆定律
	知识难点	1. 电源有载工作、开路与短路分析 2. 基尔霍夫定律及其应用	
	推荐教学方法	通过讲解例题与实例加深理论知识的运用	
	建议学时	10 学时	
学	推荐学习方法	以小组讨论的学习方式为主,结合本单元内容掌握知识的运用	
	必须掌握的理论知识	1. 电路的组成结构 3. 电路中电位的计算 5. 欧姆定律 7. 基尔霍夫定律及其应用	2. 电路各物理量的参考方向 4. 电路的电功率与电能 6. 电源有载工作、开路与短路分析
	必须掌握的技能	1. 电工工具及仪表的使用 2. 物理量的测量方法	

1.1 电路的基本概念与认知

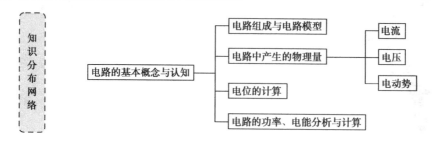

1.1.1 电路组成与电路模型

电路是由电路器件（如晶体管）和电路元件（如电容、电阻等）按一定要求相互连接而成的，它提供了电流流通的路径。有些实际电路十分复杂，如电力的产生、输送和分配是通过发电机、变压器、输电线等完成的，形成了一个庞大和复杂的电路。但有些电路十分简单，如手电筒就是一个很简单的电路，如图 1.1 所示。

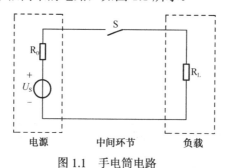

图 1.1 手电筒电路

但不管电路的结构是简单还是复杂，必定由电源、负载和中间环节三大部分组成。

电源是将非电能转换成电能的装置，如电池将化学能转换成电能。它是推动电流运动的源泉。

负载是将电能转换成非电能的装置，如灯泡将电能转换成光能和热能。它是取用电能的装置。

中间环节是把电源与负载连接起来的部分，具有输送、分配、控制电路通断的功能。

为此，电路具有两个主要功能。其一，在电路中随着电流的流动能实现电能与其他形式能量的转换、传输和分配。例如，发电厂把热能（通过煤粉等燃烧）转换成电能，再通过变压器、输电线送到各用户，各用户把它们再转换成光能、热能和机械能加以使用。其二，电路可以实现信号的传递和处理。例如，电视接收天线将含有声音和图像信息的高频电视信号通过高频传输线送到电视机，这些信号经过选择、变换、放大和检波等处理，恢复出原来声音和图像信息，在扬声器中发出声音，并在显像管屏幕上呈现图像。

实际的电路器件在工作时的电磁性质是比较复杂的，不是单一的。例如，电阻炉在通电工作时能把电能转换成热能，具有电阻的性质，但其电压和电流的存在也会产生磁场，故也具有存储磁场能量，即电感的性质。因此，在分析和计算时，如果把该器件的所有电磁性质都考虑进去，则是十分复杂的。所以，人们为了表征电路中某一部分的主要电磁性能，以便进行定性、定量分析，可以把该部分电路抽象成一个电路模型，即用理想的电路元器件来代替这部分电路。那么，什么是理想的电路元器件呢？它指的是突出该部分电路的主要电或磁的性质，而忽略次要的电或磁的假想元器件。因此，可以用理想电路元器件及它们的组合来反映实际电路元器件的电磁性质。

例如，电感线圈是由导线绕制而成的，它既有电感量又有电阻值，但往往忽略线圈的电阻性质，而突出它的电磁性质，把它表征为一个存储磁场能量的电感元器件。同样，电阻丝是用金属丝一圈一圈绕制而成的，那么它既有电感量又有电阻值，在实际分析时往往忽略电阻丝的电感性质，而突出其主要的电阻性质，把它表征为一个消耗电能的电阻元器件。

今后，理想电路元器件都简称为电路元器件。如图 1.2 所示，元器件通常包括理想的电压源、电流源及电阻元器件、电容元器件、电感元器件。前两种元器件是提供能量的，称为有源元器件，后三种元器件均不产生能量，称为无源元器件。

（a）电压源　　（b）电流源　　（c）电阻　　（d）电容　　（e）电感

图 1.2　常见电路元器件符号

1.1.2　电路的基本物理量

1. 电流

带电质点有规律运动的物理现象，称为电流。带电质点在电介质中是指带正电或负电的正、负离子，在金属导体中是指带负电的自由电子。在电场的作用下，正电荷沿电场方向运动，负电荷逆电场方向运动。规定正电荷移动的方向为电流方向。

电流大小等于单位时间内通过导体某一横截面积的电荷量。设在极短的时间 dt 内通过导体某一横截面的电荷量为 dq，则通过该截面的电流为

$$i = \frac{dq}{dt} \tag{1.1}$$

式（1.1）表明电流 i 是随时间变化的。如果电流不随时间变化，即 $dq/dt = $ 常数，则这种电流称为恒定电流，简称直流，可写为

$$I = \frac{Q}{t} \tag{1.2}$$

电流是客观存在的物理现象，虽然看不见，摸不着，但可以通过电流的各种效应来体现它的客观存在。日常生活中的开、关灯分别体现了电流的"存在"与"消失"。在国际单位制（SI）中，规定电流的单位是库[仑]/秒，即安[培]，简称安（A）；电荷的单位是库仑（C）；时间的单位是秒（s）。在电子电路中电流都很小，常以毫安（mA）、微安（μA）作为电流的计量单位；而在电力系统中电流都较大，常以千安（kA）作为电流的计量单位。

它们之间的换算关系是

$$1\text{kA}=10^3\text{A} \qquad 1\text{A}=10^3\text{mA} \qquad 1\text{mA}=10^3\mu\text{A}$$

在分析电路时，不仅要计算电流的大小，还应了解电流的方向。习惯上规定正电荷的移动方向为电流的方向（实际方向）。对于比较复杂的直流电路，往往不能确定电流的实际方向；对于交流电，其电流方向是随时间变化的，更难以判断。因此，为分析方便引入了电流的参考方向这一概念，参考方向可以任意设定，在电路中用箭头表示，并规定，当电流的参考方向与实际方向一致时，电流为正值，即 $i>0$，如图 1.3（a）所示；当电流的参考方向与实际方向相反时，电流为负值，即 $i<0$，如图 1.3（b）所示。

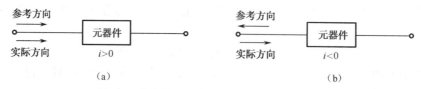

图 1.3　电流的参考方向与实际方向的关系

有时还可以用双下标表示：如 I_{ab}（表示电流从 a 流向 b），I_{ba}（表示电流从 b 流向 a），即 $I_{ab}=-I_{ba}$。注意，负号表示与规定的方向相反。

> 提示：在分析电路时，首先要假定电流的参考方向，并以此为标准进行分析计算，最后从结果的正、负值来确定电流的实际方向。

2. 电压

电荷在电路中运动必然受到电场力的作用，也就是说，电场力对电荷做了功。为了衡量其做功的能力，引出"电压"这一物理量。电场力把单位正电荷从 a 点移动到 b 点所做的功，称为 ab 两点间的电压，即

$$u=\frac{\mathrm{d}w}{\mathrm{d}q} \tag{1.3}$$

式中，$\mathrm{d}q$ 为由 a 点移到 b 点的电荷量，单位为库[仑]（C）；$\mathrm{d}w$ 为电场力将正电荷从 a 点移到 b 点所做的功，单位为焦[耳]（J）；电压的单位为伏[特]（V），有时还用千伏（kV）、毫伏（mV）、微伏（μV）等单位。它们之间的换算关系是

$$1\text{kV}=10^3\text{V} \qquad 1\text{V}=10^3\text{mV} \qquad 1\text{mV}=10^3\mu\text{V}$$

在直流电路中，式（1.3）应写为

$$U=\frac{W}{Q} \tag{1.4}$$

> 提示：电路中任意两点间的电压仅与这两点在电路中的相对位置有关，与选取的计算路径无关。

习惯上规定电压的实际方向由高电位指向低电位。和电流一样，电路中两点间的电压可任意选定一个参考方向，并规定当电压的参考方向与实际方向一致时电压为正值，即 $U>0$；相反时电压为负值，即 $U<0$。

电压的参考方向可用箭头表示；也可用正（+）、负（-）极性表示，如图 1.4 所示；还可用双下标表示，如 u_{AB} 表示 A 和 B 之间的电压参考方向由 A 指向 B。

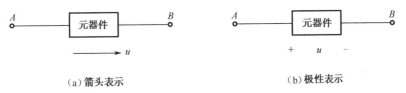

图 1.4 电压参考方向

对于任意一个元器件的电流或电压的参考方向可以独立地任意指定。如果指定流过元器件的电流的参考方向是从标以电压正极性一端指向负极性一端，即两者的参考方向一致，则把电流和电压的这种参考方向称为关联参考方向，如图 1.5（a）所示；当两者不一致时，称为非关联参考方向，如图 1.5（b）所示。

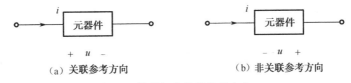

图 1.5 关联与非关联参考方向

3. 电动势

在电路分析中，也常用到电动势这个物理量。

电源的电动势 E 在数值上等于电源力把单位正电荷从电源的负极经电源内部移到电源正极所做的功，也就是单位正电荷从电源负极到电源正极所获得的电能。

电动势的基本单位也是伏[特]。习惯上规定电动势的实际方向是由电源负极（低电位）指向电源正极（高电位）。

> 提示：在电路分析中，也常用电压源的电动势来表示端电压的大小，但是要注意，电压源端电压的实际方向和电动势的实际方向是相反的。

因此，从电压与电动势的定义可以得出这样一个结论：电场力把单位正电荷从电源的正极移到负极，而电源力则把单位正电荷从电源的负极移到正极，这样该电荷实际上在电路中完整地绕行了一周。也就是说，电路中的电流从电源的正极流出经外电路，再经电源负极流回电源正极。

【例 1.1】 如图 1.6 所示，电动势 $E_1=50\text{V}, E_2=30\text{V}$，参考方向已在图中标出，试求出电压 U_{ab} 与 U_{ba} 的大小。

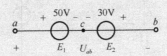

图 1.6 例 1.1 图

【解】 以电压 U_{ab} 的方向为参考，显然电压 U_{ac} 与 U_{cb} 的方向与 U_{ab} 的方向一致，则 a、b 两点间的电压是该支路上各段电压降的代数和。

$$U_{ab} = U_{ac} + U_{cb} = E_1 + (-E_2) = 50 - 30 = 20 \text{ (V)}$$
$$U_{ba} = -U_{ab} = -20 \text{ (V)}$$

1.1.3 电路中电位的计算

为了方便分析电路，常指定电路中任意一点为参考点 0。由电压定义可知，电场力把单位正电荷 q 从电路中任意一点 a 移到参考点 0 时电场力所做的功，称为 a 点的电位，记为 V_a。

> **提示**：实际上电路中某点的电位即该点与参考点之间的电压。

为确定电路中各点的电位，必须在电路中选取一个参考点，可归纳如下。

（1）参考点 0 的选取是任意的，其本身的电位为零，即 $V_0=0$，高于参考点的电位为正，比参考点低的电位为负。

（2）参考点选取不同，电路中各点的电位也不同。参考点一旦选定后，电路中各点的电位只能有一个数值。

（3）只要电路中两点位置确定，不管其参考点如何变更，两点之间的电压只有一个数值。

（4）在研究同一电路系统时，注意只能选一个电位参考点。

> **提示**：参考点在电路中通常用接地符号"⊥"表示。在电子电路中常以多条支路汇集的公共点作为参考点；在许多电气设备中常把外壳接地，则该外壳就可作为电位参考点。

> **注意**：在电子学中常采用电位来分析问题，较少采用电压这一物理量。例如，在研究三极管处于何种工作状态时，就通过各个电极的电位高低来分析比较，从而确定三极管的工作状态。

【例 1.2】 如图 1.7 所示电路中，分别以 0 和 B 为参考点，试求电路中各点的电位。

【解】 电路中，$I = \dfrac{5}{1+4}\text{A} = 1\text{A}$。

若以 0 点为参考点（如图 1.7（a）所示），则
$$V_0 = 0\text{V}, \quad V_A = (1 \times 1)\text{V} = 1\text{V}, \quad V_B = -(1 \times 4)\text{V} = -4\text{V}$$

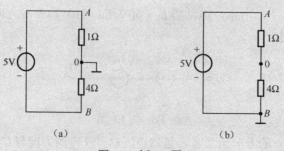

图 1.7 例 1.2 图

[验算：$U_{AB}=V_A-V_B=1-(-4)=5$（V）]

若以 B 点为参考点（如图 1.7（b）所示），则

$$V_B=0V，V_A=[1\times(1+4)]V=5V，V_0=(1\times 4)V=4V$$

[验算：$U_{AB}=V_A-V_B=5-0=5$（V）]

此电位的引入给电路分析带来了方便，在电子电路中往往不画出电源而改用电位标出。如图 1.8 所示为电路的一般画法与电子电路中的习惯画法示例。

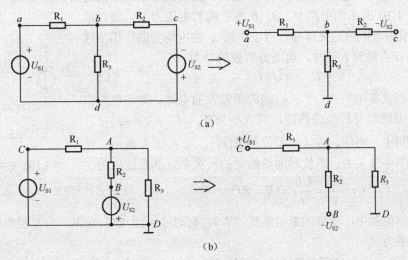

图 1.8 电路的一般画法与电子电路的习惯画法

【例 1.3】 如图 1.9 所示的电路中，试求当开关 S 断开与闭合时 a 点的电位。

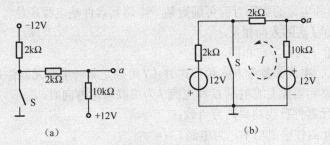

图 1.9 例 1.3 图

【解】 为便于分析，把电路图 1.9（a）改画成图 1.9（b）的形式。

当开关 S 断开时，有

$$I=\frac{12+12}{(10+2+2)\times 10^3}\approx 1.7\times 10^{-3}\text{（A）}$$

则 $V_a=-I\times 10\times 10^3+12=-1.7\times 10^{-3}\times 10\times 10^3+12=-17+12=-5$（V）

当 S 闭合时，有

$$V_a=\frac{12}{10+2}\times 2=2\text{（V）}$$

1.1.4 电路的电功率与电能

在电路的分析和计算中,能量和功率的计算是十分重要的。这是因为电路在工作状况下总伴随电能与其他形式能量的相互交换;另一方面,电气设备、电路部件本身都有功率的限制,在使用时要注意其电流值或电压值是否超过额定值。

在电气工程中,电功率简称功率,电功率是衡量每单位时间内所消耗电能大小的。

在如图 1.10 所示的电路中,a、b 两点间的电压为 U,流过的电流为 I。根据电压的定义可知,当正电荷 q 在电场力的作用下通过电阻 R 从 a 点移到 b 点时,电场力所做功为

$$W = U \cdot q = U \cdot I \cdot t \qquad (1.5)$$

这个功也就是电阻 R 在 t 时间内所吸收的电能。对于电阻来说,吸收的电能全部转换成热能,其大小为 $W_R = U \cdot I \cdot t = RI^2 \cdot t$。在国际单位制中,电能、热能的单位是焦[耳],用字母 J 表示。电阻吸收的功率可定义为:单位时间里能量的转换率,其表达式为

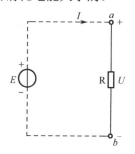

图 1.10 电阻吸收功率

$$P = \frac{W_R}{t} = \frac{UIt}{t} = UI = RI^2 \qquad (1.6)$$

在国际单位制中,功率的单位是瓦(W),有时还可用 kW、mW、μW 做单位,它们之间的换算关系为

$$1\text{kW}=10^3\text{W} \qquad 1\text{W}=10^3\text{mW} \qquad 1\text{mW}=10^3\mu\text{W}$$

在电路分析中不仅要计算能量和功率的大小,而且还要判别哪些元器件是电源,输出功率;哪些是负载,吸收功率,因此可归纳如下。

(1)根据电压和电流的实际方向可确定某一电路元器件是电源还是负载。

① 电源:U 和 I 实际方向相反。

② 负载:U 和 I 实际方向相同。

(2)根据电压、电流的参考方向和公式 $P=UI$ 可确定某一电路元器件是电源还是负载。

① 当某一电路元器件上的电压 U 和电流 I 为关联参考方向时:

$P>0$,电路元器件吸收功率,为负载;

$P<0$,电路元器件输出功率,为电源。

② 当某一电路元器件上的电压 U 和电流 I 为非关联参考方向时:

$P>0$,电路元器件输出功率,为电源;

$P<0$,电路元器件吸收功率,为负载。

> **提示**:根据能量守恒定律,电源输出的功率和负载吸收的功率应该是平衡的。

【例 1.4】 如图 1.11 所示的电路中有 5 个未知元器件,各电压、电流的参考方向均已设定,已知 $I_1=2\text{A}$,$I_2=1\text{A}$,$I_3=-1\text{A}$,$U_1=7\text{V}$,$U_2=3\text{V}$,$U_3=-4\text{V}$,$U_4=8\text{V}$,$U_5=4\text{V}$。试判别出未知元器件是电源还是负载,功率是否平衡。

【解】 元器件 1、3、4 的电压、电流为关联参考方向:

$$P_1=U_1I_1=7\times2=14\text{(W)}(吸收功率)负载$$

$$P_3=U_3I_2=-4\times1=-4\text{(W)}(输出功率)电源$$

$P_4=U_4I_3=8×(-1)=-8$（W）（输出功率）电源

元器件 2、5 的电压、电流为非关联参考方向：

$$P_2=U_2I_1=3×2=6\text{（W）（输出功率）电源}$$

$$P_5=U_5I_3=4×(-1)=-4\text{（W）（吸收功率）负载}$$

电源输出的总功率为 4+8+6=18（W），负载吸收的总功率为 14+4=18（W），所以计算结果说明符合能量守恒，功率平衡。

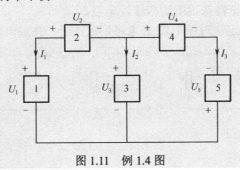

图 1.11 例 1.4 图

1.2 电路的基本定律与工作状态分析

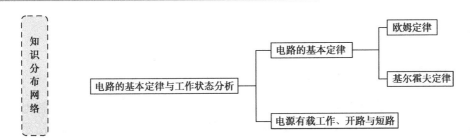

1.2.1 欧姆定律

欧姆定律是电路的基本定律之一，用来确定电路各部分的电压、电流之间的关系，也称为电路的 VCR（Voltage Current Relation）。

欧姆定律表明流过线性电阻的电流 I 与电阻两端的电压 U 成正比。当电阻的电压和电流采取关联参考方向时，欧姆定律可表示为

$$U=IR \qquad (1.7)$$

由式（1.7）可知，当所加电压一定时，电阻 R 的值越大，则电流 I 越小。显然，电阻具有阻碍电流作用的物理性质。

当电阻的电压和电流采取非关联参考方向时，欧姆定律可表示为

$$U=-IR \qquad (1.8)$$

电阻的单位是欧[姆]，用符号 Ω 表示，对大电阻，则常以千欧（kΩ）、兆欧（MΩ）为单位。电阻的大小与金属导体的有效长度、有效截面积及电阻率有关，它们之间的关系可写为

$$R=\rho\frac{l}{S} \qquad (1.9)$$

电阻的倒数称为电导，用符号 G 表示，其单位是西[门子]（S），即

$$G=\frac{1}{R} \tag{1.10}$$

如果电阻是一个常数，与通过它的电流无关，则这样的电阻称为线性电阻，线性电阻上的电压、电流的相互关系遵守欧姆定律。当流过电阻上的电流或电阻两端电压变化时，电阻的阻值也随之改变，这样的电阻称为非线性电阻。显然，非线性电阻上的电压、电流不遵守欧姆定律。以后如无特殊说明均指线性电阻。

【例 1.5】 应用欧姆定律对图 1.12 的电路列出式子，并求电阻 R 的值。

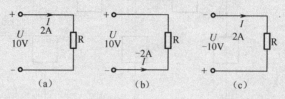

图1.12 例1.5图

【解】 图1.12（a）：$R=\dfrac{U}{I}=\dfrac{10}{2}\Omega=5\Omega$

图1.12（b）：$R=-\dfrac{U}{I}=-\dfrac{10}{-2}\Omega=-5\Omega$

图1.12（c）：$R=-\dfrac{U}{I}=-\dfrac{-10}{2}\Omega=5\Omega$

1.2.2 电源有载工作、开路与短路

电路在不同的工作条件下会处于不同的工作状态，也有不同的特点，充分了解电路不同的工作状态和特点对正确使用各种电气设备是十分有益的。现以如图 1.13（a）所示的简单直流电路为例来分析电路的有载工作状态、开路状态、短路状态。

在如图 1.13（a）所示的电路中，E、U 和 R_0 分别为电源的电动势、端电压和内阻，R_L 为负载电阻。

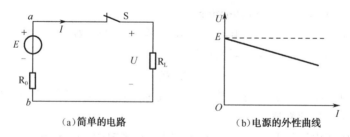

(a) 简单的电路　　　　　　　(b) 电源的外特性曲线

图1.13 电源的外特性

1. 有载工作状态

将图 1.13（a）中的开关 S 合上，接通电源和负载，这称为电路的有载工作状态。电路中的电流为

$$I=\frac{E}{R_0+R_L} \tag{1.11}$$

当 E 和 R_0 一定时，电流由负载 R_L 的阻值大小决定。

端电压为

$$U = E - IR_0 \quad (1.12)$$

由式（1.12）可见，电源端电压小于电动势，两者之差为电流通过电源内阻所产生的电压降 IR_0，电流越大，则电源端电压下降得越多。表示电源端电压 U 与输出电流 I 之间关系的曲线称为电源的外特性曲线，如图1.13（b）所示。其斜率与电源内阻 R_0 的阻值有关。电源内阻一般很小，当 $R_0 \ll R$ 时，则 $U \approx E$。

式（1.12）中的各项乘以电流 I，则得到功率平衡式为

$$UI = EI - I^2 R_0$$

$$P = P_E - \Delta P \quad (1.13)$$

式中，P_E 为电源产生的功率，$P_E = EI$；ΔP 为电源内阻消耗的功率，$\Delta P = I^2 R_0$；P 为电源输出功率（负载消耗功率），$P = UI$。

式（1.11）、式（1.12）和式（1.13）分别表示电路有载工作状态时电流、电压和功率三方面特征。

> **提示**：通常用电设备都并联在电源的两端，用电设备并联的个数越多，电源所提供的电流越大，电源输出的功率也越大。对于一个电源来说，负载电流不能无限增大，否则将会由于电流过大而把电源烧坏。各个电源，用电设备的电压、电流及功率都有规定的数据，这些数据就是电源、用电设备的额定值。

额定值是设计和制造部门对电气产品使用的规定，通常用 U_N、I_N、P_N 表示额定电压、额定电流和额定功率。按照额定值使用电气设备才能保证其安全可靠、经济合理，充分发挥电气设备的效用，同时不至于缩短电气设备的使用寿命，大多数电气设备的使用寿命与绝缘强度有关。当通过电气设备的电流超过额定值较多时，将会由于过热而使绝缘遭到破坏，或者因加速绝缘老化而缩短使用寿命；当电压超过额定值许多时，绝缘材料会被击穿。所以，在正常工作条件下，负载电流大于额定值时出现超载情况；同样，负载电流远小于额定值时出现欠载情况，使设备能力不能被充分利用，在工程上这些情况都是不允许的。

只有当负载电流与额定值相近，趋于满载时，设备的运行才能达到经济合理和高效率。

用电设备或元器件的额定值通常标在铭牌上或在使用说明书上。使用时必须仔细核对额定值的具体数据。

> **提示**：使用时，电压、电流、功率的实际值并不一定等于额定值。对于白炽灯、电阻炉等设备，只要在额定电压下使用，其电流和功率都能达到额定值。但对于电动机、变压器等设备，在额定电压下工作时，其实际电流和功率不一定与额定值一致，有可能出现欠载或超载的情况，因为它们的实际值和设备的机械负荷的大小与电负荷的大小有关系，这在使用时必须加以注意。

2. 开路状态

在如图 1.13（a）所示的电路中，将开关 S 断开，则电路不通，此时电路处于开路（空载或断路状态）。如图 1.14 所示，在这种状态下，电源不接负载，此时外电路对电源来说，其负载电阻值 R_L 为无穷大（∞），电流为零，电源两端的端电压（开路电压或空载电压 U_0）等于电源电动势 E，电源不输出电能。

如上所述，电路开路使其特征可用下列各式表示：

$$\begin{cases} I = 0 \\ U = U_0 = E \\ P = 0 \end{cases} \tag{1.14}$$

3. 短路状态

在如图 1.13（a）所示的电路中，当电源的两端 a 和 b 由于某种事故而直接相连时，电源被短路。如图 1.15 所示，当电源短路时，外电路的电阻可视为零，电流不再流过负载 R_L。因为在电流的回路中仅有很小的电源内阻 R_0，这时的电流很大，此电流称为短路电流 I_S。此时负载两端的电压为零，电源也不输出功率，电源产生的电能全部被内阻 R_0 消耗并转成热能，使电源的温度迅速上升从而被损坏。

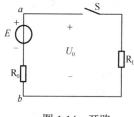
图 1.14 开路

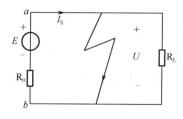
图 1.15 短路

如上所述，电源短时的特征可用下列各式表示：

$$\begin{cases} U = 0 \\ I = I_S = \dfrac{E}{R_0} \\ P_E = \Delta P = I_S^2 R_0, P = 0 \end{cases} \tag{1.15}$$

> **提示**：短路也可发生在负载端或电路的任何位置。短路通常是一种严重事故，应该尽力预防。产生短路的原因往往是由于绝缘损坏或接线不慎，因此经常检查电气设备和电路的绝缘情况是一项很重要的安全措施。为了防止短路事故所引起的后果，通常在电路中，接入熔断器或自动断路器，以便发生短路时能迅速将故障电路自动切断。但是，有时由于某种需要，可以将电路中的某一段短路（常称为短接）或进行某种短路实验。

【例 1.6】 如图 1.16 所示的电路中，已知 $E=36V$，$R_1=2\Omega$，$R_2=4\Omega$。试在下列三种情况下，分别求出电压 U_2 和电流 I。

（1）该电路正常工作情况下。

（2）$R_2=\infty$（即 R_2 断开）。

(3) $R_2=0$（即 R_2 处短接）。

【解】（1）该电路正常工作情况下：

$$I = \frac{E}{R_1+R_2} = \frac{36}{2+4} = 6 \text{（A）}$$
$$U_2 = I \cdot R_2 = 6 \times 2 = 12 \text{（V）}$$

(2) 当 $R_2=\infty$ 时：
$$I = 0\text{A} \qquad U_2 = E = 36\text{V}$$

(3) 当 $R_2=0$ 时：
$$I = \frac{E}{R_1} = \frac{36}{2} = 18 \text{（A）} \qquad U_2 = 0 \text{（V）}$$

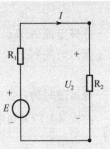

图1.16 例1.6图

1.2.3 基尔霍夫定律及其应用

由若干个电路元器件按一定连接方式构成电路后，电路中各部分的电压、电流必然受到两类约束。一类是元器件的特性造成的约束。例如，线性电阻元器件的电压和电流必须满足 $u=Ri$ 的关系，这种关系称为元器件的组成关系或电压电流关系（VCR）。另一类是元器件的相互连接给支路电流之间和支路电压之间带来的约束关系，有时称为"拓扑"约束，这类约束由基尔霍夫定律体现。基尔霍夫定律又分为电流定律和电压定律，是分析电路的重要基础。

在学习基尔霍夫定律之前先介绍电路的几个名词。

（1）支路：由单个电路元器件或若干个电路元器件的串联，构成电路的一个分支称为支路。一个支路上流经的是同一个电流，如图1.17所示的电路中共有三条支路（即 $b=3$）。

（2）节点：电路中三条或三条以上支路的会聚点称为节点。如图1.17所示的电路中共两个节点 a 和 b（即 $n=2$）。

（3）回路：电路中由支路组成的闭合路径称为回路。如图1.17所示的电路中共三个回路（即 $l=3$）。

（4）网孔：内部无支路的回路称为网孔。如图1.17所示的电路中共两个网孔（即 $m=2$）。

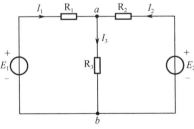

图1.17 KCL示例

1. 基尔霍夫电流定律（KCL）

基尔霍夫电流定律反映了电路中任一节点各支路电流之间的约束关系，反映了电流的连续性。该定律可叙述为：在任何时刻，对任一节点，流进该节点的电流代数和恒等于零，即

$$\sum I = 0 \qquad (1.16)$$

并规定流入节点的电流为"+",流出节点的电流为"-"。对于如图 1.17 所示的电路中的 a 点,可列写出:

$$I_1 + I_2 - I_3 = 0$$

也可改写为:
$$I_1 + I_2 = I_3 \qquad (1.17)$$

由式(1.17)可看出对于任一节点,流入该节点的电流一定等于流出该节点的电流,即 $\sum I_入 = \sum I_出$。

> 提示:应用基尔霍夫电流定律时,应该注意流入或流出都是针对所假设的电流参考方向而言的。

该定律还可推广应用于电路中任一假设的封闭面,即通过电路中任一假设闭合面的各支路电流的代数和恒等于零。该假设闭合面称为广义节点。

【例 1.7】 如图 1.18 所示的电路,$I_1 = -2A$,$I_2 = 3A$,求电流 I_3。

【解】 假设一闭合面如图 1.18 中虚线所示,则

$$I_1 - I_2 + I_3 = 0$$

所以
$$I_3 = I_2 - I_1 = 3 - (-2) = 5 (A)$$

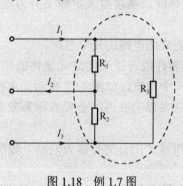

图 1.18 例 1.7 图

2. 基尔霍夫电压定律(KVL)

基尔霍夫电压定律反映了电路中任一回路支路电压之间的约束关系。该定律可叙述为:在任何时刻,沿任一闭合回路所有支路电压的代数和恒等于零,即

$$\sum U = 0 \qquad (1.18)$$

并规定:在列写 KVL 方程时,凡支路电压的参考方向与回路的绕行方向一致的电压前面取"+",支路电压参考方向与回路绕行方向相反的前面取"-"。

如图 1.19 所示为某电路中的一个回路,设其回路绕行方向为顺时针,则有:

$$U_1 + U_2 - U_3 - U_4 + U_5 = 0$$

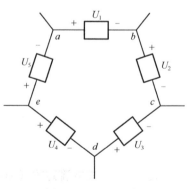

图 1.19 KVL 示例

> 提示：应用基尔霍夫电压定律时应该注意到回路中的绕行方向是任意假定的。电路中两点间的电压大小与路径无关。

如图 1.19 所示的电路中，如果按 *abc* 方向计算 *ac* 间电压，则有 $U_{ac}=U_1+U_2$；如果按 *aedc* 方向计算，有 $U_{ac}=-U_5+U_4+U_3$。两者结果应相等，故有 $U_1+U_2-U_3-U_4+U_5=0$，与前面的结果完全一致。

KVL 不仅适用于实际回路，加以推广还可适用于电路中的假想回路。在如图 1.19 所示的电路中可以假想有 *abca* 回路，绕行方向仍为顺时针，根据 KVL，则有：

$$U_1+U_2+U_{ca}=0$$

由此可得

$$U_{ca}=-U_1-U_2$$

即

$$U_{ac}=-U_{ca}=U_1+U_2$$

如图 1.20 所示是某电路的一部分，各支路电压的参考方向和回路的绕行方向如图中所示，应用基尔霍夫电压定律可列写为

$$U_{AB}+U_{BC}+U_{CD}=-E_1+I_1R_1+I_2R_2+E_2-I_3R_3=0$$

将上式进行整理后可得：

$$I_1R_1+I_2R_2-I_3R_3=E_1-E_2$$

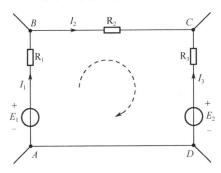

图 1.20 KVL 示例

由上可见：方程的右边是沿回路绕行方向闭合一周所有电动势的代数和，方程的左边是沿回路绕行方向闭合一周各电阻元器件上电压降的代数和。

$$\sum RI=\sum E \tag{1.19}$$

这是基尔霍夫电压定律的第二种表达形式，并规定：电动势的参考方向与回路绕行方向一致时为"+"，反之为"-"；电流的参考方向与回路绕行方向一致时，在电阻上产生的电压降为"+"，反之为"-"。

技能训练 1　常用电工工具的使用

电工在安装和维修各种供/配电电路、电气设备时，都离不开各种电工工具。常用的电工工具种类繁多，用途广泛，下面逐一进行介绍。

1．测电笔

测电笔简称电笔，是用来检查低压导电设备外壳是否带电的辅助安全工具。电笔又分

钢笔式和螺丝刀式两种,它由笔尖、电阻、氖管、弹簧和笔身组成。弹簧与后端外部的金属部分相接触,使用时手应触及后端金属部分。其具体结构如图1.21所示。

(a) 螺丝刀式　　　　　　　　　(b) 钢笔式

图1.21　测电笔

1) 测电笔的工作原理

当用电笔测试带电体时,带电体经电笔、人体到大地形成了通电回路,只要带电体与大地之间的电位差超过一定的数值,电笔中的氖泡就能发出红色的辉光。

2) 使用注意事项

(1) 测试带电体前,一定先要测试已知有电的电源,以检查电笔中的氖泡能否正常发光。

(2) 在明亮的光线下测试时,往往不易看清氖泡的辉光,应当避光检测。

(3) 电笔的金属探头多制成螺丝刀形状,它只能承受很小的扭矩,使用时应特别注意,以防损坏。

2. 螺丝刀

螺丝刀是紧固或拆卸螺钉的专用工具,有一字形和十字形两种,如图1.22所示。

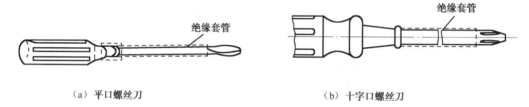

(a) 平口螺丝刀　　　　　　　　　(b) 十字口螺丝刀

图1.22　螺丝刀

电工必备的一字形螺丝刀有50mm和150mm两种;十字形螺丝刀常用的规格有4种,Ⅰ号适用于直径为2～2.5mm的螺钉;Ⅱ号适用于直径为3～5mm的螺钉;Ⅲ号适用于直径为6～8mm的螺钉;Ⅳ号适用于直径为10～12mm的螺钉。使用时手握住顶部向所需的方向旋转。注意,不可使用金属柄直通柄顶的螺丝刀。

使用螺丝刀紧固或拆卸带电的螺钉时,手不得触及螺丝刀的金属杆,以免发生触电事故。为了避免螺丝刀的金属杆触及皮肤或触及临近带电体,应在金属杆上穿套绝缘管。螺丝刀的使用如图1.23所示。

3. 钢丝钳

钢丝钳是钳夹和剪切工具,由钳头和钳柄两部分组成。它的功能较多,钳口用来外绞或钳夹导线线头,齿口用来旋紧或起松螺母,刀口用来剪切导线或剖切导线绝缘层,侧口用来铡切电线线芯和钢丝、铝丝等较硬的金属。常用的钢丝钳规格有150mm、175mm、200mm三种。电工所用的钢丝钳,在钳柄上应套有耐压为500V以上的绝缘管。钢丝钳的结构如图1.24所示。

单元 1　电路与电路定律

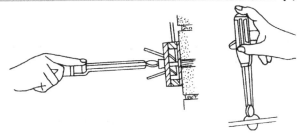

图 1.23　螺丝刀的使用

4．尖嘴钳

尖嘴钳头部的尖细使它可以在狭小的空间操作，外形如图 1.25 所示。

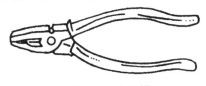 

图 1.24　钢丝钳　　　　　　　　图 1.25　尖嘴钳

尖嘴钳的主要用途有：

（1）钳刀口可剪断细小金属丝；

（2）夹持较小螺钉、垫圈、导线等元器件；

（3）装接控制电路板时，将单股导线弯成一定圆弧的接线鼻子。

5．活络扳手

活络扳手又称活络扳头，它由头部和柄部组成。头部由呆扳唇、活络扳口、蜗轮和轴销构成。旋动蜗轮可以调节扳口大小。常用的规格有 150mm、200mm 和 300mm 等。按照螺母大小选用适当规格。活络扳手的结构如图 1.26 所示。

6．剥线钳

它是用于剖削小直径导线绝缘层的专用工具。剥线钳外形如图 1.27 所示。使用时，将要剖削的绝缘层长度用标尺定好，把导线放入相应的刀口中，用手将钳柄一握，导线的绝缘层即被割破自动弹出。

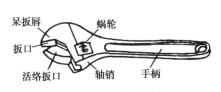 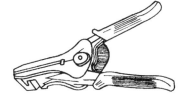

图 1.26　活络扳手　　　　　　　图 1.27　剥线钳外形

7．电工刀

电工刀用于剖削和切割电线绝缘层、绳索、木桩及软性金属。使用时，刀口应向外剖削，用毕应将刀身折进刀柄。这里需提到的一点是，电工刀的刀柄不是用绝缘材料制成的，所以不能在带电导线或器材上剖削，以防触电。电工刀按刀片长度分为大号（112mm）和小号（88mm）两种规格。电工刀的结构如图 1.28 所示。

8. 冲击钻

冲击钻如图 1.29 所示，可以用来在砖墙或混凝土墙上钻孔，使用时应注意在调速或调挡时（"冲"和"锤"），均应停转。

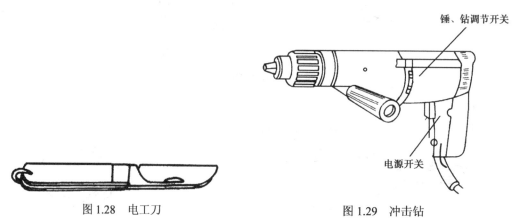

图 1.28　电工刀　　　　图 1.29　冲击钻

9. 转速表

转速表用来测定电动机转轴、机床主轴和其他旋转轴类的转速，常用的是离心式手持转速表。测量时，首先将转速表的调速盘转到所要测定的转速范围内，如果估计不出被测转轴的转速范围，则应将调速盘自高速挡逐级向低速挡调整，以找到合适的测量范围。切忌在测量过程中换挡和用低速挡测高速，以防损坏测量机构。然后将转速表的测量轴与被测量轴轻轻接触，并逐渐增加接触力量，直至表针指向稳定的读数。测量过程中，尽量保持测量轴与被测轴在一条轴线上，以获得准确的读数。随着科技的发展，又出现了一种非接触式手持数字转速表，测速前只要在被测旋转物体上贴一块反射标记，将射出的可见光对准反射标记即可进行转速测量。操作方法如图 1.30 所示。

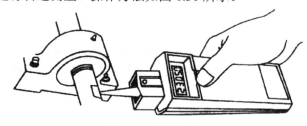

图 1.30　数字转速表

10. 电烙铁

电烙铁是手工焊接的主要工具，选择合适的电烙铁并合理使用，是保证焊接质量的基础。

1) 电烙铁的结构

电烙铁主要由发热、储热、传热部分及手柄等组成，典型的电烙铁结构示意图如图 1.31 所示。

（1）发热元器件。发热元器件是电烙铁中的能量转换部分，又称烙铁芯子。它是将镍铬发热电阻丝缠绕在云母、陶瓷等耐热的绝缘材料上做成的。可分为内热式和外热式两种。

单元1 电路与电路定律

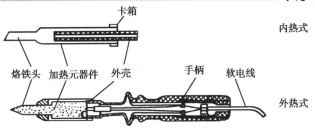

图1.31 典型的电烙铁结构示意图

（2）烙铁头。烙铁头作为能量存储和传递物质，一般用紫铜做成。

（3）手柄。手柄用木料或胶木制成。

（4）接线柱。接线柱在发热元器件和电源线的连接处，使用时一定要分清相线、零线和保护线，并正确连接。

2）电烙铁的种类

（1）外热式电烙铁。发热元器件用电阻丝缠绕在云母材料上构成。此类电烙铁，绝缘电阻低、漏电大、热效率差、升温慢，但结构简单、价格便宜，主要用于导线、接地线和接地板的焊接。其结构如图1.32所示。

（2）内热式电烙铁。发热元器件用电阻丝缠绕在密闭的陶瓷上，并插在电烙铁里面，直接对烙铁头加热。该类电烙铁绝缘电阻高、漏电小、热效率高、升温快，但加热器制造复杂，难维修。主要用于印制电路板的焊接。其结构如图1.33所示。

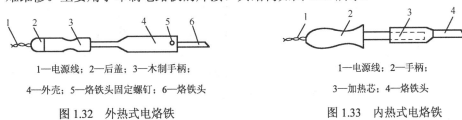

1—电源线；2—后盖；3—木制手柄；
4—外壳；5—烙铁头固定螺钉；6—烙铁头

图1.32 外热式电烙铁

1—电源线；2—手柄；
3—加热芯；4—烙铁头

图1.33 内热式电烙铁

技能训练2　常用电工仪器仪表的使用

电工测量是电工试验与实训中必不可少的一部分，它的任务是借助各种仪器仪表对电流、电压、功率、电能等进行测量，以便了解各种电气设备的运行特性与情况。

可以把电工测量的方法分为直读法和比较法。直读法是利用指示仪表直接读取被测电量的值。例如，用电压法直接测量电压。这种测量方法的准确度不高，但简单、方便。比较法测量是将被测量和标准量在较量仪器中比较，以确定测量的值。例如，用电桥测量电阻等。这种测量方法的准确度较高，但比较复杂，测量速度也较慢。

电工测量具有以下两个主要优点：

（1）电工仪表构造简单、准确、可靠。

（2）能做远距离测量。

因此，正确掌握测量技术是十分必要的。

1. 电工仪表的分类

电工仪表种类很多，分类方法也很多，一般有四种分类方法：按准确度分类、按被测量的种类分类、按被测电流的种类分类和按工作原理分类。

1）按准确度分类

根据国家标准 GB776—76，电工测量仪表可以分为 0.1、0.2、0.5、1.0、1.5、2.5 和 5.0 七个精度等级，这些数字是指仪表的最大引用误差值，如表 1.1 所示。其中，0.1、0.2 和 0.5 级的较高准确度仪表常用来进行精密测量或作为校正表；1.5 级的仪表一般用于实验室；2.5 和 5.0 级的仪表一般用于工程测量。

表 1.1　电工仪表的准确度和最大引用误差

准确度等级	最大引用误差	符　号
0.1	±0.1%	0.1
0.2	±0.2%	0.2
0.5	±0.5%	0.5
1.0	±1.0%	1.0
1.5	±1.5%	1.5
2.5	±2.5%	2.5
5.0	±5.0%	5.0

不管仪表的质量如何，仪表的指示值与实际值之间总有一定的差值，称为误差。显然，仪表的准确度与其误差有关。误差有两种：一种是基本误差，它是由仪表本身的因素引起的，如由弹簧永久变形或刻度不准确等造成的固有误差；另一种是附加误差，它是由外加因素引起的，如测量方法不正确、读数不准确、电磁干扰等。仪表的附加误差是可以减小的，使用者应尽量让仪表在正常情况下进行测量，这样可以近似认为只存在基本误差。

仪表的准确度是根据仪表的最大引用误差来分级的。最大引用误差是指仪表在正常工作条件下测量时可能产生的最大基本误差 ΔA 与仪表的满量程 A_m 之比，习惯上用百分数表示，即

$$\gamma = \frac{\Delta A}{A_m} \times 100\% \tag{1.20}$$

由式（1.20）可以求得仪表的最大基本误差。例如，一个准确度为 1.0，量程为 10A 的仪表，可能产生的最大基本误差为

$$\Delta A = \gamma A_m = \pm 1.0\% \times 10 = \pm 0.1（A）$$

在正常工作条件下，仪表的最大基本误差（最大绝对误差）是不变的。要衡量测量值的准确度，必须使用相对误差。

相对误差是指最大基本误差 ΔA 与被测量真值 A_0 之比的百分数，即

$$\gamma_0 = \frac{\Delta A}{A_0} \times 100\% \tag{1.21}$$

相对误差越小，测量的准确度越高。例如，用上述电流表分别测量 8A 和 2A 的电流，则相对误差分别为 ±1.25% 和 ±5%。因此，在选用仪表的量程时，应该使被测量的值尽量接近满标值。通常当被测量的值接近满刻度的 2/3 时，测量结果较为准确。

【例 1.8】 某待测电压为 8V，现用 0.5 级量程为 0～30V 和 1.0 级量程为 0～10V 的两个电压表来测量，问：用哪个电压表测量更准确？

【解】 用 0.5 级量程为 0～30V 的电压表测量，可能产生的最大基本误差为

$$\Delta A_1 = \gamma A_m = \pm 0.5\% \times 30 = \pm 0.15 \text{（V）}$$

最大可能出现的相对误差为

$$\gamma_1 = \gamma \frac{A_m}{A} = \pm 0.5\% \times \frac{30}{8} = \pm 1.875\%$$

用 1.0 级量程为 0～10V 的电压表测量，可能产生的最大基本误差为

$$\Delta A_2 = \gamma A_m = \pm 1.0\% \times 10 = \pm 0.1 \text{（V）}$$

最大可能出现的相对误差为

$$\gamma_2 = \gamma \frac{A_m}{A} = \pm 1.0\% \times \frac{10}{8} = \pm 1.25\%$$

相对误差越小，测量越准确，显然用 1.0 级量程为 0～10V 的电压表测量更准确。

例 1.8 说明，为了获得较准确的测量结果，除了选用准确度等级较高的仪表外，还要注意选择合适的量程。

2）按被测量的种类分类

按照被测量的种类可以将电工仪表分为电流表、电压表、欧姆表、功率表、频率表、电度表、相位表等，如表 1.2 所示。

表 1.2 电工仪表按被测量的种类分类

序号	被测量	仪表名称	符号	序号	被测量	仪表名称	符号
1	电流	电流表	Ⓐ	4	功率	功率表	Ⓦ
		毫安表				千瓦表	kW
2	电压	电压表	Ⓥ	5	频率	频率表	f
		千伏表	kV	6	电能	电度表	kWh
3	电阻	欧姆表	Ω	7	相位差	相位表	φ
		兆欧表	MΩ				

3）按被测电流的种类分类

按被测电流的种类可以将电工仪表分为直流表，交流表和交、直流两种表三种，如表 1.3 所示。

表 1.3 电工仪表按被测电流的种类分类

被测电流	仪表名称	符号
直流	直流表	—
交流	交流表	～
交流、直流	交、直流两用表	≈

4）按工作原理分类

电工仪表按工作原理不同可分为磁电式仪表、电磁式仪表、电动式仪表、整流式仪表等，如表1.4所示。

表1.4　电工仪表按工作原理分类

工作原理	仪表类型	符号
永久磁铁对载流线圈的作用	磁电式	
通电线圈对铁片的作用	电磁式	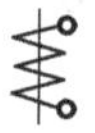
两个通电线圈的相互作用	电动式	
磁电式测量机构和整流电路共同作用	整流式	

在仪表的表面上通常都标有仪表类型、准确度等级、所通电流种类、仪表的绝缘耐压强度和放置位置等，如表1.5所示。

表1.5　某一电工仪表上的符号

符　号	意　义	符　号	意　义
1.0	准确度为1.0级	∠60°	仪表倾斜60°放置
~	交流表	Ⓐ	电流表
↑	仪表垂直放置	 ⚡2kV	仪表绝缘耐压为2kV

2．电压表

用来测量电压的仪表称为电压表。根据被测电压的大小可分为毫伏表、伏特表和千伏表。

测量某一段电路的电压时，应将电压表并联在被测电压的两端，电压表的端电压等于被测电压，如图1.34所示。电压表并入电路必然会分掉原来支路的电流，影响电路的测量结果，为了尽量减小测量误差，不影响电路的正常工作状态，电压表的内阻应远大于被测支路的电阻。但电压表的测量机构本身电阻不大，所以在电压表的测量机构中都串联一个阻值很大的电阻。

直流电压的测量一般使用磁电式电压表。要扩大仪表的量程，应该在测量机构中串联分压电阻，此分压电阻称为倍压器，如图1.35所示。此时，测量机构上所测电压为被测电压的一部分，即

$$U_0 = U \frac{R_0}{R_0 + R_V}$$

由上式可得分压电阻为

$$R_V = R_0 \left(\frac{U}{U_0} - 1 \right) \tag{1.22}$$

可以看出，电压表要扩大的量程越大，所串联的倍压器的阻值越大。多量程的电压表内部具有多个分压电阻，不同的量程串接不同的分压电阻。

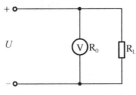
图 1.34 电压测量电路

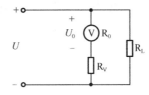
图 1.35 具有倍压器的电压测量电路

【例 1.9】 一磁电式电压表，量程为 50V，内阻为 2000Ω。现想将其量程改为 200V，问：应串联多大的电阻？

【解】 应串联的电阻为

$$R_V = R_0\left(\frac{U}{U_0} - 1\right) = 2000\left(\frac{200}{50} - 1\right) = 6000\ (\Omega)$$

测量交流电压时，一般采用电磁式电压表，精密测量时采用电动式电压表。要想扩大交流电压表的量程，可以采用线圈串、并联的方法来实现，也可以在电磁式电压表内部串联倍压器来实现。测量 600V 以上的电压时，应先使用电压互感器把电压降低，然后再配合测量。

3．电流表

用来测量电流的仪表称为电流表。根据被测电流的大小可分为微安表、毫安表和安培表。

测量某一支路的电流时，只有被测电流流过电流表时，电流表才能指示其结果，因此电流表应串联在被测量电路中，如图 1.36 所示。考虑到电流表有一定的电阻，串入之后不应该影响电路的测量结果，所以电流表的内阻必须远小于电路的负载电阻。

测量直流电流一般用磁电式电流表。磁电式电流表的测量机构只能通过几十微安到几十毫安的电流，要测量较大的电流时，应该在测量机构上并联一个低值电阻以进行分流，如图 1.37 所示。这样仪表测得的电流是被测电流的一部分，但它们之间有如下关系：

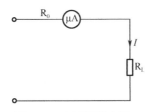
图 1.36 电流测量电路

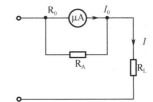
图 1.37 具有分流器的电流表测量电路

$$I_0 = I\frac{R_A}{R_A + R_0}$$

则可得出分流电阻为

$$R_A = \frac{R_0}{\dfrac{I}{I_0} - 1} \tag{1.23}$$

可以看出，想要扩大的仪表量程越大，分流电阻的阻值应越小。多量程的电流表内部具有多个分流电阻，一个分流电阻对应一个量程。

【例 1.10】 一磁电式电流表，其满量程为 10mA，内阻为 10Ω。现要将其量程改为 1A，问：应并联多大的分流电阻？

【解】 应并联的电阻阻值为

$$R_A = \frac{R_0}{\frac{I}{I_0} - 1} = \frac{10}{\frac{1}{10 \times 10^{-3}} - 1} = 0.1 \text{（Ω）}$$

测量交流电流一般用电磁式电流表，进行精密测量时用电动式电流表。由于所测的是交流电流，所以其测量机构既有电阻又有电感，要想扩大量程就不能单纯地并联分流电阻，而应将固定线圈绕组分成几段，采用线圈串联、并联及混联的方法来实现多个量程。

当被测电流很大时，可利用电流互感器来扩大量程。

4．功率表

除了需要测量电气设备的电压、电流外，还需要测量电功率，通常用功率表直接测量有功功率。

1）功率表的构造

功率表大多为电动系结构，其中两个线圈的接线如图 1.38 所示。图 1.38 中，1 是固定线圈，它与负载串联，线圈中通过的是负载电流，作为电流线圈，它的匝数较少，导线较粗；2 是可动线圈，线圈串联附加电阻后，与负载并联，线圈上承受的电压正比于负载电压，作为电压线圈，它的匝数较多，导线较细；3 是阻值很大的附加电阻。指针偏转角的大小取决于负载电流和负载电压的乘积。测量时，在功率表的标度尺上可以直接指示出被测有功功率的大小。功率表的图形符号如图 1.39 所示。水平线圈为电流线圈，垂直线圈为电压线圈。电压线圈和电流线圈上各有一端标有"*"号，成为电源端钮，表示电流应从这一端钮流入线圈。

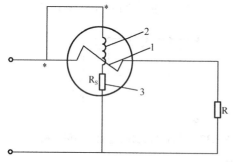

1—电流线圈；2—电压线圈；3—附加电阻

图 1.38 功率表结构原理示意图

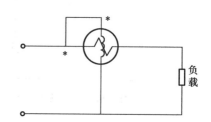

图 1.39 功率表的图形符号

2）使用功率表的注意事项

（1）正确选择功率表的量程。选择功率表的量程，实际上是要正确选择功率表的电流量程和电压量程，务必使电流量程能允许通过负载电流，电压量程能承受负载电压，不能只从功率角度考虑。例如，有两个功率表，量程分别为 300V、5A 和 150V、10A。显然，它们的功率量程都是 1500W。如果要测量一个电压为 220V、电流为 4.5A 的负载功率,则应选用 300V、5A 的功率表;而 150V、10A 的功率表,则因电压量程小于负载电压,不能选用。一般在测量功率前,应先测出负载的电压和电流,这样在选择功率表时可做到心中有数。

(2)正确读出功率表的读数。便携式功率表一般都是多量程的,标度尺上只标出分度格数,不标瓦特数。读数时,应先根据所选的电压、电流量程及标度尺满度时的格数,求出每格瓦特数(又称功率表常数),然后再乘以指针偏转的格数,即得到所测功率的瓦特数。如图 1.40 所示为多量程功率表的外形图及内部接线图。

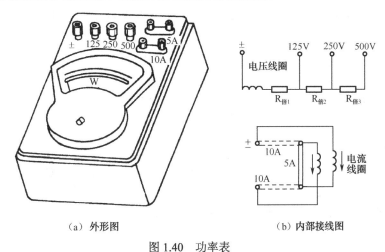

图 1.40 功率表

例如,用一个电压量程为 500V、电流量程为 5A 的功率表测量功率,标度尺满度时为 100 格,测量时指针偏转了 60 格,则功率表常数为

$$\frac{500 \times 5}{100} = 25 \text{ (W/格)}$$

被测功率为 $25 \times 60 = 1500$ (W)

(3)功率表的正确接线。功率表转动部分的偏转方向和两个线圈中的电流方向有关,如果改变其中一个线圈的电流方向,指针就反转。为了使功率表在电路中不接错,接线时必须使电流线圈和电压线圈的电源端钮都接到同一极性的位置,以保证两个线圈的电流都从标有"*"号的电源端钮流入,而且从"+"极到"-"极。满足这种要求的接线方法有两种,如图 1.41 所示,其中图 1.41(a)为电压线圈前接法;图 1.41(b)为电压线圈后接法。

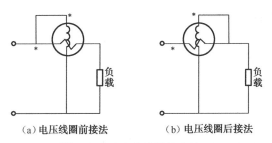

图 1.41 功率表的接线方法

当负载电阻远远大于电流线圈内阻时,应采用电压线圈前接法。这时,电压线圈所测电压是负载和电流线圈的电压之和,功率表反映的是负载和电流线圈共同消耗的功率。此时,可以略去电流线圈分压所造成的功率损耗影响,其测量值比较接近负载的实际功率值。

当负载电阻远远小于电压线圈支路电阻时,应采用电压线圈后接法。这时,电流线圈中的电流是负载电流和电压线圈支路电流之和,功率表反映的是负载和电压线圈支路共同消耗的功率。此时,可以略去电压线圈支路分流所造成的功率损耗影响,测量值也比较接近负载的实际功率值。

如果被测功率本身较大,不需要考虑功率表的功率损耗对测量值的影响,则两种接线法可以任意选择,但最好选用电压线圈前接法,因为功率表中电流线圈的功率损耗一般都小于电压线圈支路的功率损耗。

测量功率时,如果出现接线正确而指针反偏的现象,则说明负载侧实际上是一个电源,负载支路不是消耗功率而是发出功率。这时,可以通过对换电流端钮上的接线使指针正偏。如果功率表上有极性开关,也可以通过转换极性开关,使指针正偏。此时,应在功率表读数前加上负号,以表明负载支路是发出功率的。

5. 万用表

万用表是一种多用途的仪表。一般它可以用来测量交流电压、直流电压、直流电流和直流电阻等,因此在电气设备的安装、维修、检查等工作中应用极为广泛。

常用的 MF-30 型万用表的面板图如图 1.42 所示。

1) 万用表的构造

万用表主要由以下三大部分组成。

(1) 表头。通常采用磁电式测量机构作为万用表的表头。这种测量机构的灵敏度和准确度较高,满刻度偏转电流一般为几微安到数百微安。满刻度偏转电流越小,灵敏度就越高,表头特性就越好。

(2) 测量电路。万用表的测量电路由多量程直流电流表、多量程直流电压表、多量程交流电压表及多量程欧姆表组成,个别型号的万用表还有多量程交流挡。实现这些功能的关键是通过测量电路的变换把被测量变换成磁电系统所能接受的直流电流,它是万用表的中心环节。测量电路先进,可使仪表的功能多、使用方便、体积小和质量轻。

(3) 转换开关。转换开关是用来选择不同的被测量和不同量程时的切换元器件。转换开关里有固定接触点和活动接触点,当活动接触点和固定接触点闭合时就可以接通一条电路。

2) 万用表的工作原理

(1) 直流电流的测量。如图 1.43 所示是用 MF-30 型万用表测量直流电流时的原理图。此时,转换开关在直流电流挡,将万用表串联在被测电路中。电流从"+"端流入,从"-"端流出。直流电流挡有 5 个量程,从图 1.43 可以看出,不同的量程对应不同的分流电阻,改变转换开关的位置实际上是改变了其分流电阻值,从而改变了量程。例如,打到 5mA 挡,分流器的阻值为 $R_{A1} + R_{A2} + R_{A3}$,其余电阻与表头串联。指针偏转时,应该按照表盘上第二条线读数,但要注意量程与满刻度值之间的关系。

单元1 电路与电路定律

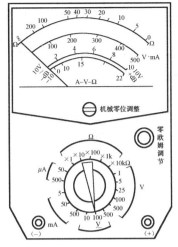

图1.42 MF-30型万用表的面板图

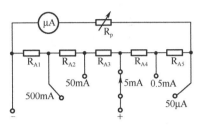

图1.43 测量直流电流的电路原理图

实际使用时,如果对被测电流的大小不了解,应该先用最大量程来测量,然后再根据指针的偏转程度来选用合适的量程,以减小误差。转换量程时,要注意不可带电转换。

(2)直流电压的测量。测量直流电压时,万用表的转换开关打到直流电压挡,将万用表并联在被测电压两端,其原理图如图1.44所示。直流电压表由直流电流表串联不同的电阻构成,串联的电阻越大,电压表的量程越大。

电压表的内阻越高,从测量电路分到的电流越小,被测电路受到的影响越小。通常用仪表的灵敏度来表示这一特征,即用仪表的总内阻与电压量程的比值来表示。如MF-30型万用表的500V挡,其总内阻为2500kΩ,则灵敏度为2500/500=5(kΩ/V)。

(3)交流电压的测量。由于磁电式仪表只能测直流,所以测交流电压时需要在测量电路中增加整流装置,如图1.45所示。电路中设置了整流二极管VD_1和VD_2。

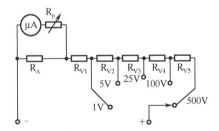

图1.44 测量直流电压的原理电路图

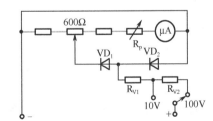

图1.45 测量交流电压的原理电路图

测量时,在正弦交流电的正半周,二极管VD_1导通,VD_2截止,这时万用表与测量直流电压时的电路相同;在正弦交流电的负半周,VD_2导通,VD_1截止,表头被短接,没有电流通过万用表。可见,用万用表测交流电压时,测的是正弦波正半周的电流平均值,而正半周的电流平均值与交流电压的有效值之间有一定的比例关系,因此可以直接用万用表来测量正弦交流电压的有效值。一般用万用表测量的电量频率为45Hz~1kHz,只能用于测正弦交流电的电压。

交流电压挡的量程改变与直流电压相同,灵敏度比直流电压挡低。

（4）电阻的测量。测量电阻时，万用表打到电阻挡。把待测电阻分别与万用表的两个表笔相接触，则待测电阻与万用表内的干电池、调节电阻、表头形成一个闭合回路，如图 1.46 所示，万用表面板上的"+"端接内部电源的负极，而"−"端接内部电源的正极，这样回路中将有电流产生，使指针偏转，指示被测电阻值。

从图 1.46 中可以看出，被测电阻越大，回路电流越小，偏转角越小。当被测电阻为零时，偏转角最大；当被测电阻无穷大时，偏转角为零。因此，测量电阻时，万用表的刻度刚好与测量电压、电流时的刻度方向相反。表盘上的刻度与量程挡之间成比例关系，如对于×10 挡，指示值乘以 10 即为当前所测电阻值。

实际测量时，首先要将万用表调零，方法是将万用表打到电阻挡，两个表笔短接，若指针偏转后指在零刻度，则说明该万用表不需要调零；否则应转动调节电位器，使指针指到零。每换一个量程，都需要调零一次。如果调零后指针调不到零刻度，则说明表内电池不足或接触不良，需要更换电池或维修。

为了提高测量电阻的准确性，应尽量使用刻度盘的中间段，因此需要选择合适的量程。

使用电阻挡测量电阻时应特别注意不要带电测量，以免外电路电压在电阻测量电路中产生电流，烧坏万用表。测量小电阻时，要注意表笔易接触电阻；测量大电阻时，应注意不要与人体形成并联电路。测量结束后，应将转换开关转到高电压挡，避免造成电池的浪费。

6. 兆欧表

1）用途

兆欧表又称摇表，主要用于测量绝缘电阻，以判定电动机、电气设备和电路的绝缘是否良好，这关系到这些设备能否安全运行。由于绝缘材料常因发热、受潮、污染、老化等原因使其电阻值降低、泄漏电流增大，甚至绝缘损坏，从而造成漏电和短路等事故，因此必须对设备的绝缘电阻进行定期检查。各种设备的绝缘电阻都有具体要求。一般来说，绝缘电阻越大，绝缘性能就越好。

2）结构

兆欧表主要由两部分组成：磁电式比率表和手摇发电机。手摇发电机能产生 500V、1000V、2500V 或 5000V 的直流高压，以便与被测设备的工作电压相对应。目前有的兆欧表采用晶体管直流变换器，可以将电池的低压直流转换成高压直流。如图 1.47 所示是兆欧表的外形平面图，L、E、G 是它的三个接线柱，一个为"电路"（L），另一个为"接地"（E），还有一个为"屏蔽"（G）。转动手柄，手摇发电机发电，指针显示电阻值的读数。

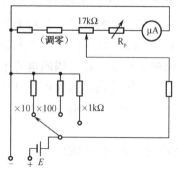 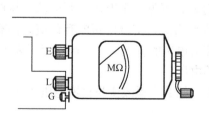

图 1.46　测量电阻的原理电路图　　图 1.47　兆欧表的外形平面图

3）兆欧表的使用

（1）兆欧表的选用。选用兆欧表测试绝缘电阻时，其额定电压一定要与被测电气设备或电路的工作电压相适应；兆欧表的测量范围也应与被测绝缘电阻的范围吻合。在施工验收规范的测试篇中有明确规定，应按其规定标准选用。一般低压设备及电路使用 500～1000V 的兆欧表；1000V 以下的电缆使用 1000V 的兆欧表；1000V 以上的电缆使用 2500V 的兆欧表。在测量高压设备的绝缘电阻时，必须选用电压高的兆欧表，一般用 2500V 以上的兆欧表才能测量，否则测量结果不能反映工作电压下的绝缘电阻。同时还要注意：不能用电压过高的兆欧表测量低压设备的绝缘电阻，以免设备的绝缘受到损坏。

各种型号的兆欧表，除了有不同的额定电压外，还有不同的测量范围，如 ZC11-5 型兆欧表，额定电压为 2500V，测量范围为 0～10000MΩ。选用兆欧表的测量范围，不应过多地超出被测绝缘电阻值，以免读数误差过大。有些表的标尺不是从零开始，而是从 1MΩ 或 2MΩ 开始，则不宜用来测量低绝缘电阻的设备。

（2）兆欧表的接线方法。一般测量时，应将被测绝缘电阻接在 L 和 E 接线柱之间。在测量电缆芯线的绝缘电阻时，要用 L 接芯线，E 接电缆外皮，G 接电缆绝缘包扎物。

① 照明及动力电路对地绝缘电阻的测量。如图 1.48（a）所示，将兆欧表接线柱 E 可靠接地，接线柱 L 与被测电路连接。按顺时针方向由慢到快摇动兆欧表的发电机手柄，待兆欧表指针读数稳定后，这时兆欧表指示的数值就是被测电路的对地绝缘电阻值。

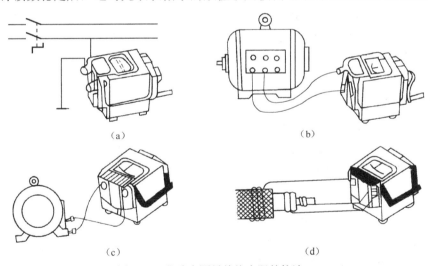

图 1.48 兆欧表测量绝缘电阻的接法

② 电动机绝缘电阻的测量。拆开电动机绕组的星形或三角形连接的连线。用兆欧表的两接线柱 E 和 L 分别接电动机两相绕组，如图 1.48（b）所示。摇动兆欧表发电机手柄，应以 120r/min 的转速均匀摇动手柄，待指针稳定后读数，测出电动机绕组相间绝缘电阻。如图 1.48（c）所示是电动机绕组对地绝缘电阻的测量接线，接线柱 E 接电动机机壳上的接地螺钉或机壳（勿接在有绝缘漆的部位），接线柱 L 接电动机绕组，摇动兆欧表发电机手柄，测出的是电动机绕组对地的绝缘电阻。

③ 电缆绝缘电阻的测量。测量接线如图 1.48（d）所示。将兆欧表接线柱 E 接电缆外皮，接线柱 G 接电缆线芯与外皮之间的绝缘层，接线柱 L 接电缆线芯，摇动兆欧表发电机

手柄,读数。测出的是电缆线芯与外皮之间的绝缘电阻值。

(3)使用兆欧表应注意的事项。使用兆欧表测量设备和电路的绝缘电阻时,必须在设备和电路不带电的情况下进行;测量前应先将电源切断,并使被测设备充分放电,以排除被测设备感应带电的可能性。

兆欧表在使用前必须进行检查,检查的方法如下:将兆欧表平稳放置,先使 L、E 两个端钮开路,摇动手摇发电机的手柄并使转速达到额定值,这时指针应指向标尺的"∞"处;然后再把 L、E 端钮短接,再缓缓摇动手柄,指针应指在"0"位;如果指针不指在"∞"或"0"位,则必须对兆欧表进行检修,然后才能使用。

在进行一般测量时,应将被测绝缘电阻接在 L 和 E 接线柱之间。如果测量电路对地的绝缘电阻,则将被测端接到 L 接线柱,而 E 接线柱接地。

接线时,应选用单根导线分别连接 L 和 E 接线柱,不可以将导线绞合在一起,因为绞线间的绝缘电阻会影响测量结果。

测量电解电容器的介质绝缘电阻时,应按电容器耐压的高低选用兆欧表,并要注意极性。电解电容器的正极接 L,负极接 E,不可反接,否则会使电容器击穿。测量其他电容器的介质绝缘电阻时可不考虑极性。

测量绝缘电阻时,发电机手柄应由慢向快摇动。若表的指针指零,则说明被测绝缘物有短路现象,此时不能继续摇动,以防止表内线圈因发热而损坏。摇柄的速度一般规定为 120r/min,切忌忽快忽慢,以免指针摆动加大而引起误差。当兆欧表没有停止转动和被测物没有放电之前,不可用手触及被测物的测量部分,尤其是在测量大电容设备的绝缘电阻之后,必须先将被测物对地放电,然后再停止兆欧表的发电机转动,以防止因电容器放电而损坏兆欧表。

7. 直流单臂电桥

直流电桥的种类很多,根据结构不同,直流电桥可分为单电桥、双电桥和单双电桥。单电桥比较适合测量中值电阻($1 \sim 10^6 \Omega$);双电桥适合测量低值电阻(1Ω 以下)。这里仅介绍用于测量直流电阻的直流单臂电桥。

1)工作原理

直流单臂电桥由 R_1、R_2、R 三个标准电阻和被测电阻组成四边形 $ABCD$ 的桥式电路,四条支路 AB、BC、CD、DA 称为桥臂,如图 1.49 所示。在电桥的 A、C 两端接入直流电源 E 和开关 S_B,在 B、D 两端接入一个检流计 G 和开关 S_G 作为指零仪。测量电阻时,先闭合开关 S_B,接通电源,再闭合开关 S_G,接通检流计。这时检流计的指针可能向左或向右偏转,然后调整电阻 R_1、R_2 和 R,使检流计的指针停在中间的零点,电桥达到平衡。此时 $I_G=0$,B 端和 D 端的电位相等,这样,$U_{AB}=U_{AD}$,$U_{BC}=U_{DC}$,即

$$I_xR_x = IR, \quad I_1R_1 = I_2R_2$$

两式相除,有

$$\frac{I_xR_x}{I_1R_1} = \frac{IR}{I_2R_2}$$

由于 $I_G=0$,所以 $I_x=I_1$,$I=I_2$,代入上式可得

单元1 电路与电路定律

$$R_x = \frac{R_1}{R_2} \cdot R \tag{1.24}$$

电桥中的电阻 R 称为电桥的比较臂，R_1、R_2 称为电桥的比例臂，$\frac{R_1}{R_2}$ 称为电桥比例臂的倍率。此时用比较臂的阻值乘以比例臂的倍率，就得到被测电阻 R_x 的阻值。由于 R_1、R_2、R 都是高精度的标准电阻，检流计的灵敏度也很高，故 R_x 的测量精度很高。比例臂的倍率分为 7 挡，分别为 10^{-3}、10^{-2}、10^{-1}、1、10、10^2、10^3，由倍率转换开关选择。比较臂 R 由 4 组可调电阻串联而成，每组约有 9 个相同的电阻，第一组为 9 个 1 Ω 电阻，第二组为 9 个 10 Ω 电阻，第三组为 9 个 100 Ω 电阻，第四组为 9 个 1000 Ω 电阻，由比较臂转换开关调解。这样，面板上的 4 个比较臂转换开关构成了个、十、百和千位，比较臂 R 的阻值为 4 组读数之和。如图 1.50 所示为直流单臂电桥面板图。

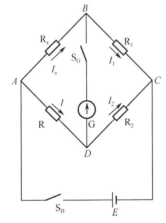

图 1.49 直流单臂电桥原理图

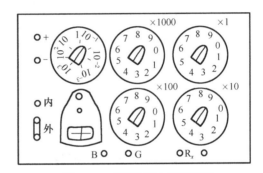

图 1.50 直流单臂电桥面板图

2）使用步骤

（1）首先将检流计锁扣打开，调节机械调零旋钮，使指针位于零位。

（2）将被测电阻 R_x 接在接线端钮上，根据 R_x 的阻值范围选择合适的比例臂倍率，使比较臂的 4 组电阻都用上。

（3）调解平衡时，先按电源按钮 S_B，再按检流计按钮 S_G；测量完毕后，先松开检流计按钮 S_G，再松开电源按钮 S_B，以防被测对象产生感应电势损坏检流计。

（4）按下按钮后，若指针向"+"侧偏转，应增大比较臂电阻；若向"-"侧偏转，则应减小比较臂电阻。调平衡过程中不要把检流计按钮按死，待调到电桥接近平衡时，才可按死检流计按钮进行细调；否则，检流计指针可能因猛烈撞击而损坏。

（5）被测电阻 R_x 的正确读数（单位为欧姆）可按下式计算：

$$R_x = 倍率 \times 比较臂的读数$$

（6）测量结束后，应锁上检流计锁扣，以免检流计受到振动而损坏。

技能训练 3　直流电路中电压、电流的测量

1．实训目的
（1）掌握直流仪表的使用方法和万用表的使用。
（2）学习电路中电压、电流的测量方法及误差分析。
（3）掌握直流电源的使用方法。

2．实训原理
通过本实训了解电工实验台、实验板的面板布置和结构，电源的配置和位置。同时，学会使用直流仪表测量电路中的电压和电流，并分析误差。

3．实训设备

序号	名称	规格型号	数量
（1）	直流稳压电源	30V/1A	1台
（2）	直流电压表	0～10V	1个
（3）	直流电流表	0～100mA	1个
（4）	电阻	200Ω、300Ω	各1个
		500Ω、1000Ω	各1个
		600Ω	2个

4．实训电路与实训步骤

（1）按如图 1.51 所示的实验电路接线，图中"———⊙———"为电流测量插孔，平时为接通状态，当电流表的插头（如图 1.52 所示）插入时，该处自行断开。电流表经过插头串接入电路中，电流表的读数就是该支路流过的电流的大小。

（2）调节稳压电源使其输出电压 $U_S = 10\text{V}$。

（3）选取两组负载电阻。

第一组：$R_1 = 200\Omega$、$R_2 = 300\Omega$、$R_3 = 400\Omega$。

第二组：$R_1 = 500\Omega$、$R_2 = 600\Omega$、$R_3 = 1000\Omega$。

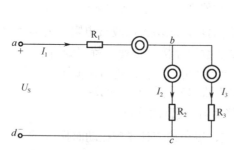

图 1.51　测量电压、电流的实验电路

图 1.52　电流表插头

先用万用表的欧姆挡测量上述电阻的阻值，以检验其阻值是否与额定值一致。测量时应先根据电阻上的额定值选择适当的欧姆倍率挡位，×100 或 1kΩ 等，然后再把红、黑两表

笔短接，调节调零电位器，使指针为满刻度，此时的电阻值为 0。注意，每变换一次倍率挡位时都必须重新调零。再将红、黑两表笔搭在被测电阻两端，测量上述两组电阻的阻值，只要将指针所示的读数乘上倍率就可以较为正确地读出电阻阻值。若测得的数据与额定阻值相差很远，则应换一个万用表重新测量；如果测得的阻值与额定值近似相等，则说明前一个万用表计量不准，不能使用。

（4）用直流电流表测量电路中的电流 I_1、I_2、I_3，用直流电压表测量电路中的电压 U_{ab}、U_{bc}、U_{cd}、U_{bd}，并将读数填入表 1.6 中。

因为电路中的连接导线有一定的内阻，测量电流、电压的插孔也有一定的接触电阻，同时电阻上标明的额定值与实际值允许有一定范围的误差，因此累加起来会导致测量电压、电流的数值与理论计算值有一定的误差，该误差可用相对误差来表示。一般来说，相对误差是较小的。

$$相对误差\ r_0 = \frac{|A - A_0|}{A_0} \times 100\%$$

其中，A 为仪表测量值；A_0 为实际计算值。

表 1.6　电压、电流的测量数据

	I_1		I_2		I_3		U_{ab}		U_{bc}		U_{bd}		U_{cd}	
	测量	计算	测量	计算	测量	计算	测量	计算	测量	计算	测量	计算	测量	计算
R_1=200Ω														
R_2=300Ω														
R_3=600Ω														
相对误差														
R_1=500Ω														
R_2=600Ω														
R_3=1000Ω														
相对误差														

5．实训报告

（1）写出计算值的计算过程及求得相对误差的计算过程。

（2）找出产生相对误差的可能原因。

技能训练 4　基尔霍夫定律的验证

1．实训目的

（1）加深对参考方向的理解。

（2）验证基尔霍夫定律的正确性。

2．实训原理

基尔霍夫定律是电路中最重要的定律之一，它规定了电路中各支路电流之间和各支路电压之间必须遵守的基本定律。它只与电路的结构有关而与支路中元器件的性质无关。不论是线性电路还是非线性电路，有源和无源的，定律都适用。

(1) 基尔霍夫电流定律（KCL）内容：在任何时刻，对任一节点，流进节点的电流代数和恒等于零。这一定律反映了电流的连续性。常规定流入节点的电流为正，流出节点的电流为负。如图 1.53 所示的电路，对节点 a 可列写

$$I_1 + I_2 - I_3 = 0$$

上式就是基尔霍夫电流定律的一般形式，即 $\sum I = 0$，此定律还可以推广至广义节点。

(2) 基尔霍夫电压定律（KVL）内容：在任何时刻，沿任一闭合回路，所有各支路电压的代数和恒等于零，即 $\sum U = 0$。

在如图 1.54 所示的闭合回路中，各支路的电压参考方向选取顺时针方向，可列写出

$$U_{ab} + U_{bc} + U_{cd} + U_{da} = 0$$

即

$$U_1 + U_2 + U_3 + U_4 = 0$$

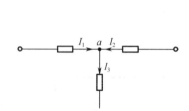

图 1.53　基尔霍夫电流定律

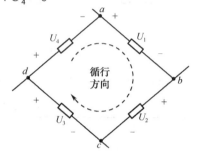

图 1.54　基尔霍夫电压定律

3. 实训设备

序号	名称	规格型号	数量
(1)	直流稳压电源	30V/1A	1台
(2)	直流电压表	0～10V	1个
(3)	直流电流表	0～100mA	1个
(4)	电阻	100Ω、200Ω、300Ω	各2个
		500Ω（均为10W）	1个

4. 实训电路与实训步骤

(1) 基尔霍夫定律实验电路如图 1.55 所示。

(2) 实训步骤。

① 按如图 1.55 所示的电路接线，将开关 K 短路。

② 调节稳压电源的输出电压为 10V，并用直流电压表检测。

③ 将开关 K 合向电源 U_S，用直流电流表测量各支路电流，并将读数记入表 1.7 中，将计算值也记入表 1.7 中进行比较。

④ 用直流电压表测量各支路电压，将读数记入表 1.8 中，将计算值也记入表 1.8 中进行比较。

⑤ 用表 1.7 中测量的数据来验证各节点的电流之和是否满足 $\sum I = 0$，并计算误差，将结果填入表 1.9 中。

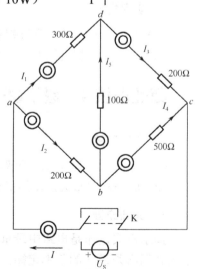

图 1.55　基尔霍夫定律实验电路

⑥ 用表 1.8 中测量的数据来验证各回路的电压之和是否满足 $\sum U=0$，并计算误差，将结果填入表 1.10 中。

表 1.7　图 1.55 实验电路各支路电流

电流 项目	I	I_1	I_2	I_3	I_4	I_5
计算值/mA						
测量值/mA						

表 1.8　图 1.55 实验电路各支路电流

电压 项目	U_{ab}	U_{cb}	U_{ac}	U_{dc}	U_{ad}	U_{db}
计算值/V						
测量值/V						

表 1.9　验证 KCL

节点 $\sum$	a	b	c	d
$\sum I$（计算值）				
$\sum I$（测量值）				
误差 ΔI				

表 1.10　验证 KVL

回路 $\sum$	adb	dcb	$abcd$	$acba$
$\sum U$（计算值）				
$\sum U$（测量值）				
误差 ΔU				

5．实训报告

（1）完成测量，将数据添入相应表内。

（2）应用基尔霍夫定律计算出各支路电流和电压。

（3）分析误差并指出产生误差的可能原因。

知识梳理与总结

（1）电路是由电源、负载和中间环节三部分组成的电流路径，它实现电能的输送和转换，以及电信号的传递和处理。

（2）电流、电压、电动势是电路的主要物理量，它们的参考方向是任意假定的，当其与实际方向一致时为正，反之为负。

（3）电路中某点的电位等于该点与参考点之间的电压，参考点改变，则各点的电位也随之变化，但两点之间的电压不变。

（4）电路中功率的表达式有 $P=\dfrac{W_R}{t}=\dfrac{UIt}{t}=UI=\dfrac{U^2}{R}=RI^2$。根据电压和电流的实际方向可确定某一电路元器件是电源还是负载；根据电压、电流的参考方向和公式 $P=UI$ 可确定某一电路元器件是电源还是负载。根据能量守恒定律，电源输出的功率和负载吸收的功率应该是平衡的。

（5）欧姆定律适用于线性电阻。

（6）电路分有载、开路与短路三种工作状态。使用电路元器件时应注意其额定值，有时应防止电气设备发生短路。

（7）基尔霍夫定律分为电流定律（KCL）和电压定律（KVL）。基尔霍夫电流定律反映了电路中任一节点各支路电流之间的约束关系，其基本含义是在任何时刻，对任一节点，流进该节点的电流代数和恒等于零，即 $\sum I=0$；基尔霍夫电压定律反映了电路中任一回路支路电压之间的约束关系，其基本含义是在任何时刻，沿任一闭合回路所有支路电压的代数和恒等于零，即 $\sum U = 0$。

思考与练习1

一、填空题

1-1 电路主要由_____、_____和_____三部分组成。

1-2 电源是将_____能转换成_____的装置。

1-3 负载是将_____能转换成_____的装置。

1-4 所谓理想电路元器件，就是忽略实际电气元器件的次要性质，只表征它_____的"理想"化的元器件。

1-5 理想电阻的模型符号为_____。

1-6 理想电压源的模型符号为_____，理想电流源的模型符号为_____。

1-7 电容器件的模型符号为_____，电感元器件的模型符号为_____。

1-8 电压的实际方向_____，电动势的实际方向_____，电流的实际方向_____。

1-9 选定电压参考方向后，如果计算出的电压值为正，则说明电压实际方向与参考方向_____；如果电压值为负，则电压实际方向与参考方向_____。

1-10 电路中任意两点间的电压仅与这两点在电路中的_____有关，而与选取的_____无关。

1-11 同一个电路中电位参考点选取不同，电路中各点的电位_____。但参考点一旦选定后电路中各点的电位只能有_____数值。

1-12 通常用电设备都是_____连在电源的两端，用电设备_____联的个数越多，电源所提供的电流_____。

1-13 某元器件上电压和电流的参考方向为非关联方向，$I=-2A$，则实际电流方向与参考方向_____，当 $U=5V$ 时，则 $P=$_____，该元器件为_____。

1-14 一磁电式电压表，量程为10V，内阻为400Ω。现欲将其量程改为40V，则应串联的电阻为_____Ω。

1-15 一磁电式电流表，满量程为10mA，内阻为10Ω。现欲将其量程改为1A，则应并联的分流电阻为_____Ω。

1-16 如图1.56所示，电路中开关S断开时 $V_a=$_____V，$V_b=$_____V，$U_{ab}=$_____V。

1-17 如图1.56所示，电路中开关S闭合时 $V_a=$_____V，$V_b=$_____V，$U_{ab}=$_____V。

1-18 如图1.57所示，电路中 $V_a=$_____V，$V_b=$_____V，$U_{ab}=$_____V。

1-19 一度电可供220V/100W的灯泡正常发光_____小时。

1-20 对于有 n 个节点，b 条支路的电路，用支路电流法求各支路电流时，可列出_____个独立的KCL方程，列出_____个独立的KVL方程。

单元1 电路与电路定律

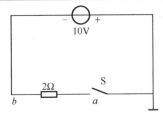

图1.56 题1-16图

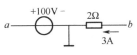

图1.57 题1-18图

二、单项选择题

1-21 电感与电容属于（ ）元器件。

A. 耗能   B. 储能   C. 整流   D. 有源

1-22 如图1.58所示，三盏电灯a、b、c完全相同，当开关S闭合时，电灯a、b的亮度变化是（ ）。

A. a变暗，b变亮   B. a变亮，b变暗   C. a、b都变暗   D. a、b都变亮

1-23 判断一个未知元器件是电源，应满足的条件是（ ）。

A. 该元器件的U、I方向为非关联且$P<0$ B. 该元器件的U、I方向为关联且$P<0$

C. 该元器件的U、I方向为非关联且$P>0$ D. 答案B或C都满足

1-24 如图1.59所示电路中，$R_2=R_4$，电压表V_1示数为8V，V_2示数为12V，则A与B之间的电压U_{AB}应是（ ）。

A. 6V   B. 20V   C. 24V   D. 无法确定

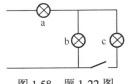

图1.58 题1-22图

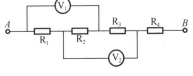

图1.59 题1-24图

1-25 如图1.60所示电路中，电压参考方向由a指向b，当$U=-10\text{V}$时，电压的实际方向是（ ）。

A. a指向b B. b指向a C. 无法确定

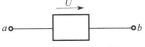

图1.60 题1-25图

三、判断对错

1-26 电路图上标出的电压、电流方向都是实际方向。（ ）

1-27 电路图中参考点改变，各点电位也随之改变，任意两点间的电压也随之改变。（ ）

1-28 如果选定电流的参考方向为从标有电压"+"端指向"-"端，则称电流与电压的参考方向为关联参考方向。（ ）

1-29 在一段无分支电路上，不论沿线导体的粗细如何，电流都是处处相等的。（ ）

1-30 基尔霍夫电压定律的表达式为$\sum U=0$，它只与支路端电压有关，而与支路中元器件的性质无关。（ ）

1-31 有人说电动生磁，磁动生电，二者共存而不可分割。（ ）

1-32 电源电动势的大小由电源本身的性质决定，与外电路无关。（ ）

1-33 电阻两端电压为 10V，电阻值为 10Ω，当电阻两端的电压升至 20V 时，电阻值也变为 20Ω。（ ）

1-34 电源在电路中总是提供能量的。（ ）

1-35 扩大电压表量程要串接电阻；扩大电流表量程要并接电阻。（ ）

四、计算题

1-36 如图 1.61 所示为电流或电压的参考方向，试判别其实际方向。

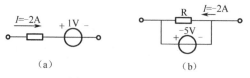

图 1.61　题 1-36 图

1-37 如图 1.62 所示电路中，已知各支路的电流 I、电阻值 R 和电动势 E，试写出各支路电压 U 的表达式。

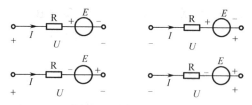

图 1.62　题 1-37 图

1-38 如图 1.63 所示电路中，当开关 S 断开或闭合时，a 点电位为多少？

1-39 如图 1.64 所示电路中，分别以 D 点和 C 点为参考点，试求电路中各点电位及 U_{AB}。

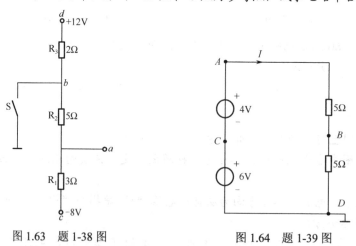

图 1.63　题 1-38 图　　　　图 1.64　题 1-39 图

1-40 如图 1.65 所示为电路中的一部分，已知 $I=2\text{A}$，$U_1=-2\text{A}$。（1）求元器件 1 的功率 P_1，并说明是消耗功率还是向外提供功率。（2）若 $P_2=10\text{W}$ 为元器件 2 向外提供的功率，$P_3=12\text{W}$ 为元器件 3 消耗的功率，则求 U_2 和 U_3。

1-41 试检验如图 1.66 所示电路中的功率是否平衡。

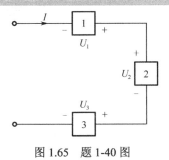

图 1.65　题 1-40 图

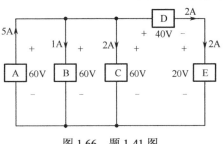

图 1.66　题 1-41 图

1-42　有一盏 220V、40W 的白炽灯，接到 220V 的电源上，求通过该灯的电流，并用欧姆定律计算出该灯的电阻是多少。

1-43　如图 1.67 所示电路可用于测量电源的电动势 E 和内阻 R_0 的值。若开关 S 闭合时电压表的读数为 6.8V，开关 S 打开时电压表的读数为 7V，负载电阻 $R=10\Omega$，试求电动势 E 和内阻 R_0 的值（设电压表的内阻为无穷大）。

1-44　试求如图 1.68 所示电路中各未知电流的大小。

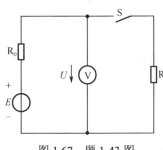

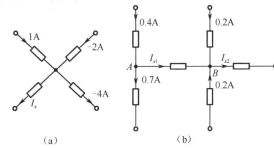

图 1.67　题 1-43 图　　　　　图 1.68　题 1-44 图

1-45　如图 1.69 所示，求电路中的未知电流。

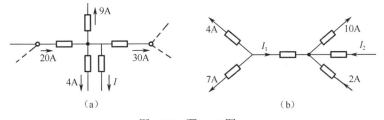

图 1.69　题 1-45 图

1-46　如图 1.70 所示电路中，已知 $U_1=2\text{V}$，$U_2=10\text{V}$，$U_4=2\text{V}$，$I_1=-2\text{A}$，$I_2=1\text{A}$，$I_3=2\text{A}$，各电压、电流参考方向如图所示。求 I_4、U_3、U_5 及 U_6 的值。

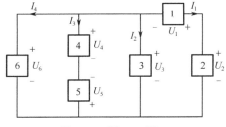

图 1.70　题 1-46 图

单元 2

线性直流电路的分析方法

教学导航

教	知识重点	1. 电阻的串/并联与混联及其等效变换 2. 电阻星形连接与三角形连接的等效变换 3. 电压源与电流源及其等效变换 4. 支路电流法　　　　5. 节点电压法 6. 叠加定理　　　　　7. 戴维南定理与诺顿定理
	知识难点	1. 电压源与电流源及其等效变换　　2. 叠加定理 3. 戴维南定理与诺顿定理
	推荐教学方法	通过讲解例题与实验操作的练习加深知识的运用
	建议学时	16 学时
学	推荐学习方法	以分组讨论、练习的学习方式为主，结合本单元内容掌握知识的运用
	必须掌握的理论知识	1. 电阻的串/并联与混联及其等效变换 2. 电阻星形连接与三角形连接的等效变换 3. 电压源与电流源及其等效变换 4. 支路电流法　　　　5. 节点电压法 6. 叠加定理　　　　　7. 戴维南定理与诺顿定理
	必须掌握的技能	能够分析、解决处理复杂直流电路的各种问题

2.1 电路的等效变换分析

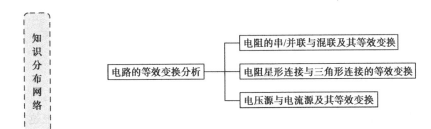

2.1.1 电阻的串/并联与混联及其等效变换

1. 电阻的串联

在电路中有若干个电阻首尾相接,中间没有分支,并且在电源的作用下各电阻上流过的电流相等,那么这种连接方式称为电阻的串联。如图 2.1(a)所示为三个电阻串联的电路。

图 2.1 电阻串联及其等效电路

设电压和电流的参考方向如图 2.1(a)所示,则根据 KVL,有

$$U = U_1 + U_2 + U_3 \tag{2.1}$$

由欧姆定律,得

$$\begin{cases} U_1 = R_1 I \\ U_2 = R_2 I \\ U_3 = R_3 I \end{cases} \tag{2.2}$$

由式(2.1)与式(2.2)联立得

$$U = (R_1 + R_2 + R_3)I \tag{2.3}$$

式(2.3)表明了如图 2.1(a)所示电路在端钮 a、b 上电压 U 与电流 I 的关系,如果用一个电阻

$$R = R_1 + R_2 + R_3 \tag{2.4}$$

来代替图 2.1(a)中三个电阻之和,则在端钮 a、b 上 U 与 I 的关系不变,如图 2.1(b)所示。换而言之,它们对于外电路具有相同的效果,因此将这种代替称为等效变换。电阻 R 称为 R_1、R_2、R_3 串联的等效电阻,图 2.1(b)为图 2.1(a)的等效电路。显然,当有 n 个电阻串联时,其等效电阻等于 n 个电阻之和。

由图 2.1 可知,根据欧姆定律:

$$\frac{U_1}{R_1} = \frac{U_2}{R_2} = \frac{U_3}{R_3} = \frac{U}{R} = I \tag{2.5}$$

因此得到
$$\begin{cases} U_1 = \dfrac{R_1}{R}U \\ U_2 = \dfrac{R_2}{R}U \\ U_3 = \dfrac{R_3}{R}U \end{cases} \tag{2.6}$$

式（2.6）便称为串联电阻的分压公式，由此可推出：
$$U_1 : U_2 : U_3 = R_1 : R_2 : R_3$$

上式说明：串联电阻上的电压分配与电阻大小成正比，电阻越大，分配到的电压也越大。

> **提示**：电阻串联的应用很多，如在负载的额定电压低于电源电压的情况下，通常采用一个电阻与负载串联，使该电阻分得一部分电压。如果需要调节电路中的电流，一般也可以在电路中串联一个变阻器。

2．电阻的并联

在电路中有若干个电阻，其首尾两端分别连接于两个节点之间，并且每个电阻两端的电压都相同，那么这种连接方式称为电阻的并联。如图 2.2（a）所示为三个电阻并联的电路。

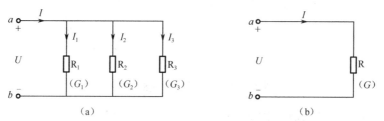

图 2.2 电阻并联及其等效电路

设电压和电流的参考方向如图 2.2（a）所示，则根据 KVL 有
$$I = I_1 + I_2 + I_3 \tag{2.7}$$

由欧姆定律，可得
$$\begin{cases} I_1 = \dfrac{U}{R_1} = G_1 U \\ I_2 = \dfrac{U}{R_2} = G_2 U \\ I_3 = \dfrac{U}{R_3} = G_3 U \end{cases} \tag{2.8}$$

式（2.8）中 G_1、G_2、G_3 分别为各电阻的电导。由式（2.7）与式（2.8）联立得
$$I = (G_1 + G_2 + G_3)U \tag{2.9}$$

如果用一个电导
$$G = G_1 + G_2 + G_3 \tag{2.10}$$

来代替图 2.2（a）中三个电导并联之和，则在端钮 a、b 上 U 与 I 的关系不变。换言之，它们对于外电路具有相同的效果，如图 2.2（b）所示，则电导 G 称为 G_1、G_2、G_3 相并联的等效电导，图 2.2（b）为图 2.2（a）的等效电路。显然，当有 n 个电导并联时，其等效电导等于 n 个电导之和。

若将式（2.10）改用电阻形式，则有

$$\frac{1}{R} = \frac{1}{R_1} + \frac{1}{R_2} + \frac{1}{R_3} \tag{2.11}$$

式中，$R = \frac{1}{G}$ 为 R_1、R_2、R_3 并联后的等效电阻值。由图 2.2 可知，根据欧姆定律：

$$\frac{I_1}{G_1} = \frac{I_2}{G_2} = \frac{I_3}{G_3} = \frac{I}{G} = U \tag{2.12}$$

由此得到

$$\begin{cases} I_1 = \dfrac{G_1}{G} I \\ I_2 = \dfrac{G_2}{G} I \\ I_3 = \dfrac{G_3}{G} I \end{cases} \tag{2.13}$$

式（2.13）称为并联电阻的分流公式。由此可推出：

$$I_1 : I_2 : I_3 = G_1 : G_2 : G_3$$

即电阻并联时，电流的分配与电导的大小成正比，电导越大，分配到的电流就越大。

通常两个电阻并联时可记做 $R_1 // R_2$，其等效电阻值可用下式求出：

$$R = R_1 // R_2 = \frac{R_1 \cdot R_2}{R_1 + R_2} \tag{2.14}$$

则分流公式为

$$\begin{cases} I_1 = \dfrac{R_2}{R_1 + R_2} I \\ I_2 = \dfrac{R_1}{R_1 + R_2} I \end{cases} \tag{2.15}$$

> **提示**：一般情况下，负载都是并联运用的。并联的负载电阻越多，则总电阻越小，电路中总电流和总功率越大，但是每个负载的电流和功率没有改变。有时，为了某种需要，可将电路中的某一段与电阻或变阻器并联，以起分流或调节电流的作用。

【例 2.1】 求如图 2.3 所示电路中 ab 两端和 cd 两端的等效电阻。已知 $R_1 = 6\Omega$，$R_2 = 15\Omega$，$R_3 = R_4 = 5\Omega$。

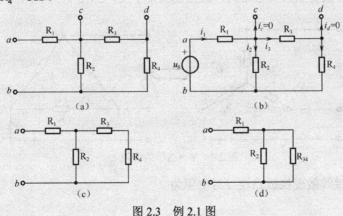

图 2.3 例 2.1 图

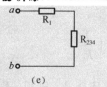

图 2.3 例 2.1 图（续）

【解】 求电阻串/并联电路等效电阻的关键在于识别各电阻的串/并联关系。为此可以在开口的两端加一个电源来产生电压和电流，再根据电流或电压是否相同来判断电阻的串联或并联。求图 2.3 中电路 ab 两端的等效电阻时，在 ab 两端加一个电压源，如图 2.3（b）所示，由于 cd 端是断开的，则这两条支路的电流为零，可省去，得到如图（c）所示电路。由此可确定 R_3 与 R_4 串联，其等效电阻为 $R_{34}=R_3+R_4=10\Omega$。从图 2.3（d）可确定 R_2 与 R_{34} 并联，其等效电阻为 $R_{234}=\dfrac{R_2 R_{34}}{R_2+R_{34}}=6\Omega$。从图 2.3（e）可确定 R_1 与 R_{234} 串联，由此可得 ab 两端等效电阻 $R_{ab}=R_1+R_{234}=12\Omega$。

以上计算过程为 $$R_{ab}=R_1+[R_2//(R_3+R_4)]=12\Omega$$

同理，在 cd 两端加一个电压源时 R_1 的电流为零，故 R_1 对 cd 两端等效电阻无影响，因此 $R_{cd}=R_3//(R_2+R_4)=4\Omega$。

2.1.2 电阻星形连接与三角形连接的等效变换

在电路计算时，如果能将串联与并联的电阻简化为一个等效电阻，那么会使计算过程大大简化，但在有的电路中，电阻与电阻之间的连接既不是串联也不是并联，那么就不能简单地用一个电阻来等效。而电阻的星形连接和三角形连接就不能用简单的电阻串联、并联来简化，因此可以用下面的方法简化。

1. Y→△

Y 连接的电阻可以等效变换成△连接的电阻，△连接的电阻也可以等效变换成为 Y 连接的电阻，但变换是有条件的，这个等效变换的条件是：变换前后三个对应端 a、b、c 流入（或流出）的电流 I_a、I_b、I_c 必须对应相等；对应端之间的电压 U_{ab}、U_{bc}、U_{ca} 也必须对应相等。也就是说，等效变换前后电路的外部性能保持不变，如图 2.4 所示。

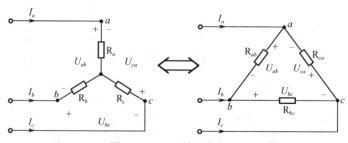

图 2.4 Y→△等效变换

电阻由 Y 连接等效变换成△连接时电阻为

$$\begin{cases} R_{ab} = \dfrac{R_aR_b + R_bR_c + R_cR_a}{R_c} \\ R_{bc} = \dfrac{R_aR_b + R_bR_c + R_cR_a}{R_a} \\ R_{ca} = \dfrac{R_aR_b + R_bR_c + R_cR_a}{R_b} \end{cases} \qquad (2.16)$$

其公式可记为 $$R_\triangle = \dfrac{\text{Y形电阻两两乘积之和}}{\text{Y形不相邻电阻}}$$

提示：当 Y 形电路的三个电阻相等时，即 $R_a = R_b = R_c = R_Y$ 时，$R_\triangle = 3R_Y$。

2. △→Y

电阻由△连接等效变换成 Y 连接时电阻为

$$\begin{cases} R_a = \dfrac{R_{ab}R_{ca}}{R_{ab} + R_{bc} + R_{ca}} \\ R_b = \dfrac{R_{bc}R_{ab}}{R_{ab} + R_{bc} + R_{ca}} \\ R_c = \dfrac{R_{ca}R_{bc}}{R_{ab} + R_{bc} + R_{ca}} \end{cases} \qquad (2.17)$$

其公式可记为 $$R_Y = \dfrac{\triangle\text{形相邻电阻乘积}}{\triangle\text{形电阻之和}}$$

提示：当△形电路的三个电阻相等时，即 $R_{ab} = R_{bc} = R_{ca} = R_\triangle$ 时，$R_Y = \dfrac{1}{3}R_\triangle$。

Y 连接也称为 T 连接，△连接也称为π连接，如图 2.5 所示。

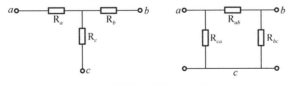

图 2.5 电阻的 T 连接和 π 连接

【例 2.2】 如图 2.6 所示电路中，已知 $R_1 = 10\Omega$，$R_2 = 30\Omega$，$R_3 = 22\Omega$，$R_4 = 4\Omega$，$R_5 = 60\Omega$，$U_s = 22V$，求电流 I。

【解】 这是一个电桥电路，既含有△形电路又含有 Y 形电路，因此等效变换方案很多，现将 R_1、R_2、R_5 组成的△形电路等效变换成 Y 形电路，如图 2.6（b）所示，得

$$R_a = \dfrac{R_1R_5}{R_1 + R_2 + R_5} = \dfrac{10\times 60}{10 + 30 + 60} = 6\;(\Omega)$$

$$R_b = \dfrac{R_1R_2}{R_1 + R_2 + R_5} = \dfrac{10\times 30}{10 + 30 + 60} = 3\;(\Omega)$$

$$R_c = \frac{R_2 R_5}{R_1 + R_2 + R_5} = \frac{30 \times 60}{10 + 30 + 60} = 18 \, (\Omega)$$

再用串、并联方法求出等效电阻 R_{bd}：

$$R_{bd} = R_b + [(R_a + R_4) // (R_c + R_3)] = 3 + \frac{(6+4)(18+22)}{6+4+18+22} = 11 \, (\Omega)$$

则总电流

$$I = \frac{U_S}{R_{bd}} = \frac{22}{11} = 2 \, (\text{A})$$

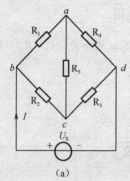
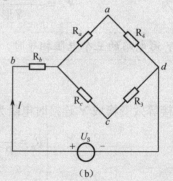

图 2.6 例 2.2 图

2.1.3 电压源与电流源及其等效变换

电源是将其他形式的能量转换为电能的装置。实际电源可以用两种不同的电路模型来表示：一种是以电压的形式向电路供电，称为电压源模型；另一种是以电流的形式向电路供电，称为电流源模型。

1. 电压源

电压源如图 2.7（a）所示。U_S 是电压源的电压，R 是外接负载电阻，电路中电压源 U_S 与电流 I 为非关联参考方向。

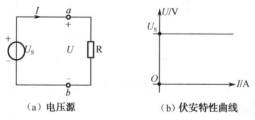

（a）电压源　　　　　（b）伏安特性曲线

图 2.7 电压源及伏安特性曲线

电压源向外提供了一个恒定的或按某一特定规律随时间变化的端电压，其大小为 U_S（或随时间按正弦规律变化的正弦电压），接上负载 R 以后，电路中便有电流 I，其大小仅取决于负载 R 阻值的大小，但不管负载如何变化，其端电压 $U = U_S$ 始终是恒定的。

电压源的电压、电流关系，又称伏安特性曲线，是一根平行于电流轴的直线，如图 2.7（b）所示。

而实际电源不具备上述电压源的特性,即当外接电阻 R 的阻值发生变化时,电源提供的端电压会发生变化,所以实际的电压源模型可以用一个内阻 R_0 和电压源 U_S 的串联来表示,如图 2.8(a)所示。电路中的电流 I 和电压 U 分别为

$$I = \frac{U_S}{R_0 + R} \tag{2.18}$$

$$U = U_S - R_0 I \tag{2.19}$$

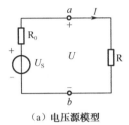
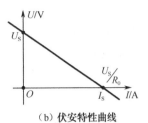

(a)电压源模型　　　　　　　　　(b)伏安特性曲线

图 2.8　电压源模型及伏安特性曲线

由式(2.18)和式(2.19)可见,当负载 R 的阻值减小时,其输出的电流 I 增大,落在电源内阻 R_0 上的电压降就越高,而电源的端电压 U 越低。其伏安特性曲线如图 2.8(b)所示,显然,内阻 R_0 的阻值越小,伏安特性曲线越平坦,其输出电压越稳定,越接近电压源的开路电压 U_S。

2. 电流源

电流源如图 2.9(a)所示,I_S 是电流源的电流,R 是外接负载电阻,电路中电流源 I_S 与电压 U 为非关联参考方向。电流源向外提供了一个恒定的电流 I_S,并且电流 I_S 的大小与它的端电压大小无关,它的端电压大小仅仅取决于外电路负载 R 的阻值,即 $U = R I_S$。

电流源的伏安特性曲线如图 2.9(b)所示,它是一根垂直于电流轴的直线。

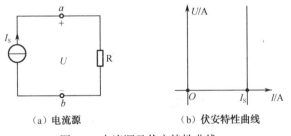

(a)电流源　　　　　　　　　(b)伏安特性曲线

图 2.9　电流源及伏安特性曲线

而实际电源的电流源模型可以用一个内阻 R_0 与电流源 I_S 的并联来表示,如图 2.10(a)所示。实际电源一般不具备电流源的特性。当外接电阻 R 的阻值发生变化时,输出电流会有波动。

由图 2.10(a)可见,输出电流 $I = I_S - \frac{U}{R_0}$,显然,输出电流 I 的数值不是恒定的。当负载 R 短路时,输出电压 $U=0$,输出电流 $I = I_S$;当负载 R 开路时,输出电压 $U = I_S R_0$,输出电流 $I=0$,其伏安特性曲线如图 2.10(b)所示。

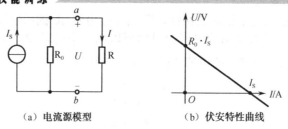

(a)电流源模型　　　　　　(b)伏安特性曲线

图 2.10　电流源模型及伏安特性曲线

3. 电压源模型与电流源模型的等效变换

从图 2.8（b）和图 2.10（b）中可以发现，二者的伏安特性曲线是相同的，在一定条件下，这两个外特性可以重合。这说明一个实际电源既可以用电压源模型表示，也可以用电流源模型表示。这就是说，电压源模型和电流源模型对同一外部电路而言相互之间可以等效变换。变换后保持输出电压和输出电流不变。如图 2.11 所示，在 U、I 均保持不变的情况下等效变换的条件为

$$I_S = \frac{U_S}{R_0} \quad 或 \quad U_S = R_0 I_S \tag{2.20}$$

R_0 的阻值保持不变，但接法改变。特别要指出：电压源模型与电流源模型在等效变换时，U_S 与 I_S 的方向必须保持一致，即电流源流出电流的一端与电压源的正极性端相对应。

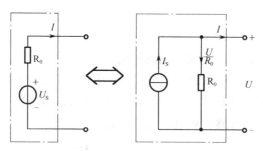

图 2.11　电压源模型与电流源模型的等效变换

> **提示**：在电压源与电流源等效变换时还应注意：
>
> （1）电压源模型与电流源模型的等效关系只是对相同的外部电路而言，其内部并不等效。如图 2.8（a）所示，在开路状态下电压源不产生功率，内阻也不消耗功率。而在图 2.10（a）中，在开路状态下电流源产生功率，并且全部为内阻所消耗。
>
> （2）电压源与电流源之间不能相互等效变换，这是因为电压源内阻 $R_0=0$，若能等效变换，则短路电流 $I_S = \frac{U_S}{R_0} = \infty$，这是没有意义的。同样，电流源内阻 $R_0=\infty$，若能等效变换，则开路电压 $U_S = R_0 I_S = \infty$，这也是没有意义的。
>
> （3）任何与电压源并联的两端元器件不影响其电压源电压的大小，在分析电路时可以舍去；任何与电流源串联的两端元器件不影响其电流源电流的大小，在分析时同样也可以舍去（但在计算由电源提供总电流、总电压和总功率时，两端元器件不能舍去），如图 2.12 所示。

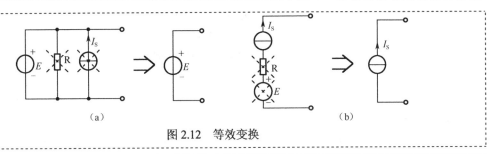

图 2.12 等效变换

【例 2.3】 求如图 2.13（a）所示电路中的电流 i。

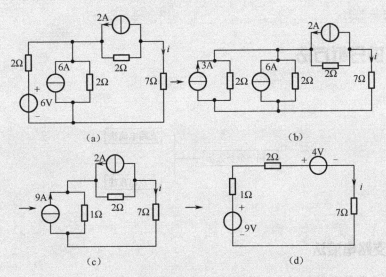

图 2.13 例 2.3 图

【解】 图 2.13（a）电路可简化为图 2.13（d）的形式，简化过程如图 2.13（b）、（c）、（d）所示，由简化后的电路可求电流为

$$i = \frac{9-4}{1+2+7} = 0.5 \text{（A）}$$

【例 2.4】 如图 2.14 所示，求负载 R_L 中的电流 I 及其端电压 U，并分析功率平衡关系。

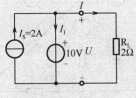

图 2.14 例 2.4 图

【解】 图中 2A 电流源与 10V 电压源并联，不影响其两端电压大小，可以舍去，可得

$$I = \frac{U}{R_L} = \frac{10}{2} = 5 \text{（A）}$$

所以负载 R_L 中的电流为 5A。

端电压 $U = R_L I = 2 \times 5 = 10 \text{（V）}$

根据 KVL 有 $I_S - I_1 - I = 0$

所以 $I_1 = I_S - I = 2 - 5 = -3$（A）

负载电阻的功率 $P = UI = 10 \times 5 = 50$（W）（吸收功率）

电压源的功率
$$P_E = UI_1 = (-3) \times 10 = -30 \text{（W）}（关联参考方向，P_E < 0，输出功率）$$

电流源的功率
$$P_{I_S} = UI_S = 10 \times 2 = 20 \text{（W）}（非关联参考方向，P_{I_S} > 0，输出功率）$$

电源输出的功率为 30+20=50（W），负载吸收的功率为 50W，所以输出功率与吸收功率相等，即功率平衡。

2.2 电路的分析方法

2.2.1 支路电流法

计算复杂电路的各种方法中，支路电流法是最基本的。在分析时它以支路电流作为求解对象，应用基尔霍夫定律分别对节点和网孔列写 KCL 方程和 KVL 方程，从而联立方程组进行求解。

如图 2.15 所示为一复杂线性电阻电路，假定各电阻和电源电压值为已知，求各支路电流，该电路共有 3 个节点，5 条支路，3 个网孔，6 个回路。5 条支路电流的参考方向如图 2.15 所示。

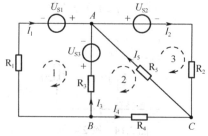

图 2.15 复杂电路举例

根据 KCL 可对 3 个节点列写 3 个 KCL 方程。

$$\begin{cases} 节点A: I_1 - I_2 + I_3 + I_5 = 0 \\ 节点B: -I_1 - I_3 - I_4 = 0 \\ 节点C: I_2 + I_4 - I_5 = 0 \end{cases} \tag{2.21}$$

从这些方程中可以看出任何一个方程可由其余两个方程相加减得到，因而它们并不是相互独立的。故可得出结论：对具有 3 个节点的电路只能列出 2 个独立的 KCL 方程，因此只能有 2 个独立节点，余下的一个称为非独立节点，独立节点的选取是任意的。如图 2.15 所示电路中，若选节点 A、B 为独立节点，则式（2.21）的前两项即为独立的 KCL 方程。

推而广之，对具有 n 个节点的电路，只能有且一定有（n-1）个独立节点，也只能列写（n-1）个独立的 KCL 方程。

为了求解出 5 个支路电流，显然两个方程是不行的，还需补充 3 个独立方程，借助于 KVL 就可建立所需的方程。实践证明：对于线性电阻电路列写的 KVL 独立方程的个数正好等于网孔的个数，因此只要对 3 个网孔列写 KVL 方程即可。

如图 2.15 所示，按顺时针方向绕行可得

$$\begin{cases} 网孔1: R_1I_1 - R_3I_3 = U_{S1} + U_{S3} \\ 网孔2: R_3I_3 - R_5I_5 - R_4I_4 = -U_{S3} \\ 网孔3: R_5I_5 + R_2I_2 = -U_{S2} \end{cases} \quad (2.22)$$

除此 3 个方程以外的其他回路的 KVL 方程都不是独立的，都可由式（2.22）中的 3 个方程相加减得到。

取式（2.21）其中的任意两项与式（2.22）联立求解，即可得出 5 个支路电流。

综上所述，对以支路电流为待求量的任意线性电路，运用 KCL 和 KVL 总能列写出足够的独立方程，从而可求出支路电流。

支路电流法的步骤可归纳如下：

（1）在给定电路图中设定各支路电流的参考方向。

（2）选择（n-1）个独立节点，列写（n-1）个独立 KCL 方程。

（3）选网孔为独立回路，并设其绕行方向，列出各网孔的 KVL 方程。

（4）联立求解上述独立方程，得出各支路电流。

【例 2.5】 求如图 2.16 所示电路中各支路电流。

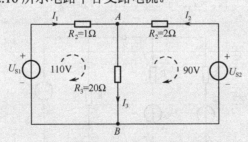

图 2.16 例 2.5 图

【解】 （1）假定各支路电流的参考方向。

（2）该电路只有两个节点，故只能列写一个 KCL 独立方程，选节点 A 为独立节点，则

$$I_1 + I_2 - I_3 = 0$$

（3）按顺时针方向列出两个网孔的 KVL 独立方程：

$$I_1 + R_3I_3 = U_{S1}$$
$$-R_2I_2 - R_3I_3 = -U_{S2}$$

(4) 联立上面 3 个方程,代入数据得

$$\begin{cases} I_1 + I_2 - I_3 = 0 \\ I_1 + 20I_3 = 110 \\ 2I_2 + 20I_3 = 90 \end{cases}$$

经计算得出 $I_1 = 10\text{A}$,$I_2 = -5\text{A}$,$I_3 = 5\text{A}$,其中 I_2 为负值,说明假定的方向与实际方向相反。

2.2.2 节点电压法

以节点电压为求解对象的电路分析方法称为节点电压法。在任意复杂结构的电路中总会有 n 个节点,取其中一个节点作为参考节点,其他各节点与参考点之间的电压就称为节点电压。所以,在有 n 个节点的电路中,一定有(n-1)个节点电压。

如果在一个电路中有两个节点,那么取其中一个为参考节点,其节点电压只有一个。只有两个节点的电压分析方法是节点电压法中的特例,称为弥尔曼定理。两个节点的电路可以看成是许多条支路的并联电路。

如图 2.17 所示的电路中共有 4 条支路及 2 个节点 A、B,取其中的节点 B 为参考节点,其节点电压为 U_{AB};各支路电流 I_1、I_2、I_3、I_S 的参考方向如图 2.17 所示。各支路电流可应用欧姆定律求得:

$$\begin{cases} U_{AB} = U_{S1} - I_1 R_1, & I_1 = \dfrac{-U_{AB} + U_{S1}}{R_1} \\ U_{AB} = -U_{S2} + I_2 R_2, & I_2 = \dfrac{U_{AB} + U_{S2}}{R_2} \\ U_{AB} = I_3 R_3, & I_3 = \dfrac{U_{AB}}{R_3} \\ I_S = I_4, & I_4 = I_S \end{cases} \tag{2.23}$$

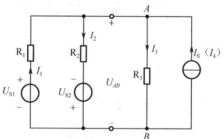

图 2.17 节点电压法

对节点 A 应用 KCL 可得:

$$I_1 - I_2 - I_3 + I_S = 0 \tag{2.24}$$

将式(2.23)代入式(2.24)方程中,有

$$\frac{-U_{AB} + U_{S1}}{R_1} - \frac{U_{AB} + U_{S2}}{R_2} - \frac{U_{AB}}{R_3} + I_S = 0$$

经整理后得：
$$U_{AB} = \frac{\dfrac{U_{S1}}{R_1} - \dfrac{U_{S2}}{R_2} + I_S}{\dfrac{1}{R_1} + \dfrac{1}{R_2} + \dfrac{1}{R_3}} = \frac{\sum \dfrac{U_S}{R} + \sum I_S}{\sum \dfrac{1}{R}} \qquad (2.25)$$

求得节点电压 U_{AB} 后，再根据欧姆定律求各支路电流就迎刃而解了。

> **提示**：由式（2.25）可归纳为：分母恒取正；分子各项中，若电源 U_S 与节点电压极性一致，则取正；若电源 U_S 与节点电压极性相反，则取负。电流源电流 I_S 流入为正，流出为负。

【例 2.6】 如图 2.18 所示，求 1Ω 电阻流过的电流 I。

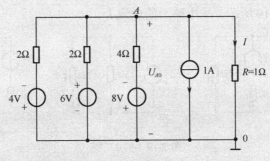

图 2.18 例 2.6 图

【解】 设 0 为参考点，先计算节点电压 U_{A0}，然后应用欧姆定律可得 1Ω 电阻上的电流 I。

节点电压为
$$U_{A0} = \frac{\dfrac{4}{2} + \dfrac{6}{2} - \dfrac{8}{4} - 1}{\dfrac{1}{2} + \dfrac{1}{2} + \dfrac{1}{4} + 1} = \frac{-2}{\dfrac{9}{4}} = -\frac{8}{9} \text{（V）}$$

所以
$$U_{A0} = IR, \quad I = \frac{U_{A0}}{R} = \frac{-\dfrac{8}{9}}{1} = -\frac{8}{9} \text{（A）}$$

2.3 电路定理的应用

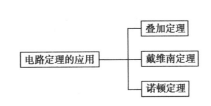

2.3.1 叠加定理

叠加定理是线性电路普遍适用的基本定律，反映了线性电路所具有的基本性质。其内容可表达为：在线性电路中，多个电源（电压源和电流源）共同作用在任意一条支路上所产生的电压或电流等于这些电源分别单独作用在该支路上所产生的电压或电流的代数和。

在应用叠加定理时必须注意：

（1）应用叠加定理时，应保持电路结构及元器件参数不变。当一个电源单独作用时，其他电源应视为零值，即电压源短路，电流源开路，但均应保留其内阻。

（2）叠加定理只适用于线性电路。

（3）最后叠加时，必须要认清各个电源单独作用时，在各条支路所产生的电压、电流的分量是否与各条支路上原电压、电流的参考方向一致。一致时各分量取正，反之取负，最后叠加时应为代数和。

（4）叠加定理只能用来分析电路的电压和电流，不能用来计算电路中的功率，因为功率与电压或电流之间不是线性关系。

【例2.7】 如图2.19所示，求电路中的电流 I_L。

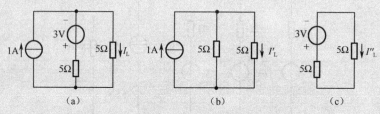

图2.19 例2.7图

【解】 如图2.19（a）所示的电路中有两个电源，当电流源单独作用时，电压源视为短路，如图2.19（b）所示可知：

$$I'_L = \frac{5}{5+5} \times 1 = 0.5 \text{（A）}$$

当电压源单独作用时，电流源视为开路，如图2.19（c）所示，可知

$$I''_L = -\frac{3}{5+5} = -0.3 \text{（A）}$$

叠加后得 $I = I'_L + I''_L = 0.5 - 0.3 = 0.2$（A）

【例2.8】 如图2.20（a）所示，电路中 $R_1 = 5\Omega$，$R_2 = 10\Omega$，$R_3 = 20\Omega$，试用叠加定理求各支路电流。

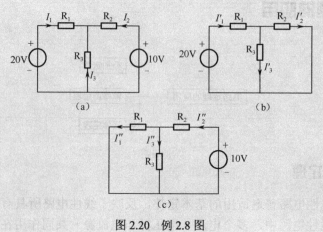

图2.20 例2.8图

【解】 20V 电压源单独作用时如图 2.20（b）所示。

$$R = R_1 + \frac{R_2 \cdot R_3}{R_2 + R_3} = 5 + \frac{10 \times 20}{10 + 20} = 11.67(\Omega)$$

$$I_1' = \frac{20}{11.67} = 1.71(A)$$

$$I_2' = I_1' \times \frac{R_3}{R_2 + R_3} = 1.71 \times \frac{20}{10 + 20} = 1.14(A)$$

$$I_3' = I_1' \times \frac{R_2}{R_2 + R_3} = 1.71 \times \frac{10}{10 + 20} = 0.57(A)$$

当 10V 电压源单独作用时如图 2.20（c）所示。

$$R' = R_2 + \frac{R_1 \cdot R_3}{R_1 + R_3} = 10 + \frac{5 \times 20}{5 + 20} = 14(\Omega)$$

$$I_2'' = \frac{10}{14} = 0.71(A)$$

$$I_1'' = I_2'' \times \frac{R_3}{R_1 + R_3} = 0.71 \times \frac{20}{5 + 20} = 0.568(A)$$

$$I_3'' = I_2'' \times \frac{R_1}{R_1 + R_3} = 0.71 \times \frac{5}{5 + 20} = 0.142(A)$$

叠加后得

$$I_1 = I_1' - I_1'' = 1.71 - 0.568 = 1.142(A)$$
$$I_2 = -I_2' + I_2'' = -1.14 + 0.71 = -0.43(A)$$
$$I_3 = -I_3' - I_3'' = -0.57 - 0.142 = -0.712(A)$$

2.3.2 戴维南定理与诺顿定理

在分析电路时，往往只需要求解其中某一条支路上的电流和电压。如果使用支路电流法、节点电压法、叠加定理来分析会引出一些不必要的电流或电压，显然计算工作量是比较大的。如果能把电路中这条待求支路以外的其余部分用一个简单的二端网络（电路）与待求支路构成一个单回路电路，这样再求解这条支路的电流和电压就变得很容易了。

在学习戴维南定理与诺顿定理之前，先介绍一下二端网络的概念。

任何具有两个端点与外电路相连接的网络，不管其内部结构如何，都称为二端网络。根据这个二端网络内部是否含有电源又分为有源两端网络和无源二端网络。如图 2.21（a）所示是无源二端网络，如图 2.21（b）所示是有源二端网络。

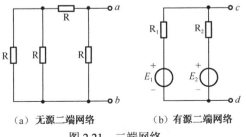

(a) 无源二端网络　　　(b) 有源二端网络

图 2.21　二端网络

1. 戴维南定理

该定理可叙述为：任何一个线性有源二端网络，对其外部电路而言，都可用一个电压源和电阻的串联电路来等效代替。电压源的电压等于线性有源二端网络的开路电压 U_{oc}；串联电阻等于把线性有源二端网络中的电源置零后的输入电阻。

这一电压源—串联电阻电路称为戴维南等效电路，其中串联电阻在电子电路中常称为输出电阻，记为 R_0。

【例 2.9】 如图 2.22（a）所示电路中，试用戴维南定理求通过 $R_L = 2\Omega$ 时的电流 I。

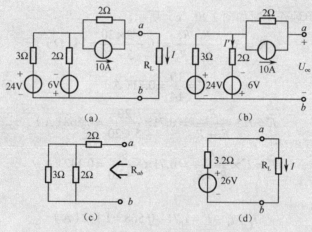

图 2.22 例 2.9 图

【解】 首先把待求支路 R_L 断开，转换成如图 2.22（b）所示的线性有源二端网络，计算开路电压 U_{oc}。

$$I' = \frac{24+6}{3+2} = 6(\text{A})$$

所以 $\qquad U_{oc} = 2 \times 10 + 24 - 3 \times 6 = 26(\text{V})$

或 $\qquad U_{oc} = 2 \times 10 - 6 + 2 \times 6 = 26(\text{V})$

再把线性有源二端网络化为线性无源二端网络，如图 2.22（c）所示。计算 R_{ab}：

$$R_{ab} = 2 + \frac{2 \times 3}{2+3} = 3.2(\Omega)$$

最后组成戴维南等效电路，并求通过 R_L 中的电流 I，如图 2.22（d）所示。

$$I = \frac{U_{oc}}{R_{ab} + R_L} = \frac{26}{3.2+2} = 5(\text{A})$$

2. 诺顿定理

该定理可叙述为：任何一个线性有源二端网络，对其外部电路而言，都可用一个电流源和电阻的并联电路来等效代替。电流源的电流等于线性有源二端网络端钮间的短路电流 I_{sc}；并联电阻等于把线性有源二端网络中的电源置零后的输入电阻。

这一电流源—并联电阻电路称为诺顿等效电路。

单元 2　线性直流电路的分析方法

【例2.10】　如图2.23（a）所示电路中，试用诺顿定理求通过 $R_L = 2\Omega$ 时的电流 I。

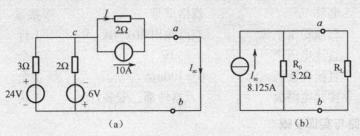

图2.23　例2.10图

【解】　首先把图 2.23（a）中的 ab 两点短路，如图 2.23（a）所示。计算短路电流 I_{sc}，可用节点电压法。选取 b 为参考点，则根据式（2.25）可得：

$$U_{ab} = \frac{\frac{24}{3} - \frac{6}{2} - 10}{\frac{1}{3} + \frac{1}{2} + \frac{1}{2}} = -3.75(V)$$

2Ω 电阻中的电流为　　　$I = \dfrac{-3.75}{2} = -1.875(A)$

对 a 点应用 KCL，得　　　$I_{sc} = 10 - 1.875 = 8.125(A)$

等效电阻法与戴维南定理相同，得 $R_0 = 3.2(\Omega)$。

最后组成诺顿等效电路，如图2.23（b）所示。

$$I = I_{sc} \times \frac{R_0}{R_0 + R_L} = 8.125 \times \frac{3.2}{3.2 + 2} = 5(A)$$

> 提示：应用戴维南定理和诺顿定理时应注意以下几点：
> （1）有源二端网络必须是线性的，而外电路可以是线性的，也可以是非线性的。
> （2）戴维南等效电路中电压源的极性要与有源二端网络开路电压 U_{oc} 的极性保持一致。
> （3）诺顿等效电路中电流源的方向要与有源二端网络短路电流 I_{sc} 的方向相反。

技能训练5　叠加定理的验证

1．实训目的

（1）通过对叠加定理验证，加深对叠加定理的理解。
（2）进一步熟悉直流电表的使用方法。

2．实训原理

在线性电路中，多个电源（电压源和电流源）共同作用在任一支路所产生的电压或电流等于这些电源分别单独作用在该支路上所产生的电压或电流的代数和。注意：这些电源单独作用时，必须对其他电源进行除源处理（电压源短路，电流源开路，并且保留其内阻）。

3. 实训设备

序号	名称	规格型号	数量
（1）	直流稳压电源	双路输出 30V/1A	1 台
（2）	直流电压表	0～50V	1 个
（3）	直流电流表	0～100mA	1 个
（4）	实验电路板	（元器件都已安装好）	1 块

4. 实训电路与实训步骤

（1）验证叠加定理实验电路，如图 2.24 所示。

（2）叠加定理步骤。

① 按如图 2.24 所示的电路接线，并将直流稳压电源的两路输出电压分别调节为 10V 和 5V。

② 将 K_1 合向 10V 电压源处，电路接通 10V 电压源，K_2 短接，电路由 10V 电压源单独作用，测量各支路电流和电压的数值，并填入表 2.1 中。

③ 将 K_1 断开 10V 电压源并短接，将 K_2 合向 5V 电压源处，电路接通 5V 电压源，电路由 5V 电压源单独作用，测量各支路电流和电压的数值，并填入表 2.1 中。

④ 将 K_1、K_2 分别合向 10V、5V 电压源处，接通 10V 和 5V 电压源，电路由 10V 和 5V 电压源共同作用，测量各支路电流和电压的数值，并填入表 2.1 中。

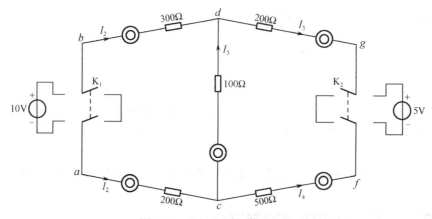

图 2.24 叠加定理实验电路

表 2.1 图 2.24 叠加定理实验数据

项目 \ 电流、电压	I_1	I_2	I_3	I_4	I_5	U_{bd}	U_{ac}	U_{cf}	U_{dg}	U_{cd}
10V 电压源单独作用										
5V 电压源单独作用										
10V、5V 电压源共同作用										
10V、5V 电压源共同作用计算值										
相对误差 $\dfrac{A-A_0}{A}$										

注：I 的单位为 mA，U 的单位为 V。

单元 2　线性直流电路的分析方法

5．实训报告

（1）完成叠加定理实验的测量，将各项数据填入表 2.1 中。

（2）计算出 10V 和 5V 电压源共同作用时产生的相对误差，并分析产生误差的原因。

技能训练 6　戴维南定理的验证

1．实训目的

（1）通过实训加深对等效概念的理解。

（2）验证戴维南定理的正确性。

（3）掌握使用惠斯通电桥测量电阻的方法。

（4）用实验的方法测量有源单口网络的开路电压、短路电流和输入电阻。

2．实训原理

任何一个线性有源二端网络，对其外部电路而言，都可用一个电压源和电阻的串联电路来等效代替。电压源的电压等于线性有源二端网络的开路电压，串联电阻等于把线性有源二端网络中的电源置零后的输入电阻，这就是戴维南定理。

3．实训设备

序号	名称	规格型号	数量
（1）	直流稳压电源	双路输出 30V/1A	1 台
（2）	直流稳流源	0～100A 可调	1 台
（3）	直流电压表	0～50V	1 个
（4）	直流电流表	0～100mA	1 个
（5）	十进制可变电阻箱	9999.9 Ω	1 个
（6）	万用表	MF-30 或数字式	1 个
（7）	惠斯通电桥		1 台
（8）	实验电路板	（元器件都已安装好）	1 块

4．实训电路与实训步骤

（1）验证戴维南定理的实训电路如图 2.25 所示。

（2）戴维南定理的实训步骤。

① 按如图 2.25 所示的电路接线，按表 2.2 改变负载电阻 R 阻值的大小，测量 U_{ab} 和 I，并将读数填入表 2.2 中。

② 按如图 2.27 所示的电路接线，将负载 R 断开，测得有源单口网络的开路电压 U_0，将数据填入表 2.2 中。

③ 按如图 2.28 所示的电路接线，将负载 R 短路，测得有源单口网络的短路电流 I_{s0}，将数据填入表 2.2 中。

④ 根据公式 $R_0 = \dfrac{U_0}{I_{s0}}$，计算出输入电阻 R_0 的阻值，填入表 2.2 中。或按如图 2.29 所示的电路接线，将 10V 电压源短路，将 30mA 电流源开路，用万用表的欧姆挡（约为×100

挡）测量 R_0，或者用惠斯通电桥测量其端口电阻，填入表2.2中。

⑤ 调节可变电阻箱，其大小为 R_0 的阻值，调节稳压电源，使其输出电压为 U_0，将二者串联，按如图2.26所示的电路接线。调节负载 R 的大小，重复前面的步骤①，改变 R 的大小，测量 U_{ab} 和 I 的大小，将数据填入表2.3中。

表2.2　图2.25戴维南定理实验数据

R	100Ω	200Ω	500Ω	1000Ω	U_0	I_{S0}	$R_0=\dfrac{U_0}{I_{S0}}$
U_{ab}/V							
I/mA							

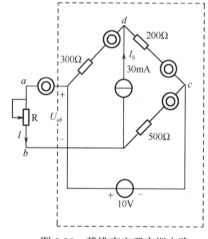

图2.25　戴维南定理实训电路

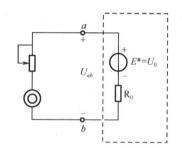

图2.26　戴维南定理等效电路的实训电路

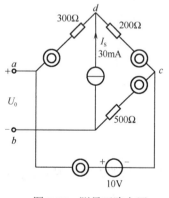

图2.27　测量开路电压

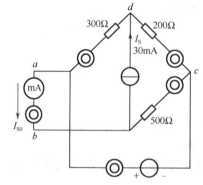

图2.28　测量短路电流

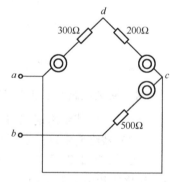

图2.29　测量入端电阻

表2.3　戴维南等效电路中的电压、电流数据

R	100Ω	200Ω	500Ω	1000Ω
U_{ab}/V				
I/mA				

5. 实训报告

（1）根据实验结果比较表 2.2 和表 2.3 这两组数据来验证戴维南定理，若上述两表中的数据有误差，试分析产生误差的原因。

（2）将伏安法 $\left(R_0 = \dfrac{U_0}{I_{S0}}\right)$ 计算的 R_0 的阻值大小与仪表测量的 R_0 的阻值大小比较，若有误差，则分析其原因。

知识梳理与总结

（1）电阻串联具有分压作用，电阻并联具有分流作用。

（2）Y 连接的电阻可以等效变换成 △ 连接的电阻，△ 连接的电阻也可以等效变换成 Y 连接的电阻。等效变换的条件是：变换前后三个对应端 a、b、c 流入（或流出）的电流 I_a、I_b、I_c 必须对应相等；对应端之间的电压 U_{ab}、U_{bc}、U_{ca} 也必须对应相等，即等效变换前后电路的外部性能保持不变。

（3）电压源模型与电流源模型的等效关系只是对相同的外部电路而言，其内部并不等效，电压源与电流源之间也不能相互等效变换。

（4）支路电流法是以支路电流作为求解对象，应用基尔霍夫定律分别对节点和网孔列写 KCL 方程和 KVL 方程，从而联立方程组进行求解。

（5）节点电压法是以节点电压为求解对象，在任意复杂结构的电路中总会有 n 个节点，取其中一个节点作为参考节点，其他各节点与参考点之间的电压就称为节点电压。所以，在有 n 个节点的电路中，一定有 (n-1) 个节点电压。

（6）叠加定理是线性电路普遍适用的基本定律，其含义为在线性电路中，多个电源（电压源和电流源）共同作用在任一条支路上所产生的电压或电流等于这些电源分别单独作用在该支路上所产生的电压或电流的代数和。

（7）戴维南定理说明任何一个线性有源二端网络，对其外部电路而言，都可用一个电压源和电阻的串联电路来等效代替。诺顿定理说明任何一个线性有源二端网络，对其外部电路而言，都可用一个电流源和电阻的并联电路来等效代替。

思考与练习2

一、填空题

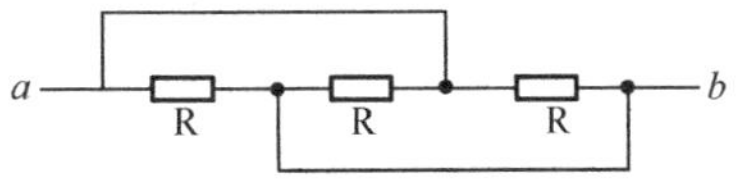

2-1 如图 2.30 所示，已知 R=3Ω，则 R_{ab}=_____Ω。

2-2 三个阻值为 3Ω 的电阻做 △ 连接，将其等效变换成 Y 连接时，每个等效电阻的阻值为_____。

图 2.30 题 2-1 图

2-3 有两个电阻 R_1 和 R_2，已知 R_1=2R_2，把它们并联起来的总电阻为 4Ω，则 R_1=_____，R_2=_____。

2-4 在串联电路中，等效电阻等于各电阻_____。串联的电阻越多，等效电阻越_____。

2-5 在串联电路中，流过各电阻的电流_____，总电压等于各电阻电压_____，各电阻上的电压与其阻值成_____。

2-6 在并联电路中，等效电阻的倒数等于各电阻倒数_____。并联的电阻越多，等效电阻值越_____。

2-7 在220V电源上串联额定值为220V、60W和220V、40W的两个灯泡，灯泡亮的是_____；若将它们并联，灯泡亮的是_____。

2-8 如图2.31所示电路中，由△连接变换为Y连接时，电阻R_1=_____、R_2=_____、R_3=_____。

2-9 如图2.32所示电路中，由Y连接变换为△连接时，电阻R_{12}=_____、R_{23}=_____、R_{31}=_____。

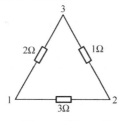

图2.31 题2-8图

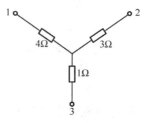

图2.32 题2-9图

2-10 一个有源二端网络，测得其开路电压为4V，短路电流为2A，则等效电压源为U_S=_____V，R_0=_____Ω。

2-11 用戴维南定理求等效电路的电阻时，对原网络内部电压源做_____处理，电流源做_____处理。

2-12 某含源二端网络的开路电压为10V，若在网络两端接10Ω的电阻，二端网络端的电压为8V，则此网络的戴维南等效电路为U_S=_____V，R_0=_____Ω。

2-13 用支路电流法解复杂直流电路时，应先列出_____个独立节点电流方程，然后再列出_____个回路电压方程（假设电路有n条支路，m个节点，并且n>m）。

2-14 叠加定理只适用于_____电路，只能用来计算_____和_____，不能计算_____。

二、单项选择

2-15 如图2.33所示电路，下面的表达式中正确的是（   ）。

A. U_1=-R_1U/(R_1+R_2)   B. U_2=R_2U/(R_1+R_2)   C. U_1=R_2U/(R_1+R_2)   D. 以上都不对

2-16 如图2.34所示电路，下面的表达式中正确的是（   ）。

A. I_1=-R_1I/(R_1+R_2)   B. I_2=R_2I/(R_1+R_2)   C. I_1=-R_2I/(R_1+R_2)   D. 以上都不对

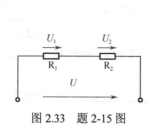

图2.33 题2-15图

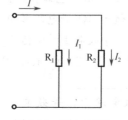

图2.34 题2-16图

2-17 在直流电路中应用叠加定理时，每个电源单独作用时，其他电源应（　　）。
A. 电压源做短路处理　　　　　　　　B. 电压源做开路处理
C. 电流源做短路处理　　　　　　　　D. 不需做处理

2-18 戴维南定理所描述的等效电路仅（　　）。
A. 对外电路等效　　　　　　　B. 对内电路等效
C. 对内、外电路都等效　　　　D. 是对外电路等效，还是对内电路等效应视具体情况而定

2-19 用戴维南定理分析电路"入端电阻"时，应将内部的电动势（　　）处理。
A. 做开路　　　　B. 做短路　　　　C. 不进行

2-20 叠加原理可以叠加的电量有（　　）。
A. 电流　　　　B. 电压　　　　C. 功率　　　　D. 电压和电流

2-21 下面叙述正确的是（　　）。
A. 电压源与电流源不能等效变换
B. 电压源模型与电流源模型变换前后对内电路等效
C. 电压源模型与电流源模型变换前后对同一外电路等效
D. 以上三种说法都不正确

三、判断对错

2-22 在同一电路中，若流过两个电阻的电流相等，则这两个电阻一定是串联。　　　　（　　）

2-23 在同一电路中，若两个电阻的端电压相等，则这两个电阻一定是并联。（　　）

2-24 如图2.35所示电路中，$R_{ab}=4\Omega$。（　　）

2-25 如图2.36所示电路中，$R_{ab}=3\Omega$。（　　）

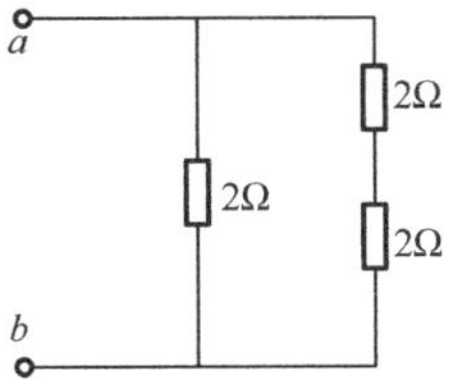

图 2.35　题 2-24 图 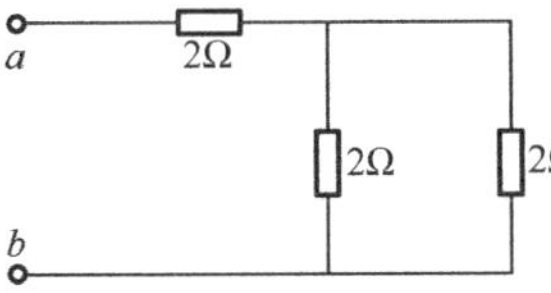　　　　　　　图 2.36　题 2-25 图

2-26 运用支路电流法解复杂直流电路时，不一定以支路电流为未知量。（　　）
2-27 用支路电流法解题时各支路电流参考方向可以任意假定。（　　）
2-28 求电路中某元器件上功率时，可用叠加定理。（　　）
2-29 由支路组成的闭合路径称为回路。（　　）
2-30 回路就是网孔，网孔就是回路。（　　）
2-31 对称Y形和对称△形网络等效变换的公式为$R_Y=3R_\triangle$。（　　）

四、计算题

2-32 计算如图2.37所示电路中 a、b 两端的等效电阻 R_{ab}。

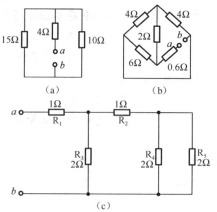

图 2.37　题 2-32 图

2-33　利用 Y—△等效变换，求如图 2.38 所示电路中的等效电阻 R_{ab}。

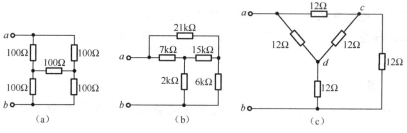

图 2.38　题 2-33 图

2-34　试求出图 2.39 中的电流 I。

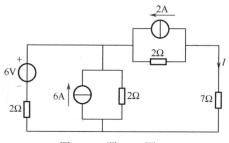

图 2.39　题 2-34 图

2-35　将图 2.40 转换成电压源形式的最简等效电路图。

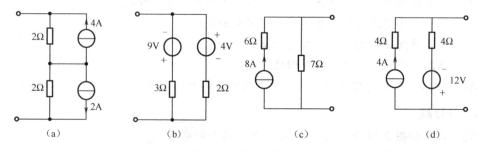

图 2.40　题 2-35 图

2-36 如图 2.41 所示，已知 $R_1=2\Omega$，$R_2=2\Omega$，$R_3=5\Omega$，$E_1=6V$，$E_2=12V$，用支路电流法求各支路电流。

2-37 如图 2.42 所示电路中，$I_S=8A$，$U_S=10V$，使用支路电流法求各支路电流。

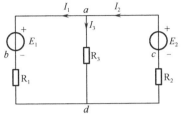

图 2.41　题 2-36 图

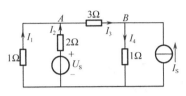

图 2.42　题 2-37 图

2-38 如图 2.43 所示电路中，各元器件参数及电流参考方向已给出，试用节点电压法求当开关 S 打到 c 和 d 时，电路中各支路电流的大小。

2-39 应用叠加定理求如图 2.44 所示的电流 I。

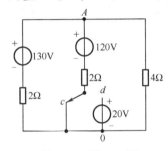

图 2.43　题 2-38 图

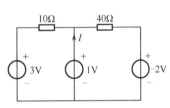

图 2.44　题 2-39 图

2-40 如图 2.45 所示电路中，用叠加定理求输出电压 U_0。

2-41 如图 2.46 所示电路中，$U_S=100V$，$R_1=1k\Omega$，$R_2=R_3=2k\Omega$，$R=3k\Omega$，试用戴维南定理求负载 R 中的电流 I_L。

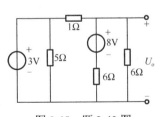

图 2.45　题 2-40 图

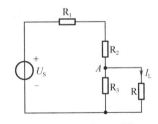

图 2.46　题 2-41 图

2-42 求如图 2.47 所示电路中的戴维南和诺顿等效电路。

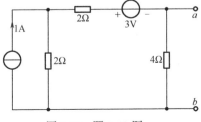

图 2.47　题 2-42 图

单元 3

正弦交流电路分析

教学导航

教	知识重点	1. 正弦交流电的基本物理量 3. 纯电阻交流电路的分析 5. 纯电感交流电路的分析 7. 串联谐振 9. 提高功率因数的意义和方法	2. 正弦量的表示方法 4. 纯电容交流电路的分析 6. RLC 串联交流电路的分析与计算 8. 复阻抗的串/并联
	知识难点	1. 正弦量的相量式表示法、相量图表示法 2. RLC 串联交流电路中电压与电流的关系 3. RLC 串联交流电路中的电功率分析计算 4. 功率因数的提高方法	
	推荐教学方法	以例题分析及单相交流电路的实际连接,结合实验操作的练习,加深知识的运用	
	建议学时	18 学时	
学	推荐学习方法	以分组讨论并加强实际操作的学习方式为主,结合本单元内容掌握知识的运用	
	必须掌握的理论知识	1. 正弦交流电的基本物理量 3. 单一参数交流电路的分析与计算 5. 提高功率因数的意义和方法	2. 正弦量的表示方法 4. 复阻抗的串/并联 6. RLC 串联交流电路的分析与计算
	必须掌握的技能	能够分析、解决处理实际单相交流电路的问题	

单元3 正弦交流电路分析

3.1 正弦交流电的基本概念与认知

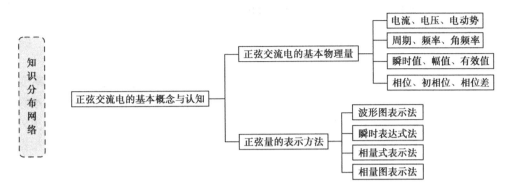

3.1.1 正弦交流电的基本物理量

1. 交流电的基本概念

正弦交流电具有产生容易、输送经济、使用方便等优点，因此是我国电能生产、输送、分配和使用的主要形式。即便是人们日常生活中使用的直流电，大多数也是将正弦交流电通过一系列的整流设备转换为人们所需的直流电。那么，什么是正弦交流电呢？

前面两个单元学习和研究的都是直流电，电路中的电源电动势、电压、电流大小及方向不随时间变化的恒定值，统称为直流电。因此，与直流电相比，大小和方向随时间按正弦规律做周期性变化的电动势、电压和电流统称为正弦交流电，简称交流电，如图 3.1 所示。表达式为

$$\begin{cases} u = U_\mathrm{m} \sin(\omega t + \varphi_\mathrm{u}) \\ e = E_\mathrm{m} \sin(\omega t + \varphi_\mathrm{e}) \\ i = I_\mathrm{m} \sin(\omega t + \varphi_\mathrm{i}) \end{cases} \tag{3.1}$$

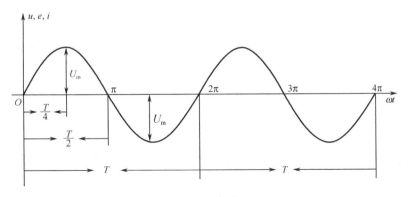

图 3.1 正弦交流电

正弦电动势、正弦电压和正弦电流，统称正弦量。正弦量的特征表现在变化的快慢、大小及初始值三个方面，它们分别是式（3.1）中的角频率 ω，幅值 E_m、U_m 和 I_m 及初相角 φ_e、φ_u、φ_i。因此，角频率、幅值和初相角是确定正弦量的三要素。

2. 周期、频率、角频率

1）周期

正弦量变化一周所需的时间称为周期，用符号"T"表示。周期越长，表示正弦量变化越慢。周期的单位是秒（s）。

2）频率

正弦量每秒变化的周数称为频率，用符号"f"表示。变化的周数越多，频率变化越快。频率的单位是赫兹（Hz），简称赫。我国与大多数国家采用 50Hz 作为电力标准频率，又称工频。一些少数国家，如韩国、日本、美国等采用 60Hz 作为电力标准频率。另外，有线通信的频率为 0.3～5kHz（千赫），无线电广播的中波段频率是 535～1650kHz。根据上述周期与频率的定义可以看出，频率与周期互为倒数，即

$$T = \frac{1}{f} \tag{3.2}$$

3）角频率

正弦量每秒变化的电角度称为角频率，用符号"ω"表示。角频率的单位是弧度/秒（rad/s），也就是说，正弦量每变化一周即变化了 2π 弧度，其波形图如图 3.1 所示。

$$\omega = \frac{2\pi}{T} = 2\pi f \tag{3.3}$$

因此，周期、频率、角频率从不同角度描述了正弦量变化的快慢。三者只要知道其中之一便可以求出另外两个。

【例 3.1】 已知某正弦量的频率为 50Hz，则该正弦量的周期与角频率分别是多少？

【解】
$$T = \frac{1}{f} = \frac{1}{50} = 0.02 \text{（s）}$$
$$\omega = 2\pi f = 2 \times 3.14 \times 50 = 314 \text{（rad/s）}$$

3. 瞬时值、幅值、有效值

1）瞬时值

正弦量在任一时刻的值称为瞬时值，常用小写字母 u、i、e 表示，它是随着时间变化而变化的。

2）幅值

正弦量在一个周期内会有两次达到最大值（峰值），那么该值称为幅值，常用大写字母 U_m、I_m、E_m 表示。

需要注意的是，无论是瞬时值还是幅值都只是正弦量某一个特定时刻的数值，不能用来表示正弦交流电的大小。那么，该如何表示其大小呢？规定用交流电的有效值来计量它的大小。

3）有效值

根据热效应原理，让周期电流 i 和直流电流 I 分别通过两个阻值相等的电阻 R，如果在相同的时间 T 内，两个电阻产生的热量相等，则将该直流电流 I 的值定义为周期电流 i 的有效值。根据其定义有

$$\int_0^T i^2 R \mathrm{d}t = I^2 RT \tag{3.4}$$

则

$$I = \sqrt{\frac{1}{T}\int_0^T i^2 \mathrm{d}t} \tag{3.5}$$

对于正弦电流，因为 $i = I_\mathrm{m}\sin(\omega t + \theta_i)$，所以正弦电流的有效值为

$$I = \sqrt{\frac{1}{T}\int_0^T I_\mathrm{m}^2 \sin^2(\omega t + \theta_i)\mathrm{d}t} \tag{3.6}$$

$$I = \frac{I_\mathrm{m}}{\sqrt{2}} = 0.707 I_\mathrm{m}$$

同理，正弦电压、电动势的有效值为

$$U = \frac{U_\mathrm{m}}{\sqrt{2}} = 0.707 U_\mathrm{m} \qquad E = \frac{E_\mathrm{m}}{\sqrt{2}} = 0.707 E_\mathrm{m}$$

有效值常用大写字母 U、I、E 表示。

> **提示**：实训室的交流电压表与交流电流表的读数，就是被测物理量的有效值；工厂、企业用的 380V 电压及民用电 220V 电压等，指的都是交流电的有效值。

【例 3.2】 已知一正弦交流电动势 $e = 10\sin 314t \mathrm{V}$，试求出最大值、有效值及 t 在 1s 时刻的值。

【解】
$$E_\mathrm{m} = 10 \mathrm{V}$$

$$E = \frac{E_\mathrm{m}}{\sqrt{2}} = \frac{10}{\sqrt{2}} = 5\sqrt{2} \quad (\mathrm{V})$$

$$u = 10\sin 314t = 10\sin(314 \times 1) = 10\sin(100\pi \times 1) = 10 \times 0 = 0 \quad (\mathrm{V})$$

4．相位、初相位、相位差

1）相位

正弦量表达式中 $\omega t + \varphi$ 称为相位或相位角，正弦量在不同的时刻有着不同的相位，不同的状态（正弦量瞬时值与变化趋势），所以相位反映了正弦量每一时刻的变化进程。相位单位是弧度（rad）。

2）初相位

在 $t=0$ 时刻的相位称为初相位或初相角，即 $(\omega t + \varphi)_{t=0} = \varphi$。正弦量的初相位不同，其初始值也就不同，所以初相角 φ 是确定正弦量初始值的一个特征量。

> **注意**：在分析和计算交流电路时，同一个电路中的正弦量只能有一个共同的计时起点，可以任选其中某一个正弦量的初相位为零的瞬间作为计时起点，所以初相位为零的正弦量称为参考正弦量。

3）相位差

任何两个同频率正弦量之间的相位之差或初相位之差称为相位差，用 φ 表示。例如，如图 3.2 所示，i_1 和 i_2 是两个同频率的正弦量，它们不是同时刻达到零值或幅值的，即这两个正弦量的相位不同。

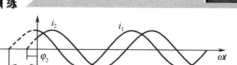

图 3.2 两个同频率正弦量的相位差

图 3.2 中两个同频率的正弦量 i_1 和 i_2，表达式为

$$i_1 = I_{m1}\sin(\omega t + \varphi_1)$$
$$i_2 = I_{m2}\sin(\omega t + \varphi_2)$$

则它们之间的相位差为

$$\varphi_{12} = (\omega t + \varphi_1) - (\omega t + \varphi_2) = \varphi_1 - \varphi_2 \tag{3.7}$$

式（3.7）说明，两个同频率正弦量的相位差等于它们的初相位之差。因为 i_1 比 i_2 先到达正的幅值（或零值），称 u 超前于 i 一个 φ 角，或称 i 滞后（落后）于 u 一个 φ 角。两个同频率正弦量之间的相位差是不随时间改变的，恒等于它们的初相位之差。

下面研究一下两个同频率正弦量之间的相位关系，如图 3.3 所示。

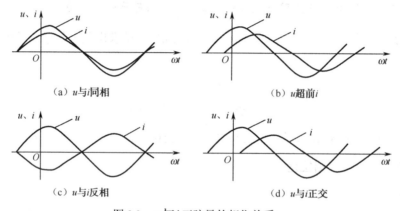

图 3.3 u 与 i 正弦量的相位关系

图 3.3（a）中 $\varphi=0$，u 与 i 同相；图 3.3（b）中 $\varphi>0$，u 超前 i，或 i 滞后 u；图 3.3（c）中 $\varphi=\pm\pi$，u 与 i 反相；图 3.3（d）中 $\varphi=\pm\dfrac{\pi}{2}$，$u$ 与 i 正交。

> **提示**：在频率不同的正弦量之间比较它们的相位关系是没有意义的。

【**例 3.3**】 已知 $i = 10\sqrt{2}\sin(314 + 60°)\text{A}, u = 110\sqrt{2}\sin(314t - 30°)\text{V}$，试指出它们的角频率、周期、幅值、有效值和初相、相位差。

【**解**】 $\omega = 314\text{rad/s}$，$T = \dfrac{2\pi}{\omega} = \dfrac{2\pi}{314} = 0.02$（s）

$$I_m = 10\sqrt{2}\text{A}, \quad U_m = 110\sqrt{2}\text{V}$$

$$I = \dfrac{I_m}{\sqrt{2}} = \dfrac{10\sqrt{2}}{\sqrt{2}} = 10\text{（A）}, \quad U = \dfrac{U_m}{\sqrt{2}} = \dfrac{110\sqrt{2}}{\sqrt{2}} = 110\text{（V）}$$

$$\varphi_i = 60°, \quad \varphi_u = -30°, \quad \varphi = \varphi_i - \varphi_u = 90°$$

3.1.2 正弦量的表示方法

1. 波形图表示法

正弦量可以用一个正弦变化的波形图来表示，根据 3.1.1 节的学习可知，一个正弦量只要确定出三要素，那么该正弦量也就确定出来了，而波形图恰恰能完整地把该三要素表示出来，如图 3.4 所示。

2. 瞬时表达式法

正弦量是时间的函数，它的瞬时表达式（三角函数式）在 3.1.1 节中已经叙述过。对应于图 3.4 的波形，它们的瞬时表达式分别为

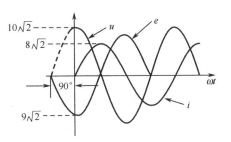

图 3.4　正弦量的波形图

$$\begin{cases} u = 10\sqrt{2}\sin(\omega t + 90°) \\ e = 9\sqrt{2}\sin(\omega t - 90°) \\ i = 8\sqrt{2}\sin\omega t \end{cases} \tag{3.8}$$

3. 相量式表示法

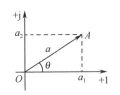

图 3.5　复平面上的复数

在学习相量式表示法之前先复习一下复数。复数 A 可用复平面上的有向线段来表示。该有向线段的长度 a 称为复数 A 的模，模总是取正值。该有向线段与实轴正方向的夹角 θ 称为复数 A 的辐角，如图 3.5 所示。

复数 A 的实部 a_1 及虚部 a_2 与模 a 及辐角 θ 的关系为 $a_1 = a\sin\theta$，$a_2 = a\cos\theta$，则

$$a = \sqrt{a_1^2 + a_2^2}, \quad \theta = \arctan\frac{a_2}{a_1}$$

根据以上关系式及欧拉公式 $e^{j\theta} = \cos\theta + j\sin\theta$ 可将复数 A 表示成代数型、三角函数型、指数型和极坐标型 4 种形式：

$$A = \underbrace{a_1 + ja_2}_{\text{代数型}} = \underbrace{a\cos\theta + ja\sin\theta}_{\text{三角函数型}} = \underbrace{ae^{j\theta}}_{\text{指数型}} = \underbrace{a\angle\theta}_{\text{极坐标型}} \tag{3.9}$$

下面介绍一下复数的四则运算。

设两复数为 $A = a_1 + ja_2 = a\angle\theta_1$，$B = b_1 + jb_2 = b\angle\theta_2$

（1）相等：若　　　　　　$a_1 = b_1$，$a_2 = b_2$，则 $A = B$ 　　　　　　(3.10)

（2）加减运算：　　　　　$A \pm B = (a_1 \pm b_1) + j(a_2 \pm b_2)$ 　　　　　　(3.11)

（3）乘除运算：　　　　　$A \cdot B = a\angle\theta_1 \cdot b\angle\theta_2 = ab\angle(\theta_1 + \theta_2)$ 　　　　　　(3.12)

$$\frac{A}{B} = \frac{a\angle\theta_1}{b\angle\theta_2} = \frac{a}{b}\angle(\theta_1 - \theta_2) \tag{3.13}$$

下面学习一下相量表示法。

若图 3.6（a）中的有向线段 A，如果它的模 a 等于该正弦量的幅值 I_m，与横轴正方向的夹角为初相位 θ_i，并以该正弦量的角速度 ω 沿逆时针方向旋转，则任意时刻它在虚轴上

的投影为 $i = I_{\mathrm{m}}\sin(\omega t + \theta_i)$，正好等于这一时刻该正弦量的瞬时值。所以，正弦量也可以用一个旋转的有向线段来表示，称为旋转矢量。该旋转矢量只表示正弦周期量，并不表示非正弦周期量。同时，该旋转矢量是时间矢量，为了区别空间矢量称其为相量。由于在同一个正弦电路中，只有同频率的正弦量才可以进行四则运算，才能画在同一个复平面上，此时角频率 ω 与确定正弦量之间的大小关系无关，因此可以取有向线段 $A = a\angle\theta_i$ 来表示正弦量，也就是正弦量的相量。为了与一般的复数区别，规定用大写字母上面加"·"来表示相量。

因此，由图 3.6 可知 $i = I_{\mathrm{m}}\sin(\omega t + \theta_i)$ 的相量表示法为 $\dot{I}_{\mathrm{m}} = I_{\mathrm{m}}\angle\theta_i$。

常将正弦量的大小用有效值来计算，因此正弦量的有效值相量可以表示为

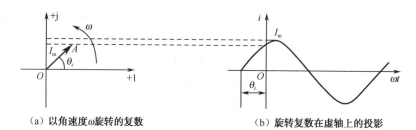

(a) 以角速度 ω 旋转的复数　　　　　(b) 旋转复数在虚轴上的投影

图 3.6　相量表示交流电

$$\dot{I} = \frac{\dot{I}_{\mathrm{m}}}{\sqrt{2}} = \frac{I_{\mathrm{m}}\angle\theta_i}{\sqrt{2}} = I\angle\theta_i$$

$$\dot{U} = \frac{\dot{U}_{\mathrm{m}}}{\sqrt{2}} = \frac{U_{\mathrm{m}}\angle\theta_i}{\sqrt{2}} = U\angle\theta_u \qquad (3.14)$$

$$\dot{E} = \frac{\dot{E}_{\mathrm{m}}}{\sqrt{2}} = \frac{E_{\mathrm{m}}\angle\theta_i}{\sqrt{2}} = E\angle\theta_e$$

提示：正弦量并不等于复数，正弦量只是复数的虚部，是旋转矢量在虚轴上的投影。今后如不做特别声明，本书中所使用的都是有效值相量。

【例 3.4】 已知正弦电动势：

$e_1 = 100\sqrt{2}\sin 314t\ \mathrm{V}$　　　　　$e_2 = 220\sin(314t - 45°)\ \mathrm{V}$

$e_3 = 220\sqrt{2}\sin(314t + 60°)\ \mathrm{V}$　　$e_4 = 100\sin(314t - 220°)\ \mathrm{V}$

请写出它们的相量式。

【解】 $\dot{E}_1 = 100\angle 0°\ \mathrm{V}$　　　　　　　$\dot{E}_2 = 110\sqrt{2}\angle -45°\ \mathrm{V}$

$\dot{E}_3 = 220\angle 60°\ \mathrm{V}$　　　　　　　$\dot{E}_4 = 50\sqrt{2}\angle -220° = 50\sqrt{2}\angle 140°\ \mathrm{V}$

4．相量图表示法

几个同频率正弦量，根据它们的大小和初相位，用相量分别画在同一坐标平面上的图形，称为相量图。由于交流电一般用有效值来计算，因此相量图中相量长度通常用有效值表示，并用 $\dot{E}$、$\dot{U}$、$\dot{I}$ 表示。为了方便起见，常常省去坐标轴不画。

【例 3.5】 已知 $i = 10\sqrt{2}\sin(\omega t + 30°)\ \mathrm{A}$，$u = 15\sqrt{2}\sin(\omega t + 60°)\ \mathrm{V}$，$e = 6\sqrt{2}\sin(\omega t - $

$45°)$V。试用正弦量的相量图表示。

【解】

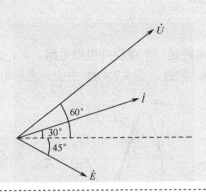

> 提示：任一相量乘以+j，相当于原相量在相量图中逆时针旋转90°；乘以-j相当于原相量在相量图上顺时针旋转90°，所以称j为旋转90°的旋转因子。

【例3.6】 已知 $\dot{U}_1 = 220\angle-60°$ V，$\dot{U}_2 = 1\angle 90°$ V，试求出 $\dot{U} = \dot{U}_1 \cdot \dot{U}_2$ 的相量式，并画出 $\dot{U}$、$\dot{U}_1$、$\dot{U}_2$ 相量图。

【解】 $\dot{U}_1 = 220\angle-60°$ V， $\dot{U}_2 = 1\angle 90°$ V

则 $\dot{U} = \dot{U}_1 \cdot \dot{U}_2 = 220 \times 1 \angle(-60° + 90°) = 220\angle 30°$ V

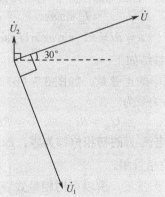

因此，由相量图可见，相量 $\dot{U}$ 与 $\dot{U}_1$ 大小相等其两者之间相位之差为90°，也就是说 $\dot{U}_1$ 在相量图上逆时针旋转了90°，所以相量 $1\angle 90° = +j$（读者可自行证明）。

3.2 单一参数交流电路分析

3.2.1 纯电阻交流电路

1. 电压与电流的关系

如图 3.7（a）所示，该电路是一个线性纯电阻电路，在电阻 R 的两端加上正弦交流电压 u 后，电路中便有交流电流 i 流过，图 3.7（a）中箭头表示电压与电流的参考方向一致。

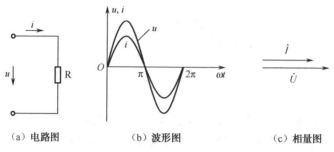

(a) 电路图　　(b) 波形图　　(c) 相量图

图 3.7　纯电阻元器件的交流电路

电阻元器件的电压电流关系根据欧姆定律，在 u、i 参考方向一致时，两者的关系为

$$u = Ri \tag{3.15}$$

在多个正弦量同时存在同一个电路中时，可任意指定某一个正弦量的初相位为零，作为参考正弦量或参考相量。设该纯电阻电路中正弦电流为参考正弦量，即

$$i = I_m \sin \omega t \tag{3.16}$$

则有

$$u = Ri = RI_m \sin \omega t = U_m \sin \omega t \tag{3.17}$$

由式（3.16）和式（3.17）总结如下：

（1）电压 u 与电流 i 为同频率的正弦量。如图 3.7（b）所示为 u、i 的波形图。

（2）电压 u 与电流 i 的大小关系为

$$U_m = RI_m \quad \text{或} \quad U = RI \tag{3.18}$$

（3）在相位上，电压 u 与电流 i 的初相位都为零，即 $\varphi = \varphi_u - \varphi_i = 0$，也就是说相位相同。如图 3.7（c）所示为 u、i 的相量图。

（4）由于电压 u 与电流 i 为正弦量，所以可用相量式表示，关系为 $\dot{U} = R\dot{I}$。

2．电阻上的功率关系

1）瞬时功率

由于电阻上的电压和电流是随时间而变化的，所以电阻中消耗的功率也是随时间而变化的。在任一瞬时，电阻上的功率等于该瞬时电压与瞬时电流 i 的乘积，用小写字母 p 来表示，即

$$p = ui = U_m I_m \sin^2 \omega t = UI(1 - \cos 2\omega t) \tag{3.19}$$

由式（3.19）可见，该瞬时功率由两部分组成，一部分是恒定值 UI，另一部分是幅值 UI 以 2ω 的角频率随时间变化的余弦函数，其变化曲线如图 3.8 所示。

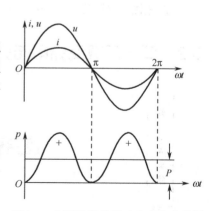

图 3.8　电阻元器件的功率变化曲线图

从功率的变化曲线图可以看出，电阻上的功率在任一瞬时总是大于等于零的，这表明电阻始终从电源吸取功率，把电能转换成热能，所以电阻是耗能元器件。

2）平均功率

瞬时功率只能代表功率的变化情况，用它来计量功率很不方便。通常所说的电路的功率是指瞬时功率在一个周期内的平均值，称为平均功率，用大写字母 P 来表示，即

$$P = \frac{1}{T}\int_0^T p\mathrm{d}t = \frac{1}{T}\int_0^T UI(1-\cos 2\omega t)\mathrm{d}t = UI \qquad (3.20)$$

式（3.20）说明，交流电阻电路的平均功率等于交流电压、电流有效值的乘积，它的计算形式与直流电路中功率的计算公式完全相同，即 $P = UI = RI^2 = \dfrac{U^2}{R}$。

它的单位是瓦（W）或千瓦（kW）。

> **注意**：电压有效值和电流有效值相乘得出的是交流电路功率的平均值，不能把它与直流电路的功率相混淆。通常电气设备上所标注的功率都是指平均功率。由于平均功率反映了电路实际消耗的功率，所以又称为有功功率。

【例 3.7】 已知一盏白炽灯，它的额定阻值为 $50\,\Omega$，其两端的电压为 $u = 220\sqrt{2}\sin(314t + 60°)\mathrm{V}$，求白炽灯工作时通过的电流 i 的瞬时表达式及平均功率。

【解】 电压的有效值为　　　　　　　$U = 220\mathrm{V}$

电流的有效值为　　　　　　　$I = \dfrac{U}{R} = \dfrac{220}{50} = 4.4$（A）

由于是纯电阻电路，因此有　　　$i = 4.4\sqrt{2}\sin(314t + 60°)\mathrm{A}$

平均功率为　　　　　　　　　$P = UI = 220 \times 4.4 = 968$（W）

3.2.2 纯电感交流电路

1. 电压与电流的关系

如图 3.9（a）所示，该电路是一个纯电感交流电路，在电感的两端加上正弦交流电压 u 后，电路中产生一个交变的正弦电流 i，由于电流的变化，在电感元器件上产生感应电动势 e。图 3.9（a）中箭头所指表示电压与电流的参考方向一致。

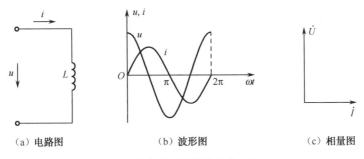

（a）电路图　　　　（b）波形图　　　　（c）相量图

图 3.9　纯电感元器件的交流电路

电感元器件上电压与电流的关系为

$$u = -e = L\frac{di}{dt} \tag{3.21}$$

设该电路中正弦电流为参考正弦量，即

$$i = I_m \sin\omega t \tag{3.22}$$

则有

$$\begin{aligned}u &= L\frac{d}{dt}I_m \sin\omega t = \omega L I_m \cos\omega t \\ &= \omega L I_m \sin(\omega t + 90°) \\ &= U_m \sin(\omega t + 90°)\end{aligned} \tag{3.23}$$

由式（3.22）和式（3.23）总结如下：

（1）电压 u 与电流 i 为同频率的正弦量。如图 3.9（b）所示为 u、i 的波形图。

（2）电压 u 与电流 i 的大小关系为

$$U_m = \omega L I_m = 2\pi f L I_m \text{ 或 } I_m = \frac{U_m}{\omega L} \text{ 或 } I = \frac{U}{\omega L} \tag{3.24}$$

不难看出，ωL 是与电阻单位相同的一个量纲，称为感抗，用 X_L 来表示，即

$$X_L = \omega L = 2\pi f L \tag{3.25}$$

可以表示为

$$I = \frac{U}{X_L} \text{ 或 } X_L = \frac{U}{I} \tag{3.26}$$

> **提示：**（1）频率 f 的单位是赫兹（Hz），角频率 ω 的单位是弧度/秒（rad/s），电感量 L 的单位是亨（H），感抗的单位是欧姆（Ω）。
> （2）感抗对交流电流起阻碍作用，它与电感量 L、频率 f 成正比，频率越高，感抗越大，因此电感元器件对高频电流具有很大的阻碍作用，常用电感线圈来作为高频扼流圈；对于直流电，由于 $f = 0$，则 $X_L = 0$，因此电感线圈在直流电路中视为短路。
> （3）感抗是电压与电流最大值或有效值之比得出的，而不是瞬时值之比 $\left(X_L \neq \dfrac{u}{i}\right)$。

（3）在相位上，电流 i 的初相位为零，而电压 u 的初相位为 90°，即 $\varphi = \varphi_u - \varphi_i = 90°$，也就是说在相位上电压超前电流 90°。如图 3.9（c）所示为 u、i 的相量图。

（4）由于电压 u 与电流 i 为正弦量，所以可用相量式表示，关系为

$$\dot{U} = j\dot{I}X_L \tag{3.27}$$

2．电感上的功率关系

1）瞬时功率

同电阻元器件一样，电感上的电压和电流是随时间而变化的，所以电感的瞬时功率也是随时间变化的，即

$$p = ui = U_m \cos\omega t \cdot I_m \sin\omega t = 2UI\cos\omega t \cdot \sin\omega t = UI\sin 2\omega t \tag{3.28}$$

由式（3.28）可见，该瞬时功率 p 是幅值 UI 以 2ω 的角频率随时间变化的正弦量，其变化曲线如图 3.10 所示。

从功率的变化曲线图可以看出，瞬时功率在第一个和第三个 $\dfrac{1}{4}$ 周期内功率为正值，表

明电感元器件从电源内吸收能量，由于在这两个$\frac{1}{4}$区间内电流的绝对值变大，磁场建立，从电源吸收的电能转换成磁场能存储起来；在第二个和第四个$\frac{1}{4}$周期内功率为负值，表明电感元器件释放能量，由于在这两个$\frac{1}{4}$区间内电流的绝对值减小，磁场逐渐消失，电感元器件从电源吸收的全部能量又全部归还给电源使之转换为电源的电能。

2）平均功率

由于瞬时功率$p = ui = UI\sin 2\omega t$，在一个周期内的平均功率为

$$P = \frac{1}{T}\int_0^T p\mathrm{d}t = \frac{1}{T}\int_0^T (UI\sin 2\omega t)\mathrm{d}t = 0 \quad (3.29)$$

以上说明，在电感电路中，没有能量的消耗，只有电感与电源之间的能量交换。为了衡量电感与电源之间能量交换的规模，用无功功率来表示，即

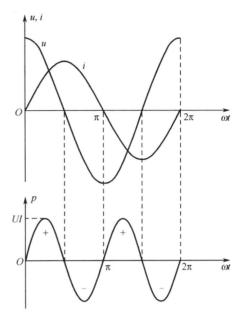

图3.10 电感元器件的功率变化曲线图

$$Q = UI = I^2 X_\mathrm{L} = \frac{U^2}{X_\mathrm{L}} \quad (3.30)$$

它的单位是乏（var）或千乏（kvar）。

【例3.8】 已知一个电感线圈，电感$L = 1\mathrm{H}$，电阻忽略不计，现把它接在$u = 100\sqrt{2}\sin(314t + 30°)\mathrm{V}$的交流电源上，试求电流$i$及$Q$。

【解】 已知$\omega = 314\mathrm{rad/s}$，$L = 1\mathrm{H}$，$U = 100\mathrm{V}$，则感抗

$$X_\mathrm{L} = \omega L = 314 \times 1 = 314 \ (\Omega)$$

电流为

$$I = \frac{U}{X_\mathrm{L}} = \frac{100}{314} \approx 31.8 \ (\mathrm{A})$$

所以

$$i = 31.8\sqrt{2}\sin(314t + 30° - 90°)\mathrm{A} = 31.8\sqrt{2}\sin(314t - 60°)\mathrm{A}$$

$$Q = UI = 100 \times 31.8 = 3180 \ (\mathrm{var})$$

3.2.3 纯电容交流电路

1. 电压与电流的关系

如图3.11（a）所示，该电路是一个纯电容交流电路，在电容的两端加上正弦交流电压u后，电路中便产生变化的电流i。图3.11（a）中箭头所指表示电压与电流的参考方向一致。

电容元器件上电压与电流的关系为

$$i = C\frac{\mathrm{d}u}{\mathrm{d}t} \quad (3.31)$$

设该电路中正弦电压为参考正弦量，即

$$u = u_\mathrm{m}\sin\omega t \quad (3.32)$$

则有

$$i = C\frac{d}{dt}U_m \sin\omega t = U_m C\omega \cos\omega t \quad (3.33)$$
$$= U_m C\omega \sin(\omega t + 90°)$$
$$= I_m \sin(\omega t + 90°)$$

由式（3.32）和式（3.33）总结如下：

（1）电压 u 与电流 i 为同频率的正弦量。如图 3.11（b）所示为 u、i 的波形图。

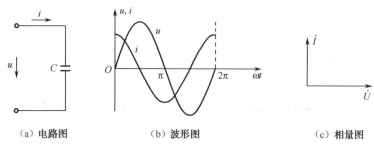

(a) 电路图　　　　(b) 波形图　　　　(c) 相量图

图 3.11　纯电容元器件的交流电路

（2）电压 u 与电流 i 的大小关系为

$$I_m = U_m C\omega = 2\pi fCU_m \quad \text{或} \quad I_m = \frac{U_m}{\frac{1}{\omega C}} \quad \text{或} \quad I = \frac{U}{\frac{1}{\omega C}} \quad (3.34)$$

与纯电感电路相同，$\frac{1}{\omega C}$ 也是同电阻单位相同的一个量纲，称为容抗，用 X_C 来表示，即

$$X_C = \frac{1}{\omega C} = \frac{1}{2\pi fC} \quad (3.35)$$

可以表示为

$$I = \frac{U}{X_C} \quad \text{或} \quad X_C = \frac{U}{I} \quad (3.36)$$

> **提示：**（1）频率 f 的单位是赫兹（Hz），角频率 ω 的单位是弧度/秒（rad/s），电容量 C 的单位是法[拉]（F），容抗的单位是欧姆（Ω）。
>
> （2）容抗对交流电流起阻碍作用，它与电容量 C、频率 f 成反比，频率越高，容抗越小。在一定电压下，电源频率越高，电路中充、放电越频繁，单位时间内电荷的迁移率也就越高，电流越大，同时阻碍电流的作用就越差；当电容量 C 越大时，电容存储电荷的能力越大，单位时间内电路中充、放电移动的电荷量就越大，所以电流就越大。对于直流电，由于 $f=0$，则 $X_C=\infty$，电路中的电流等于零，故电容在直流电路中相当于开路。
>
> （3）容抗是电压与电流最大值或有效值之比得出的，而不是瞬时值之比 $\left(X_C \neq \dfrac{u}{i}\right)$。

（3）在相位上，电流 i 的初相位为 90°，而电压 u 的初相位为零，即 $\varphi = \varphi_u - \varphi_i = -90°$，也就是说在相位上电压滞后电流 90°。如图 3.11（c）所示为 u、i 的相量图。

（4）由于电压 u 与电流 i 为正弦量，所以可用相量式表示，关系为 $\dot{U}=-\mathrm{j}\dot{I}X_\mathrm{C}$

2．电容上的功率关系

1）瞬时功率

电容上的电压和电流是随时间变化的，所以电容的瞬时功率也是随时间变化的，即

$$p=ui=U_\mathrm{m}\sin\omega t\cdot I_\mathrm{m}\cos\omega t=2UI\cos\omega t\cdot\sin\omega t=UI\sin 2\omega t \tag{3.37}$$

由式（3.37）可见，该瞬时功率 p 是幅值 UI 以 2ω 的角频率随时间变化的正弦量，其变化曲线如图 3.12 所示。

从功率的变化曲线图可以看出，瞬时功率在第一个 $\frac{1}{4}$ 周期内为正值，表明电源对电容充电，随着电容上的电荷积累，电容两端建立了电场，当电压达到最大值时，其变化率为零，于是充电停止，电流为零。这时电容从电源吸取功率，并以电场能的形式存储起来。在第二个 $\frac{1}{4}$ 周期内，电压从最大值下降到零，由于电压不断下降，电容放电，所以电流方向改变了。当电压下降到零时，电压变化率最大，所以电流达到负的最大值。这时 p 为负值，电容将存储的电场能全部送给了电源。在第三个周期 $\frac{1}{4}$ 内，电容反方向充电，在第四个 $\frac{1}{4}$ 周期内，电容又开始放电。

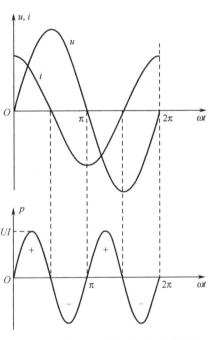

图 3.12 电容元器件的功率变化曲线图

2）平均功率

由于瞬时功率 $p=ui=UI\sin 2\omega t$，因此在一个周期内的平均功率为

$$P=\frac{1}{T}\int_0^T p\mathrm{d}t=\frac{1}{T}\int_0^T (UI\sin 2\omega t)\mathrm{d}t=0 \tag{3.38}$$

与纯电感电路一样，纯电容电路中没有能量的消耗，只是电容与电源之间进行能量交换。为了衡量电容与电源之间能量交换的规模大小，用无功功率来表示，即

$$Q=UI=I^2X_\mathrm{C}=\frac{U^2}{X_\mathrm{C}} \tag{3.39}$$

单位是乏（var）或千乏（kvar）。

【例 3.9】 已知电容量 $C=100\mu\mathrm{F}$，现把它接在 $u=100\sqrt{2}\sin(314t+30°)\mathrm{V}$ 的交流电源上，试求其通过的电流 i 及 Q。

【解】 已知 $\omega=314\mathrm{rad/s}$，$C=100\mu\mathrm{F}=1\times10^{-4}\mathrm{F}$，$U=100\mathrm{V}$，则容抗

$$X_\mathrm{C}=\frac{1}{\omega C}=\frac{1}{314\times1\times10^{-4}}\approx 31.8（\Omega）$$

电流为
$$I = \frac{U}{X_C} = \frac{100}{31.8} \approx 3.1 \text{ (A)}$$

所以
$$i = 3.1\sqrt{2}\sin(314t + 30° + 90°)\text{A} = 3.1\sqrt{2}\sin(314t + 120°)\text{A}$$
$$Q = UI = 100 \times 3.1 = 310 \text{ (var)}$$

3.3 RLC 串联交流电路分析

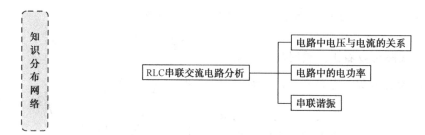

3.3.1 电路中电压与电流的关系

如图 3.13（a）所示，在 R、L、C 串联交流电路中加一正弦电压 u，电路中便产生了正弦变化的电流 i，设此电流为 $i = I_m\sin\omega t$，则各元器件产生的压降为

$$\begin{cases} u_R = U_{Rm}\sin\omega t \\ u_L = U_{Lm}\sin(\omega t + 90°) \\ u_C = U_{Cm}\sin(\omega t - 90°) \end{cases} \quad (3.40)$$

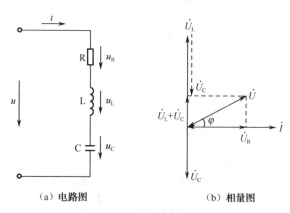

（a）电路图　　（b）相量图

图 3.13　RLC 串联交流电路

根据基尔霍夫电压定律，可得电源电压为 $u = u_R + u_L + u_C$，将式（3.40）代入该式，则有

$$\begin{aligned} u &= u_R + u_L + u_C \\ &= U_{Rm}\sin\omega t + U_{Lm}\sin(\omega t + 90°) + U_{Cm}\sin(\omega t - 90°) \\ &= U_m\sin(\omega t + \varphi) \end{aligned} \quad (3.41)$$

由此可见，电源电压 u 与电流 i 之间的相位差为 φ。

由于电路中产生的各物理量都是正弦变化的，所以可用相量形式表示，即

$$\begin{cases} \dot{U}_R = \dot{I}R \\ \dot{U}_L = j\dot{I}X_L \\ \dot{U}_C = -j\dot{I}X_C \end{cases} \quad (3.42)$$

电源电压相量形式为 $\dot{U} = \dot{U}_R + \dot{U}_L + \dot{U}_C$ (3.43)

根据得出的各相量式，以电流为参考相量，相量图为如图 3.13（b）所示。从图中可以看出，电感上的电压相量 $\dot{U}_L$ 与电容上的电压相量 $\dot{U}_C$ 相位相反，相差180°。由 $\dot{U}$、$\dot{U}_R$ 和 $\dot{U}_L + \dot{U}_C$ 正好构成一个直角三角形，所以称为电压三角形。由该三角形可求出电源电压的大小，即

$$U = \sqrt{U_R^2 + (U_L - U_C)^2} \quad (3.44)$$

> **提示**：电源电压（总电压）的大小不等于各元器件上电压有效值之和，即 $U \neq U_R + U_L + U_C$；电源电压与电流之间的夹角为 φ，称为辅角，即 $\varphi = \arctan\dfrac{U_L - U_C}{U_R}$。

由前面分析可得：

$$\dot{U} = \dot{U}_R + \dot{U}_L + \dot{U}_C = \dot{I}[R + j(X_L - X_C)]$$

从上式可以看出，感抗 X_L 与容抗 X_C 之差称为电抗，用大写字母 X 来表示，即 $X = X_L - X_C$，单位是欧姆（Ω）。所以，可写成

$$\dot{U} = \dot{I}(R + jX) \quad (3.45)$$

式（3.45）中（$R + jX$）称为复阻抗，用大写字母 Z 来表示，复阻抗实际上是一个复数，其实部是电阻 R，虚部是电抗 X，所以

$$\dot{U} = \dot{I}Z \quad (3.46)$$

复阻抗的模称为阻抗，用小写字母 z 表示，其大小有

$$z = |Z| = \sqrt{R^2 + (X_L - X_C)^2} \quad (3.47)$$

辅角 φ 还可以表示为 $\varphi = \arctan\dfrac{X_L - X_C}{R}$，也称为阻抗角。由此可见，阻抗 z、电阻值 R、电抗 X 也可以用直角三角形表示，称为阻抗三角形，如图 3.14 所示，阻抗三角形与电压三角形是相似三角形。

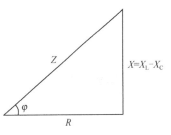

图3.14 阻抗三角形

> **提示**：复阻抗不仅表示了电源电压与电流之间的大小关系，而且也表示了它们之间的相位关系；复阻抗不是时间的函数，所以它不是相量，只是一个复数，复阻抗 Z 上面不能加点。

由前面的式子可以看出，随着电路参数的不同，电源电压与电流间的相位差 φ 也不同，其 φ 的大小完全由电路的参数及频率决定。

（1）在频率 f 一定的条件下，若 $X_L > X_C$，即 $\varphi > 0$，则表示电压 u 超前电流 i 一个 φ 角，电感的作用大于电容的作用，说明该电路呈现为感性。日常生活、生产所接触的用电设备大多数都为感性负载，如日光灯、电动机等。

（2）在频率 f 一定的条件下，若 $X_L < X_C$，即 $\varphi < 0$，则表示电压 u 滞后电流 i 一个 φ 角，电容的作用大于电感的作用，说明该电路呈现为容性。

（3）在频率 f 一定的条件下，若 $X_L = X_C$，即 $\varphi = 0$，则表示电压 u 与电流 i 同相位，电容的作用与电感的作用相互抵消，所以该电路呈现为电阻性或称为串联谐振电路。串联谐振电路在后面有专题讨论。

3.3.2 电路中的电功率

1．瞬时功率

由前面分析已知电流为 $i = I_m \sin \omega t$，电压为 $u = U_m \sin(\omega t + \varphi)$，则瞬时功率为

$$p = ui = U_m \sin(\omega t + \varphi) \cdot I_m \sin \omega t = UI[\cos \varphi - \cos(2\omega t + \varphi)] \quad (3.48)$$

式（3.48）表明，瞬时功率一部分是恒定分量 $UI\cos\varphi$，它反映的是电路中电阻所消耗的功率；另一部分是 $-UI\cos(2\omega t + \varphi)$，它反映的是储能元器件与电源之间进行能量互换的情况，如图 3.15 所示。

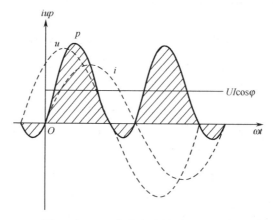

图 3.15 RLC 交流电路的瞬时功率

2．平均功率

由定义可知，RLC 串联交流电路的平均功率为

$$\begin{aligned} P &= \frac{1}{T} \int_0^T p \, dt \\ &= \frac{1}{T} \int_0^T UI[\cos \varphi - \cos(2\omega t + \varphi)] dt \\ &= UI \cos \varphi \end{aligned} \quad (3.49)$$

式（3.49）表明，其平均功率的大小不仅与电源电压及电流有效值有关，还与电源电压及电流间相位差的余弦值 $\cos\varphi$ 有关，此 $\cos\varphi$ 被称为交流电路的功率因数。功率因数在后面有专题讨论。

由电压三角形可知，$U\cos\varphi = U_R$，所以 $P = UI\cos\varphi = U_R I = \dfrac{U_R^2}{R} = RI^2$，与前面分析的完全一致，电路有功功率就是电阻所消耗的。

3. 无功功率

同样，由电压三角形可知，$U\sin\varphi = U_L - U_C$，所以

$$UI\sin\varphi = U_L I - U_C I = Q_L - Q_C = Q \tag{3.50}$$

无功功率是电感、电容与电源之间进行能量互换的功率，所以电路的无功功率Q是由电感无功功率与电容无功功率共同决定的。也就是说，电感无功功率Q_L与电容无功功率Q_C是互相补偿的，补偿后的差值部分再与电源进行能量交换，最后产生电路的无功功率Q。

4. 视在功率

在正弦电路中，把电流电压有效值的乘积定义为视在功率，用大写字母S来表示。即

$$S = UI \tag{3.51}$$

对交流电源来说（如交流发电机或变压器等）其额定容量都是按照规定的额定电压和额定电流来设计和使用的。也就是说，交流电源的额定容量是用视在功率S来表示的。视在功率的单位是伏·安（V·A）或千伏·安（kV·A）。

由前面分析可知
$$P = UI\cos\varphi = S \cdot \cos\varphi$$
$$Q = UI\sin\varphi = S \cdot \sin\varphi$$

所以 $\qquad P^2 + Q^2 = S^2$ 或 $S = \sqrt{P^2 + Q^2}$ $\qquad$ (3.52)

由此，P、Q、S 也可以构成一个直角三角形，称为功率三角形。辅角φ也可以表示为$\varphi = \arctan\dfrac{Q_L - Q_C}{P}$，如图 3.16 所示。它与电压三角形、阻抗三角形都是相似三角形。功率P、Q、S 也都不是正弦量，不能用相量表示。

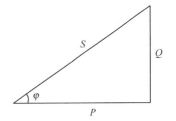

图 3.16 功率三角形

> **注意**：当交流电路中有多个负载时，在计算总的功率时有
>
> $$\begin{cases} \sum P = P_1 + P_2 + P_3 + \cdots \\ \sum Q = Q_1 + Q_2 + Q_3 + \cdots \\ S = UI = \sqrt{(\sum P)^2 + (\sum Q)^2} \end{cases} \tag{3.53}$$

【例 3.10】 已知 RLC 串联电路中，$R = 30\Omega$，$L = 10\text{mH}$，$C = 20\mu\text{F}$，外加电源电$u = 100\sqrt{2}\sin1000t\text{V}$，求$\dot{I}$、$\dot{U}_R$、$\dot{U}_L$、$\dot{U}_C$及电路中的功率。

【解】 已知$\dot{U} = 100\angle 0°\text{V}$，$R = 30\Omega$，$L = 10\text{mH} = 10\times 10^{-3}\text{H}$，$C = 20\mu\text{F} = 20\times 10^{-6}\text{F}$，则有

$$X_L = \omega L = 1000 \times 10 \times 10^{-3} = 10\ (\Omega)，\quad X_C = \frac{1}{\omega C} = \frac{1}{1000 \times 20 \times 10^{-6}} = 50\ (\Omega)$$

复阻抗 $\qquad Z = R + j(X_L - X_C) = 30 + j(10 - 50) = 30 - j40 = 50\angle -53.1°\ (\Omega)$

电路中电流相量 $\qquad \dot{I} = \dfrac{\dot{U}}{Z} = \dfrac{100\angle 0°}{50\angle -53.1°} = 2\angle 53.1°\ (\text{A})$

电阻上的电压相量 $\qquad \dot{U}_R = \dot{I}R = 30 \times 2\angle 53.1° = 60\angle 53.1°\ (\text{V})$

电感上的电压相量 $\qquad \dot{U}_L = j\dot{I}X_L = 2\angle 53.1° \times 10\angle 90° = 20\angle 143.1°\ (\text{V})$

电容上的电压相量　　　$\dot{U}_C = -jIX_C = 2\angle 53.1° \times 50\angle -90° = 100\angle -36.9°$（V）

因为电路中电源电压与电流之间的夹角（辅角 φ）为 $53.1°$，所以

电路中的有功功率　　　$P = UI\cos\varphi = 100 \times 2 \times \cos 53.1° = 120$（W）

电路中的无功功率　　　$Q = UI\sin\varphi = 100 \times 2 \times \sin 53.1° = 160$（var）

电路中的视在功率　　　$S = UI = 100 \times 2 = 200$（V·A）

3.3.3　串联谐振

在前面的学习中已经提到了串联谐振，那么什么是串联谐振呢？由于是在 RLC 串联电路中，当不断调节电源的频率或电路参数时，使电路中的感抗与容抗相等（电压与电流同相位），电路呈现电阻性，这时称为串联谐振。在电子技术中有时希望电路发生谐振，但在电力系统中则往往设法避免发生谐振，因为电路谐振时会危及设备和人身的安全，因此对于谐振的了解显得尤为重要。

1．谐振的条件与频率

RLC 串联电路发生的谐振条件为

$$X_L = X_C \quad \text{或} \quad 2\pi fL = \frac{1}{2\pi fC} \tag{3.54}$$

所以串联谐振的频率为

$$f_0 = \frac{1}{2\pi\sqrt{LC}} \tag{3.55}$$

由此可以看出，谐振的频率 f_0 仅由电路本身的参数 L 和 C 确定，因此 f_0 又称为电路的固有频率。改变 f_0、L 和 C 三个量中的任何一个都可以满足谐振条件，使电路发生谐振。

2．谐振的主要特点

（1）串联谐振时 $X_L = X_C$，电路的阻抗 $|Z| = \sqrt{R^2 + (X_L - X_C)^2} = R$ 最小，在一定的电压下，此时电路中的电流有效值最大。如果偏离谐振频率 f_0，则阻抗会明显增大，如图 3.17 所示。X_L 和 X_C 都是随频率 f 变化的曲线，两曲线的交点即为谐振频率 f_0。

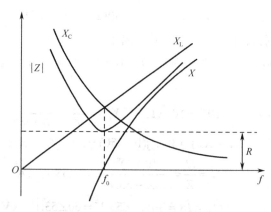

图 3.17　阻抗的频率响应曲线

谐振的电流为

$$I_0 = \frac{U}{|Z|} = \frac{U}{R} \qquad (3.56)$$

由于谐振时阻抗最小,所以 I_0 为最大值。当偏离谐振频率时,电流将会明显减小。这种把谐振频率附近的信号选择出来的特性称为电路的选择性。电流 I 随 f 变化的曲线如图 3.18 所示。

(2)串联谐振时,电感、电容上的电压可以比总电压大许多倍。因为谐振时 $I_0 = \frac{U}{R}$,所以电感和电容上的电压分别为

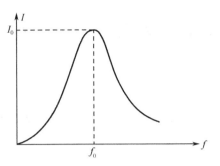

图 3.18 电流的频率响应曲线

$$\begin{cases} U_{L0} = \omega_0 L I_0 = \dfrac{\omega_0 L}{R} U \\ U_{C0} = \dfrac{1}{\omega_0 C} I_0 = \dfrac{1}{\omega_0 CR} U \end{cases} \qquad (3.57)$$

又由于谐振时,$U_{L0} = U_{C0}$,通过式(3.57)可得出 $\dfrac{U_{L0}}{U} = \dfrac{U_{C0}}{U} = \dfrac{\omega_0 L}{R} = \dfrac{1}{\omega_0 CR} = Q$,这个比值 Q 称为谐振回路的品质因数。

当 $R \ll X_{L0}$ 或 X_{C0} 时,品质因数 Q 很高,电感或电容上的电压比电源电压可高出几十倍甚至几百倍,所以串联谐振又称为电压谐振。

> **提示**:串联谐振时,电感与电容所需要的能量完全互相补偿,所以电源提供的能量完全被电阻所消耗。

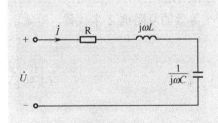

图 3.19 串联谐振电路

【例 3.11】 如图 3.19 所示电路中,正弦电压有效值 $U = 10\text{V}$,$R = 10\Omega$,$L = 20\text{mH}$,当电容 $C = 200\text{pF}$ 时,电流 $I = 1\text{A}$。求正弦电压 u 的角频率 ω、电压 U_L、U_C 和 Q 值。

【解】 设 $\dot{U} = 10\angle 0° \text{V}$,有 $I = \left| \dfrac{\dot{U}}{R + jX} \right| = \left| \dfrac{10\angle 0°}{10 + jX} \right| = 1\text{A}$,显然 $X = 0$,表明电路处于谐振状态,所以正弦电压 u 的角频率 ω 等于电路的固有频率,即 $\omega = \omega_0 = \dfrac{1}{\sqrt{LC}} = \dfrac{1}{\sqrt{20 \times 10^{-3} \times 200 \times 10^{-12}}} = 5 \times 10^5$(rad/s)(此公式自行推导)。

电感电压与电容电压为 $U_L = U_C = \dfrac{\omega L}{R} U = \dfrac{5 \times 10^5 \times 20 \times 10^{-3}}{10} \times 10 = 10000$(V),品质因数 $Q = \dfrac{U_L}{U} = 1000$。

3.4 复阻抗的串/并联分析

3.4.1 复阻抗的串联

在交流电路中如果有若干个复阻抗串联,如图 3.20(a)所示,根据前面所学习的基尔霍夫电压定律可得出,电源电压的相量等于各部分复阻抗产生的电压相量之和,即

$$\dot{U} = \dot{U}_1 + \dot{U}_2 + \cdots = \dot{I}Z_1 + \dot{I}Z_2 + \cdots = \dot{I}(Z_1 + Z_2 + \cdots) = \dot{I}Z \quad (3.58)$$

(a)两个复阻抗串联 (b)等效电路

图 3.20 复阻抗的串联及等效电路

> 提示:$\dot{U} = \dot{U}_1 + \dot{U}_2 + \cdots$,但 $U \neq U_1 + U_2 + \cdots$

由式(3.58)可以看出,多个复阻抗串联时可以用一个等效的复阻抗 Z 来代替,等效电路如图 3.20(b)所示,即

$$\begin{aligned} Z &= Z_1 + Z_2 + \cdots \\ &= (R_1 + \mathrm{j}X_1) + (R_2 + \mathrm{j}X_2) + \cdots \\ &= \sum R + \mathrm{j}\sum X \end{aligned} \quad (3.59)$$

所以

$$z = \sqrt{(\sum R)^2 + (\sum X)^2}$$

$$\varphi = \arctan \frac{\sum X}{\sum R}$$

> 提示:(1)$z \neq z_1 + z_2 + \cdots$
> (2)式(3.59)中的 $\sum X$,感抗 X_L 取正,容抗 X_C 取负。

同理,复阻抗串联交流电路,也可用分压公式:

$$\begin{cases} \dot{U}_1 = \dot{I}Z_1 = \dot{U}\dfrac{Z_1}{Z_1 + Z_2} \\ \dot{U}_2 = \dot{I}Z_2 = \dot{U}\dfrac{Z_2}{Z_1 + Z_2} \end{cases} \quad (3.60)$$

【例 3.12】 已知如图 3.21 所示，$Z_1=(3-j4)\Omega$，$Z_2=j8\Omega$，电源电压为 $\dot{U}=100\angle 30°\text{V}$，求电路中的电流 $\dot{I}$ 和各复阻抗上的电压 $\dot{U}_1$、$\dot{U}_2$，并画相量图。

【解】 由已知得 $Z=Z_1+Z_2=3-j4+j8=3+j4=5\angle 53.1°$（Ω），则

$$\dot{I}=\frac{\dot{U}}{Z}=\frac{100\angle 30°}{5\angle 53.1°}=20\angle -23.1°\ (\text{A})$$

所以
$$\dot{U}_1=\dot{I}Z_1=20\angle -23.1°\times(3-j4)=20\angle -23.1°\times 5\angle -53.1°$$
$$=100\angle -76.2°\ (\text{V})$$
$$\dot{U}_2=\dot{I}Z_2=20\angle -23.1°\times(j8)=20\angle -23.1°\times 8\angle 90°$$
$$=160\angle 66.9°\ (\text{V})$$

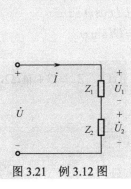
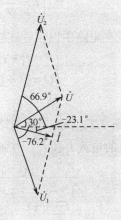

图 3.21 例 3.12 图

3.4.2 复阻抗的并联

在交流电路中如果有复阻抗 Z_1 和 Z_2 并联，如图 3.22（a）所示，根据前面学习的基尔霍夫电流定律，可得出电路中总电流的相量等于各并联支路上产生的电流相量之和，即

$$\dot{I}=\dot{I}_1+\dot{I}_2=\frac{\dot{U}}{Z_1}+\frac{\dot{U}}{Z_2}=\dot{U}\left(\frac{1}{Z_1}+\frac{1}{Z_2}\right)=\dot{U}\frac{1}{Z} \tag{3.61}$$

（a）两个复阻抗并联　　　　（b）等效电路

图 3.22 复阻抗的并联及等效电路

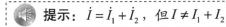 提示：$\dot{I}=\dot{I}_1+\dot{I}_2$，但 $I\neq I_1+I_2$。

由式（3.61）可以看出，当两个复阻抗并联时可以用一个等效的复阻抗 Z 来代替，等效电路如图 3.22（b）所示，即

$$\frac{1}{Z}=\frac{1}{Z_1}+\frac{1}{Z_2}\qquad Z=\frac{Z_1\cdot Z_2}{Z_1+Z_2} \tag{3.62}$$

提示：（1）$\dfrac{1}{z} \neq \dfrac{1}{z_1} + \dfrac{1}{z_2}$

（2）当多个复阻抗并联时总的复阻抗 $Z \neq \dfrac{Z_1 \cdot Z_2 \cdot Z_3 \cdots}{Z_1 + Z_2 + Z_3 + \cdots}$

同理，复阻抗并联交流电路，也可用分流公式：

$$\begin{cases} \dot{I}_1 = \dfrac{\dot{U}}{Z_1} = \dfrac{\dot{I}Z}{Z_1} = \dot{I}\dfrac{Z_2}{Z_1 + Z_2} \\ \dot{I}_2 = \dfrac{\dot{U}}{Z_2} = \dfrac{\dot{I}Z}{Z_2} = \dot{I}\dfrac{Z_1}{Z_1 + Z_2} \end{cases} \tag{3.63}$$

无论多个复阻抗在电路中以何种连接形式出现，电路总功率都会有

$$\begin{cases} P = P_1 + P_2 + \cdots \text{或} P = UI\cos\varphi \\ Q = Q_1 + Q_2 + \cdots \text{或} Q = UI\sin\varphi \\ S = UI \end{cases} \tag{3.64}$$

【例 3.13】 如图 3.22（a）所示电路，$Z_1 = (1-j1)\Omega$，$Z_2 = (3+j4)\Omega$，$\dot{U} = 10\angle 0° \text{ V}$，求总电流 $\dot{I}$ 及各复阻抗的电流 $\dot{I}_1$ 和 $\dot{I}_2$，并画出相量图。

【解】 由已知得 $Z = \dfrac{Z_1 Z_2}{Z_1 + Z_2} = \dfrac{(1-j1)(3+j4)}{1-j1+3+j4} = \dfrac{7+j1}{4+j3}$

$$= \dfrac{5\sqrt{2}\angle 8.1°}{5\angle 36.9°} = \sqrt{2}\angle -28.8° \text{ （}\Omega\text{）}$$

则 $\dot{I} = \dfrac{\dot{U}}{Z} = \dfrac{10\angle 0°}{\sqrt{2}\angle -28.8°} = 5\sqrt{2}\angle 28.8°$ （A）

所以 $\dot{I}_1 = \dfrac{Z_2}{Z_1 + Z_2}\dot{I} = \dfrac{3+j4}{1-j1+3+j4} \times 5\sqrt{2}\angle 28.8°$

$$= \dfrac{5\angle 53.1°}{5\angle 36.9°} \times 5\sqrt{2}\angle 28.8° = 5\sqrt{2}\angle 45° \text{ （A）}$$

$\dot{I}_2 = \dfrac{Z_1}{Z_1 + Z_2}\dot{I} = \dfrac{1-j1}{1-j1+3+j4} \times 5\sqrt{2}\angle 28.8°$

$$= \dfrac{\sqrt{2}\angle -45°}{5\angle 36.9°} \times 5\sqrt{2}\angle 28.8° = 2\angle -53.1° \text{ （A）}$$

3.5 提高功率因数的意义和方法

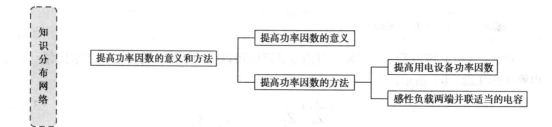

3.5.1 提高功率因数的意义

前面已经学习过在正弦交流电路中，负载消耗的功率为 $P = S\cos\varphi = UI\cos\varphi$，即负载消耗的功率不仅与电压、电流的乘积有关，而且还与功率因数 $\cos\varphi$ 有关。功率因数完全取决于负载的性质与参数。例如，白炽灯、电炉等为纯电阻性负载 $\cos\varphi = 1$，而电动机、日光灯等为感性负载 $\cos\varphi < 1$。在一般情况下，供电电路的功率因数总是小于 1 的。由于功率因数 $\cos\varphi < 1$，电路出现了无功功率 Q，使电源与负载之间产生能量交换。所以，当功率因数 $\cos\varphi$ 较低时，对电源和供电电路会带来以下问题。

1. 功率因数过低，电源设备的容量不能充分利用

交流电源（发电机或变压器）的容量通常用视在功率 $S = UI$ 表示，它代表电源所能输出的最大有功功率。但电源究竟向负载提供多大的有功功率，不取决于电源本身，而取决于负载的大小和性质。如果供电电源接的是电阻性负载（如白炽灯、电炉等），电源就只需输出负载所需的有功功率；如果接的是感性负载，电源不仅输出有功功率，还要负担负载所需要的无功功率。

> **提示**：一个 $S_N = 40\text{kVA}$ 的电源，向功率因数为 $\cos\varphi = 0.5$ 的日光灯供电，它能供应 50W 的日光灯 __400__ 盏；如果用来供应 $\cos\varphi = 0.8$ 的 50W 日光灯，则可供应 __640__ 盏；如果用来供应 $\cos\varphi = 1$ 的 50W 白炽灯，则可供应 _____ 盏？

由此可见，同样的电源设备，负载的功率因数越低，电源输出的最大有功功率就越小，无功功率就越大，电源设备的容量就越不能充分利用。

2. 功率因数过低，将增加输电电路与电源内阻的功率损耗

在一定的电压下，对负载输送一定的有功功率时，有 $I = \dfrac{P}{U\cos\varphi}$，当发电机的输出电压 U 和输出的有功功率 P 一定时，电流与功率因数成反比，即功率因数越低，输电电路的电流就越大，由于输电电路本身有一定的内阻，同时电源内也有一定的内阻，因此电流的增大，将会使输电电路上压降增加、功率损耗加大，同时电源内部也将增大电能损耗。

由此可见，在电力系统中，功率因数的高低直接关系到发电设备是否能充分利用，输电效率能否提高等重要问题。因此，我国规定工厂、企业单位的负载总功率因数应在 0.9 左右。

3.5.2 提高功率因数的方法

1. 提高用电设备功率因数

采取一定措施降低各用电设备所需要的无功功率；正确选用异步电动机的容量，因为它在轻载及空载运行时功率因数很低，一般为 0.2～0.3，满载时功率因数可达到 0.85 左右。所以，选用电动机的容量不要过大，以尽量减少轻载运行的情况。

2. 在感性负载两端并联适当的电容，用来提高整个电路的功率因数

如图 3.23（a）所示，电路未并联电容时，电路中的总电流 i 等于负载电流 i_1；并联电容后，电路中的总电流 $\dot{I}'$ 等于负载电流 $\dot{I}_1$ 与电容支路上的电流 $\dot{I}_C$ 之和。从相量图 3.23（b）中可以看出，并联电容之后，电路中的总电流 I' 小于原电路中的总电流 I，并且从相位差上可以看出 $\varphi < \varphi_1$，即功率因数 $\cos\varphi$ 提高了。

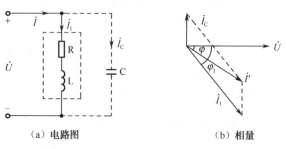

图 3.23 提高功率因数的电路图与相量图

那么，并联多大的电容合适呢？根据公式有：

$$C = \frac{P}{\omega U^2}(\tan\varphi_1 - \tan\varphi) \tag{3.65}$$

式中　φ_1——并联电容之前负载的功率因数角；

　　　φ——并联电容之后电路的功率因数角；

　　　P——负载使用的功率，单位为 W。

> **提示**：通常学校、工厂、企业等把电容器设置在变电所中，用以减小供电电路中的无功功率输送，提高整个供电电路的功率因数。

【例 3.14】 已知有一盏 220V、50W 的日光灯，接入工频 220V 的电源上，整流器的功率损耗为 4W，$\cos\varphi_1 = 0.5$。现把功率因数从原来的 0.5 提高到 0.9，求所需并联的电容值，以及并联前、后供电电路中的电流值。

【解】 已知 $\cos\varphi_1 = 0.5$ 时，$\tan\varphi_1 = 1.732$；当 $\cos\varphi = 0.9$ 时，$\tan\varphi = 0.484$。

$$\begin{aligned}C &= \frac{P}{\omega U^2}(\tan\varphi_1 - \tan\varphi) \\ &= \frac{50+4}{2\pi \times 50 \times 220^2}(1.732 - 0.484) \\ &= 4.4\ (\mu F)\end{aligned}$$

并联电容前供电电路中的电流为 $I_1 = \dfrac{P}{U\cos\varphi_1} = \dfrac{50+4}{220 \times 0.5} = 0.49$（A）。

并联电容后供电电路中的电流为 $I' = \dfrac{P}{U\cos\varphi} = \dfrac{50+4}{220 \times 0.9} = 0.27$（A）。

> **提示**：提高功率因数并不影响负载的正常工作，即不影响负载本身的电压、电流、功率、功率因数，而是改变供电电路上总电压和总电流之间的相位差 φ，从而提高供电电路的功率因数。

技能训练7　日光灯电路的接线与功率因数的提高

1．实训目的

（1）了解日光灯电路的组成及发光原理，并学习电路的连接。

（2）通过日光灯电路功率因数的提高，加深对提高感性负载功率因数的意义的认识。

（3）学习交流电流表、交流电压表和交流功率表的使用。

2．日光灯电路的组成及发光原理

1）日光灯电路的组成

日光灯电路由日光灯管、镇流器、起辉器及开关组成，如图3.24所示。

（1）灯管：是内壁涂有荧光粉的玻璃管。灯管两端各有一个由钨丝绕成的灯丝，灯丝上涂有易发射电子的氧化物。管内抽成真空并充有一定的氩气和少量水银。氩气具有使灯管易发光、保护电极、延长灯管寿命的作用。

（2）镇流器：是一个具有铁芯的线圈，在电路中的作用如下。

① 在接通电源的瞬间，使流过灯丝的预热电流受到限制，以防预热电流过大而烧断灯丝。

② 日光灯启动时，和起辉器配合产生一个瞬时高电压，促使管内水银蒸汽发生弧光放电，致使灯管管壁上的荧光粉受激发而发光。

③ 灯管发光后，保持稳定放电，并使其两端电压和通过的电流降到并限制在规定值内。

（3）起辉器：其作用是在灯管发光前接通灯丝电路，使灯丝通电加热后又突然切断电路，好似一个自动开关。

起辉器的外壳是用铝或塑料制成的，壳内有一个充有氖气的小玻璃泡和一个纸质电容器，其结构如图3.25所示。纸质电容器的作用是避免起辉器的触片断开时产生的火花将触片烧坏，同时也防止灯管内气体放电时产生的电磁波辐射对收音机、电视机等的干扰。

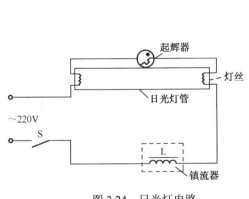

图3.24　日光灯电路

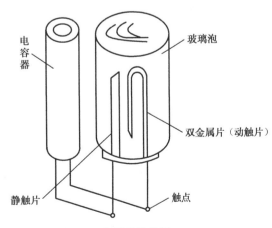

图3.25　起辉器结构图

2）日光灯发光原理

在图 3.24 中，当接通电源后，电源电压（220V）全部加在起辉器静触片和双金属片两端。由于两触片间的高电压产生的电场较强，故使氖气游离而放电（红色辉光）。放电时产生的热量使双金属片弯曲与静触片连接，电流经镇流器、灯管灯丝及起辉器构成通路。电流流过灯丝后，灯丝发热并发射电子，使管内氩气电离，水银蒸发为水银蒸汽。因起辉器玻璃泡内两触片连接，故电场消失，氖气也就停止放电。随之玻璃泡内温度下降，则双金属片因冷却而恢复原状，使电路断开。此时，镇流器中的电流突变，故在镇流器两端产生一个很高的自感电动势，这个自感电动势和电源电压串联后，全部加到灯管两端形成一个很强的电场，使管内水银蒸汽产生弧光放电，在弧光放电时产生的紫外线激发了灯管壁上的荧光粉使灯管发出白色的光。

3．实训设备

序号	规格型号	名称	数量
（1）	20 W、220 V	日光灯具	1 套
（2）	300 V、1A	单相交流功率表	1 个
（3）	0～1A	交流电流表	1 个
（4）	0～300 V	交流电压表	1 个
（5）	MF-30 型	万用表	1 个
（6）	0～10 μF	电容箱	1 个
（7）	0.5～1A	熔断器	2 个
（8）	250 V、5 A	单相小刀闸	1 个
（9）		电流表插孔	3 个

4．实训内容与实训步骤

1）日光灯电路的接线和启动电流的观察

按图 3.26 接好线（功率表和电容箱可暂不接），检查电路无误后合上开关 S。在日光灯正常发光的同时，观察电路中的电流由启动到稳定的变化（观察插孔"1"处的电流表）。

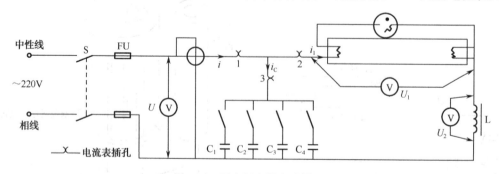

图 3.26 日光灯实训电路图

2）并联电容器前的测量

（1）记录在插孔"1"处的电路总电流 I，再用交流电压表分别测量电路总电压 U、日光灯管两端电压 U_1 和镇流器两端电压 U_2 的值。

单元 3 正弦交流电路分析

（2）断开 S，按实验电路接好功率表（必须使电流线圈串联于电路两端、电压线圈并联于电路两端）。合上 S 后记录功率表的读数。用同样的方法连接功率表并测量灯管功率 p_1 及镇流器功率 p_2。

（3）根据测量数据，计算日光灯电路的功率因数。

（4）断开电源后，用万用表测量镇流器的直流电阻值。

3）并联电容器后的测量

（1）按图 3.26 接上电容箱，分别并联 0.5μF、1μF、1.5μF 和 2μF 的电容器，合上 S 观察总电流 I 的变化。

（2）将交流电流表分别插入"2"孔和"3"孔，测量灯管支路和电容支路的电流 I_1 和 I_C。

（3）分别计算上述情况时的功率因数，比较并联电容器前的功率因数。

（4）将电容量增加到 2.5μF（或 3μF），记录总电流 I、灯管支路和电容支路各电流的变化值，并计算此时功率因数提高到何值。

（5）将电路的功率因数提高到 0.95 或 1 时，计算所需电容量；并将此容量的电容器（由电容箱的电容器组合）并联到电路中，观察是否能实现上述要求。

4）整理数据

分析体会提高功率因数的重要意义。

5．注意事项

(1) 连接电路时，线头不应有毛刺相碰现象。安装灯管时，应先将灯管管脚对准有弹簧的管座上的管脚插孔，轻轻推压，然后再接好另一头管座。起辉器安装时不能有松动或接触不良现象，否则将影响灯管的使用。镇流器不要漏接，以免烧坏灯管。

(2) 接好线后，必须经指导教师检查方可通电实验。

(3) 测量电路及各部分功率时，应注意所测电压和电流值不允许超过功率表所标电压和电流的量程。

(4) 交流电流表和交流电压表在测量时虽不分极性，但必须严格做到电流表串联、电压表并联的操作规定。此外，还必须注意选择合适的量程，以免带来测量误差或损坏仪表。

(5) 日光灯电路的最佳接线如图 3.26 所示。起辉器的双金属片一端应和镇流器一端相连，镇流器的另一端和电源相线相连，这种连接具有最好的启动效果。

知识梳理与总结

（1）大小和方向随时间按正弦规律做周期性变化的电动势、电压和电流统称为正弦交流电，简称交流电。正弦电动势、正弦电压和正弦电流，统称正弦量。正弦量的角频率、幅值和初相角是确定正弦量的三要素。

（2）有效值与最大值的关系：$I = \dfrac{I_m}{\sqrt{2}}$，$U = \dfrac{U_m}{\sqrt{2}}$，$E = \dfrac{E_m}{\sqrt{2}}$。

（3）任何两个同频率正弦量之间的相位之差或初相位之差称为相位差，用 φ 表示。相位关系有超前、滞后、正交、同相、反相。

（4）正弦量的表示方法有波形图法、瞬时值法、相量式法和相量图法，其中相量式法和相量图法是分析计算中的常用方法。

（5）纯电阻交流电路：电压与电流的大小关系为 $U_m = RI_m$ 或 $U = RI$；在相位上，电压 u 与电流 i 的初相位都为零，即 $\varphi = \varphi_u - \varphi_i = 0$，即相位相同；相量式关系为 $\dot{U} = R\dot{I}$；平均功率（有功功率）为 $P = UI = RI^2 = \dfrac{U^2}{R}$。

（6）纯电感交流电路：电压与电流的大小关系为

$$U_m = \omega L I_m = 2\pi f L I_m \text{ 或 } I_m = \dfrac{U_m}{\omega L} \text{ 或 } I = \dfrac{U}{\omega L}$$

ωL 称为感抗，用 X_L 来表示，$X_L = \omega L = 2\pi f L$；在相位上，电流 i 的初相位为零，而电压 u 的初相位为 $90°$，即 $\varphi = \varphi_u - \varphi_i = 90°$，即在相位上电压超前电流；相量式关系为 $\dot{U} = jX_L \dot{I}$；平均功率为零，即 $P=0$；为了衡量电感与电源之间能量交换的规模，用无功功率来表示，$Q = UI = I^2 X_L = \dfrac{U^2}{X_L}$。

（7）纯电容交流电路：电压 u 与电流 i 的大小关系为 $I_m = U_m C\omega = 2\pi f C U_m$ 或 $I_m = \dfrac{U_m}{\dfrac{1}{\omega C}}$ 或 $I = \dfrac{U}{\dfrac{1}{\omega C}}$，并且 $\dfrac{1}{\omega C}$ 是与电阻单位相同的一个量纲，称为容抗，用 X_C 来表示，即 $X_C = \dfrac{1}{\omega C} = \dfrac{1}{2\pi f C}$；在相位上，电流 i 的初相位为 $90°$，而电压 u 的初相位为零，即 $\varphi = \varphi_u - \varphi_i = -90°$，即在相位上电压滞后电流；相量式关系为 $\dot{U} = -jX_C \dot{I}$；平均功率为零，即 $P=0$。与纯电感电路一样，纯电容电路中没有能量的消耗，只是电容与电源之间进行能量交换。为了衡量电容与电源之间能量交换的规模，用无功功率来表示，$Q = UI = I^2 X_C = \dfrac{U^2}{X_C}$。

（8）在频率 f 一定的条件下，若 $X_L > X_C$，即 $\varphi > 0$，表示电压 u 超前电流 i 一个 φ 角，电感的作用大于电容的作用，说明该电路呈现为感性；若 $X_L < X_C$，即 $\varphi < 0$，表示电压 u 滞后电流 i 一个 φ 角，电容的作用大于电感的作用，说明该电路呈现为容性；在频率 f 一定的条件下，若 $X_L = X_C$，即 $\varphi = 0$，表示电压 u 与电流 i 同相位，电容的作用与电感的作用相互抵消，所以该电路呈现为电阻性。

（9）平均功率又称有功功率 $P = UI\cos\varphi = U_R I = \dfrac{U_R^2}{R} = RI^2$，即电阻所消耗的；无功功率 $UI\sin\varphi = U_L I - U_C I = Q_L - Q_C = Q$，是由电感、电容与电源之间进行能量互换的功率，所以电路的无功功率 Q 是由电感无功功率与电容无功功率共同决定的；视在功率 $S = UI$，$S = \sqrt{P^2 + Q^2}$ 用以表示交流电源的额定容量。

（10）电路中的感抗与容抗相等（电压与电流同相位），电路呈现电阻性，这时称为串联谐振。

（11）当功率因数过低，电源设备的容量不能充分利用，会增加输电电路与电源内阻的功率损耗。

（12）要想提高功率因数可提高用电设备功率因数，也可在感性负载两端并联适当的电容来提高整个电路的功率因数。

思考与练习3

一、填空题

3-1 交流电流是指电流的大小和_____都随时间做周期变化，并且在一个周期内其平均值为零的电流。

3-2 正弦交流电路是指电路中的电压、电流均随时间按_____规律变化的电路。

3-3 正弦交流电的三个基本要素是_____、_____和_____。

3-4 我国工业及生活中使用的交流电频率_____，周期为_____。

3-5 一正弦交流电流的解析式为 $i=5\sqrt{2}\sin(314t-45°)$A，则其有效值 $I=$_____A，频率 $f=$_____Hz，周期 $T=$_____s，角频率 $\omega=$_____rad/s，初相 $\psi_i=$_____。

3-6 周期 $T=0.02$s，幅值为 60V，初相为 60° 的正弦交流电压 u 的瞬时值表达式为_____。

3-7 在纯电阻交流电路中，电压与电流的相位关系是_____，在纯电感交流电路中，电压与电流的相位关系是电压_____电流90°。

3-8 纯电容元器件接于正弦交流电源上，其容抗的相量形式为_____；保持电源电压大小不变，随着电源频率的增大，电容中电流将_____（填变大或变小）。

3-9 容抗 $X_C=5Ω$ 的电容元器件外加 $\dot{U}=10\angle30°$ V 的正弦交流电源，则通过该元器件的电流 $\dot{I}=$_____。

3-10 已知 $u=110\sqrt{2}\sin(314t-90°)$ V，则相量 $\dot{U}_m=$_____V，$\dot{U}=$_____V，角频率为_____rad/s，初相位为_____。

3-11 正弦交流电 $u=10\sqrt{2}\sin(314t-15°)$ V，$i=100\sin(314t-45°)$A，u 与 i 的相位差为_____，$T=$_____，相量 $\dot{I}=$_____。

3-12 已知两个正弦交流电流 $i_1=10\sin(314t-30°)$A，$i_2=310\sin(314t+90°)$A，则 i_1 和 i_2 的相位差为_____，_____超前_____。

3-13 电感元器件对正弦交流电流有_____作用，其在直流电路中可视为_____。

3-14 R、L、C 串联，当 $X_L>X_C$ 时，电路呈_____性质，电压_____电流一个 φ 角；当 $X_L<X_C$ 时，电路呈_____性质，电压_____电流一个 φ 角；当 $X_L=X_C$ 时，电路呈_____性质。

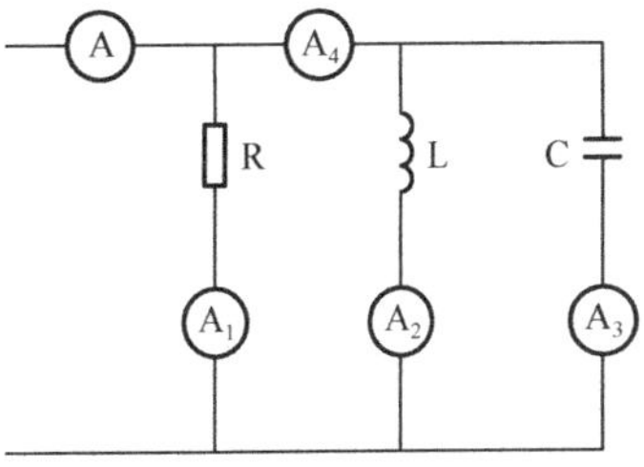

3-15 如图 3.27 所示的电路中，若 $R=\omega L=1/\omega C=10Ω$，电流表 A_2 的读数为 1A，则电流表 A 的读数

图3.27 题3-15图

为_____；电流表A_1的读数为_____；电流表A_4的读数为_____；电流表A_3的读数为_____。

3-16 在正弦交流电路中流过纯电感线圈的电流$I = 5A$，电压$u = 20\sqrt{2}\sin(\omega t + 45°)V$，则$X_L = $_____$\Omega$，$P = $_____W，$Q_L = $_____var。

3-17 在RL串联电路中，若已知$U_R = 3V$，$U = 5V$，则电压$U_L = $_____V。

3-18 已知$Z_1 = 12 + j9$，$Z_2 = 6 + j8$，则$Z_1 \cdot Z_2 = $_____，$Z_1/Z_2 = $_____。

3-19 已知$Z_1 = 15\angle 30°$，$Z_2 = 20\angle 20°$，则$Z_1 \cdot Z_2 = $_____，$Z_1/Z_2 = $_____。

3-20 已知$Z_1 = (3+j4)\Omega$，$Z_2 = (8-j6)\Omega$。现将Z_1与Z_2并联，等效阻抗$Z = $_____$\Omega$。

3-21 把RLC串联到$u = 20\sin 314t V$的交流电源上，$R = 3\Omega$，$L = 1mH$，$C = 500\mu F$，则电路的总阻抗$Z = $_____$\Omega$，电流$i = $_____A，电路呈____性。

3-22 感性负载工作时的功率因数都比较低，一般采用_____的方法来提高功率因数。

二、单项选择题

3-23 正弦量的三要素是指（　　）。
A. 振幅、频率、周期   B. 最大值、频率、相位
C. 有效值、角频率、周期   D. 振幅、角频率、初相位

3-24 若一阻抗$Z = R + jX$，两端电压有效值为U，则该阻抗吸收的有功功率为（　　）。
A. U^2/R B. $U^2/\sqrt{R^2 + X^2}$
C. $U^2/(R^2 + X^2)$ D. $(U/\sqrt{R^2 + X^2})^2 R$

3-25 某正弦量为$-6\sqrt{2}\sin(5t + 75°)$，其有效值为（　　）。
A. $-6\angle 75°$ B. $6\angle 105°$ C. $6\angle -105°$ D. $6\angle 165°$

3-26 交流电压表与电流表所测量的值为（　　）。
A. 有效值   B. 最大值   C. 瞬时值   D. 以上都有可能

3-27 关于感性负载并联合适电容，下述说法正确的是（　　）。
A. 可以提高负载本身的功率因数   B. 可以提高总的功率因数
C. 负载的工作状态发生了改变   D. 总阻抗变小

3-28 在RL串联电路中，下列计算功率因数公式中，错误的是（　　）。
A. $\cos\varphi = U_R/U$ B. $\cos\varphi = P/S$ C. $\cos\varphi = R/|Z|$ D. $\cos\varphi = S/P$

3-29 在RLC串联电路中，电压电流为关联方向，总电压与总电流的相位差角φ为____。

A. $\varphi = \arctan\dfrac{\omega L - \omega C}{R}$ B. $\varphi = \arctan\dfrac{X_L - X_C}{R}$

C. $\varphi = \arctan\dfrac{U_L + U_C}{R}$ D. $\varphi = \arctan\dfrac{U_L - U_C}{R}$

3-30 某元器件的复阻抗$Z = (8 + j6)\Omega$，则可判断其为（　　）元器件。
A. 电阻性   B. 电感性   C. 电容性   D. 以上都有可能

三、判断对错

3-31 因为正弦交变电流和电压是相量，所以电功率也是相量。　　　　　　（　　）

3-32 电动势 $e=100\sin\omega t$ 的相量形式为 $\dot{E}=100$。 （ ）

3-33 某电流相量形式为 $\dot{I}_1=(3+j4)A$，则其瞬时表达式为 $i=100\sin\omega t A$。 （ ）

3-34 RLC 串联电路的阻抗随电源频率的升高而增大，随频率的下降而减小。
（ ）

3-35 在 RLC 串联交流电路中，各元器件上电压总是小于总电压。 （ ）

3-36 在 RLC 串联交流电路中，总电压 $U=U_R+U_L+U_C$。 （ ）

3-37 串联交流电路中的电压三角形、阻抗三角形、功率三角形都是相似三角形。
（ ）

3-38 在正弦交流电路中，总的有功功率 $P=P_1+P_2+P_3+\cdots$。 （ ）

3-39 在正弦交流电路中，总的视在功率 $S=S_1+S_2+S_3+\cdots$。 （ ）

3-40 若 Z_1 与 Z_2 并联，电流参考方向都一致，则总电流 $\dot{I}=\dot{I}_1+\dot{I}_2$。 （ ）

四、计算题

3-41 已知 $u_1=6\sqrt{2}\sin(\omega t+30°)$ V， $u_2=8\sqrt{2}\sin(\omega t-60°)$ V，求：（1） $\dot{U}_1$、$\dot{U}_2$；
（2） $u=u_1+u_2$。

3-42 已知电压 $\dot{U}_1=(3+4j)V$， $\dot{U}_2=10\angle 37°$ V，试计算 $\dot{U}_1\cdot\dot{U}_2$ 及 $\dot{U}_1/\dot{U}_2$。

3-43 如图 3.28 所示给出了某正弦交流电路的相量图，已知 $U=220V$， $I_1=6A$， $I_2=8A$，试写出 u、i_1、i_2 的瞬时值表达式（角频率为 ω）。

3-44 在 5Ω 电阻的两端加上电压 $u=310\sin 314t$ V，求：（1）流过电阻的电流有效值；
（2）电流瞬时值；（3）有功功率；（4）画相量图。

3-45 如图 3.29 所示电路，已知 R 两端电压表读数 $U_1=6V$，L 两端电压表读数 $U_2=10V$，C 两端电压表读数 $U_3=2V$，求总电压表的读数。

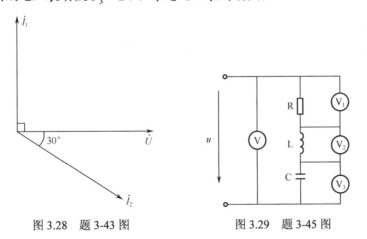

图 3.28 题 3-43 图　　　　图 3.29 题 3-45 图

3-46 如图 3.30 所示电路，已知电阻支路电流表读数 $I_1=4A$，电感支路电流表读数 $I_2=9A$，总电流表读数 $I=5A$，求电容支路中电流表的读数。

3-47 如图 3.31 所示电路，已知 $R=4\Omega$， $L=9.56mH$， $u=10\sqrt{2}\sin(314t+30°)V$，求：
（1）电路中的电流及电阻、电感上的电压，并画相量图；（2）电路中的功率 P。

3-48 已知 RLC 串联电路中， $R=30\Omega$， $L=10mH$， $C=20\mu F$，外加电源电压为

$u = 100\sqrt{2}\sin 1000t$ V,求 $\dot{I}$、$\dot{U}_R$、$\dot{U}_L$、$\dot{U}_C$ 和 P。

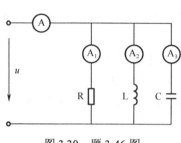

图 3.30 题 3-46 图　　　　　图 3.31 题 3-47 图

3-49　如图 3.32 所示电路，$\dot{I}_1 = 6\sqrt{2}\angle 45°$ A，$\dot{I}_2 = 12\angle 30°$ A，$\dot{I}_3 = 6\angle -60°$ A，试求 $\dot{I}_4$。

3-50　有一 RLC 串联电路，已知 $R = 500\Omega$，$L = 60\text{mH}$，$C = 0.053\mu\text{F}$，试计算电路中的谐振频率 f_0。若电源电压为 100V，则谐振时的阻抗 Z_0 和电流 I_0 各为多少。

3-51　如图 3.33 所示电路中 $\dot{U} = 220\angle 0°$ V，$Z_1 = \text{j}10\Omega$，$Z_2 = \text{j}50\Omega$，求 $\dot{I}_1$、$\dot{I}_2$、$\dot{I}_3$。

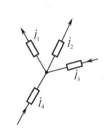 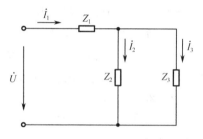

图 3.32 题 3-49 图　　　　　图 3.33 题 3-51 图

3-52　已知某工厂金工车间总的有功功率的计算值为 $P=250\text{kW}$，功率因数 $\cos\varphi_1 = 0.65$，今欲将功率因数提高到 $\cos\varphi_2 = 0.85$，求所需补偿电容器的电容值 C。

单元 4

三相电路分析

教学导航

教	知识重点	1. 三相电源的产生 3. 三相负载的星形连接 5. 三相负载的电功率	2. 三相电源的连接方法 4. 三相负载三角形连接
	知识难点	1. 三相负载的星形连接 3. 三相负载的电功率	2. 三相负载三角形连接
	推荐教学方法	以例题分析及三相交流电路的实际连接为主,结合实验操作的练习加深知识的运用	
	建议学时	10 学时	
学	推荐学习方法	以分组讨论并加强实际操作的学习方式为主,结合本单元内容掌握知识的运用	
	必须掌握的理论知识	1. 三相电源的产生 3. 三相负载的星形连接 5. 三相负载的电功率	2. 三相电源的连接方法 4. 三相负载三角形连接
	必须掌握的技能	能够分析、解决处理实际三相交流电路的问题	

4.1 三相电源及其连接方法

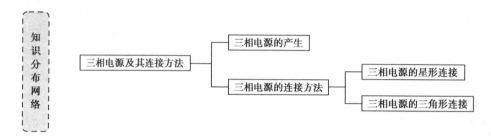

4.1.1 三相电源的产生

三相交流电源是由三相交流发电机产生的,发电机利用电磁感应原理将机械能转变为电能。

如图 4.1 所示,三相交流发电机主要由定子和转子组成。定子又称为电枢,它由定子铁芯和定子绕组组成,定子铁芯的内圆周表面冲有槽,用以放置三相定子绕组。定子的三相绕组是完全相同的,彼此间隔120°,三个绕阻的首端分别用 A、B、C 表示,末端分别用 X、Y、Z 表示。如图 4.2 所示为三相定子绕组。

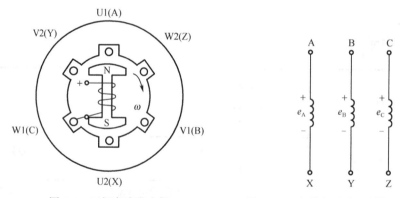

图 4.1 三相交流发电机　　图 4.2 三相绕组和电动势的参考方向

转子由转子铁芯和转子绕组组成,转子铁芯是用铁磁性材料做成的磁极,由于该磁极始终处于旋转状态,所以称为转子。转子绕组是绕在转子铁芯上的励磁绕组,用直流励磁。选择合适的极面形状和励磁绕组的布置,可使空气隙中的磁感应强度按正弦规律分布。

转子由原动机带动,并以角速度 ω 匀速按顺时针方向转动,则每相定子绕组依次切割磁力线,在其中产生频率相同、幅值相等、彼此间的相位差为120°的正弦电动势 e_A、e_B、e_C,这三个正弦电动势被称为三相对称电动势。各电动势的参考方向选定为自绕组的末端指向首端,如图 4.2 所示。电动势分别是:

$$\begin{cases} e_A = E_m \sin \omega t \\ e_B = E_m \sin(\omega t - 120°) \\ e_C = E_m \sin(\omega t + 120°) = E_m \sin(\omega t - 240°) \end{cases} \quad (4.1)$$

> 提示：三相对称电动势可用三相对称电压源来表示，则有：
> $$\begin{cases} u_A = U_m \sin \omega t \\ u_B = U_m \sin(\omega t - 120°) \\ u_C = U_m \sin(\omega t + 120°) = U_m \sin(\omega t - 240°) \end{cases}$$

由于产生的三相对称电动势、电压都是正弦量，所以可以用相量来表示。对称电压相量表达式有：

$$\begin{cases} \dot{U}_A = U \angle 0° \\ \dot{U}_B = U \angle -120° \\ \dot{U}_C = U \angle 120° \end{cases} \tag{4.2}$$

三相对称电压的波形图和相量图如图 4.3 所示。

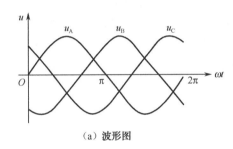
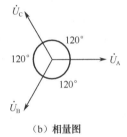

（a）波形图　　　　　　　　　　（b）相量图

图 4.3　三相对称电压波形图与相量图

由此可见，在任一瞬间，三相对称电压的瞬时值或相量之和等于零，即

$$\begin{cases} u_A + u_B + u_C = 0 \\ \dot{U}_A + \dot{U}_B + \dot{U}_C = 0 \end{cases} \tag{4.3}$$

在三相电源中，根据各电压在相位的先后次序称为相序。如果相序为 A—B—C—A，则称为正相序或顺相序；如果相序为 A—C—B—A，则称为负相序或逆相序。无特别说明时，三相电源均采用的是正相序。

> 提示：（1）在电力工业中交流发电机的三相引出线及配电装置的三相母线上涂以黄、绿、红三种颜色，分别表示 A、B、C 三相。
> （2）三相电源的相序改变时，将使其三相电动机改变旋转方向，这种方法常用于控制电动机使其正转或反转。

4.1.2　三相电源的连接方法

1. 三相电源的星形连接

如图 4.4 所示为电源的星形连接。将三相电源的三个绕组末端 X、Y、Z 连在一起，形成一个节点，这一节点称为中性点或零点。用大写字母 N 来表示。从该中性点 N 引出的线称为中性线或零线。从三个绕组的首端 A、B、C 分别引出三根导线，称为相线或端线，俗称火线。这种有中性线的供电方式称为三相四线制；如果没有中性线，则为三相三线制。

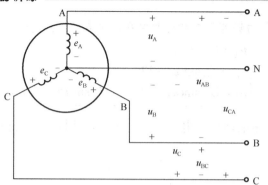

图4.4 三相电源的星形连接

1）相电压与线电压的概念

由三相四线制供电系统可知，电源相线与中性线之间的电压称为电源相电压，其有效值用大写字母 U_A、U_B、U_C 表示（瞬时值为 u_A、u_B、u_C），或统一用 U_P 表示。任意两根端线之间的电压称为线电压，其有效值用大写字母 U_{AB}、U_{BC}、U_{CA} 表示（瞬时值为 u_{AB}、u_{BC}、u_{CA}），或统一用 U_L 表示。各电压的参考方向规定如图4.4所示。

2）相电压与线电压的关系

当三相电源是星形连接时可以提供相电压与线电压，而且两者是不相等的。根据前面学习的电压与电位关系可知：

$$\begin{cases} u_{AB} = u_A - u_B \\ u_{BC} = u_B - u_C \\ u_{CA} = u_C - u_A \end{cases} \quad (4.4)$$

由于式（4.4）中都是同频率的正弦量，因此各式可用相量来表示，即

$$\begin{cases} \dot{U}_{AB} = \dot{U}_A - \dot{U}_B \\ \dot{U}_{BC} = \dot{U}_B - \dot{U}_C \\ \dot{U}_{CA} = \dot{U}_C - \dot{U}_A \end{cases} \quad (4.5)$$

可见线电压相量等于相应相电压相量之差，根据式（4.5）画出相量图，如图4.5所示。

由图4.5可见，线电压和相电压都是对称电压，在相位上线电压超前相电压30°。它们之间的大小关系从相量图中可知：

$$\frac{U_{AB}}{2} = U_A \cos 30° = \frac{\sqrt{3}}{2} U_A$$

$$U_{AB} = \sqrt{3} U_A$$

同理 $U_{BC} = \sqrt{3} U_B$，$U_{CA} = \sqrt{3} U_C$

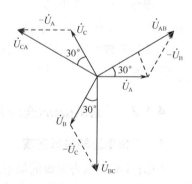

图4.5 三相电源星形连接时线电压与相电压相量图

则可得出线电压与相电压的大小关系为 $U_L = \sqrt{3} U_P$（线电压是相电压的 $\sqrt{3}$ 倍）。

> 提示：三相发电机绕组做星形连接时，可为生产、生活中用电负荷提供民用电压（相电压）220V，动力电压（线电压）380V。

2. 三相电源的三角形连接

如图 4.6 所示为三相电源的三角形连接。所谓的三角形连接，就是把三相电源的三个绕组的首、末端依次相连，构成一个闭合的三角形回路，然后由三个连接点引出三条供电线。由图 4.6 中可以看出，三相电源做三角形连接时，只能以三相三线制方式对外供电，并且三个电源的相电压 u_A、u_B、u_C 是对称的，三个线电压 u_{AB}、u_{BC}、u_{CA} 也是对称的，且电压相等，即

$$\begin{cases} u_{AB} = u_A \\ u_{BC} = u_B \\ u_{CA} = u_C \end{cases} \quad (4.6)$$

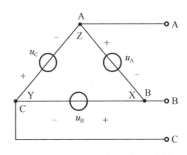

图 4.6 三相电源的三角形连接

有效值形式为
$$U_L = U_P \quad (4.7)$$

写成相量形式为
$$\dot{U}_L = \dot{U}_P \quad (4.8)$$

由此可见，在任一瞬间，三相对称电压的瞬时值或相量之和等于零，即

$$\begin{cases} u_A + u_B + u_C = 0 \\ \dot{U}_A + \dot{U}_B + \dot{U}_C = 0 \end{cases} \quad (4.9)$$

如果各相绕组产生的电压不对称，或者把某相绕组首尾端接错，将会在闭合的三角形回路内产生很大的环流，使发电机烧毁。因此，实际中发电机绕组和变压器绕组很少采用三角形接法。

4.2 三相电路的分析与计算

三相负载是指使用三相交流电源才能正常工作的负载，如三相异步电动机、三相电炉等。对于在生产、生活中使用的单相用电设备，往往尽量将它们均衡地分配在三个相线上，这样对于三相电源来说，这些单相设备的组合也称为三相负载，如照明灯具、单相电动机等。

根据三相负载的性质及大小不同，可将三相负载分为三相对称负载和三相不对称负载。如果每相负载的阻抗相等，辐角也相等，即 $z_A = z_B = z_C$ 和 $\varphi_A = \varphi_B = \varphi_C$，那么这样的负载称为对称负载（如三相异步电动机）。反之，如果每相负载的阻抗或辐角不相等，那么这样的负载称为不对称负载（如照明灯具）。

电工电子技术基础及技能训练

三相负载与三相电源一样,也有星形和三角形两种连接方式。三相负载究竟采用哪种连接方式,则需要根据电源电压、负载的额定电压及负载的特点而定。

> 提示:(1)当负载的额定相电压等于电源线电压时,采用三角形连接。
>
> (2)当负载的额定相电压等于电源线电压的 $\dfrac{1}{\sqrt{3}}$ 时,采用星形连接。

4.2.1 三相负载的星形连接

1. 三相负载不对称的星形连接

在民用等建筑供电系统中,用电设备多数为单相用电设备,即使尽量将它们均衡地分配在三个相线上,但是由于各组用电设备的个数及每个用电设备的额定功率不完全相同,而且也不能保证它们同时工作,所以这一负载就属于不对称负载,如图4.7所示。

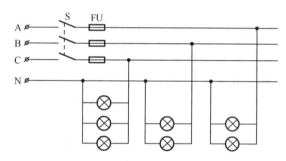

图 4.7 三相不对称负载星形连接的实际电路

如图 4.8 所示在各相电压的作用下,电路中便有电流通过。通过各相负载的电流称为相电流,用相量 $\dot{I}'_A$、$\dot{I}'_B$、$\dot{I}'_C$ 表示;通过相线上的电流称为线电流,用相量 $\dot{I}_A$、$\dot{I}_B$、$\dot{I}_C$ 表示;流过中性线的电流称为中线电流,用相量 $\dot{I}_N$ 表示。由于是星形连接方式,每根相线和相应的每相负载串联,所以线电流等于相电流,即

$$\dot{I}_A = \dot{I}'_A, \dot{I}_B = \dot{I}'_B, \dot{I}_C = \dot{I}'_C \tag{4.10}$$

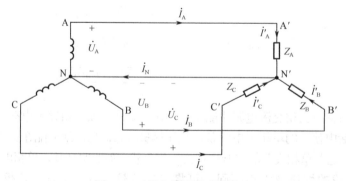

图 4.8 三相负载的星形连接

在三相四线制供电系统中,如果忽略相线上的压降,各相负载两端的电压分别等于对应的电源相电压 $\dot{U}_A$、$\dot{U}_B$、$\dot{U}_C$。由于中线的存在,各相负载与电源独自构成回路,互不干

扰，因此各相负载物理量的计算可按单相电路逐一进行。

其电流为

$$\begin{cases} \dot{I}_A = \dot{I}'_A = \dfrac{\dot{U}_A}{Z_A} \\ \dot{I}_B = \dot{I}'_B = \dfrac{\dot{U}_B}{Z_B} \\ \dot{I}_C = \dot{I}'_C = \dfrac{\dot{U}_C}{Z_C} \end{cases} \tag{4.11}$$

根据基尔霍夫电流定律，中线电流为

$$\dot{I}_N = \dot{I}_A + \dot{I}_B + \dot{I}_C \tag{4.12}$$

提示：一般情况下，中线电流总是小于线电流，而且负载越接近对称，中线电流就越小。

【例 4.1】 如图 4.9 所示，已知在三相四线制 220V/380V 的供电系统中，A 相接一个 220V、100W 的白炽灯泡，B 相接一个 50W 的白炽灯泡，C 相因故障断路。求有中线时各相电流 $\dot{I}_A$、$\dot{I}_B$、$\dot{I}_C$；若中线断开，此时电路会发生什么现象。

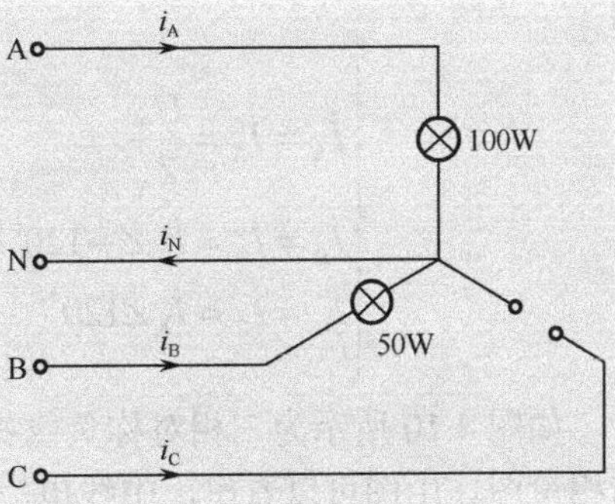

图 4.9 例 4.1 电路

【解】 有中线时各相负载为

$$Z_A = R_A = \frac{U^2}{P} = \frac{220^2}{100} = 484 \ (\Omega)$$

$$Z_B = R_B = \frac{U^2}{P} = \frac{220^2}{50} = 968 \ (\Omega)$$

$$Z_C = \infty \ （无穷大）$$

设 $\dot{U}_A = 220\angle 0°$ V，则各相电流为

$$\dot{I}_A = \frac{\dot{U}_A}{Z_A} = \frac{220\angle 0°}{484} = 0.45 \ (A)$$

$$\dot{I}_B = \frac{\dot{U}_B}{Z_B} = \frac{220\angle -120°}{968} = 0.23\angle -120° \ (A)$$

$$\dot{I}_C = \frac{\dot{U}_C}{Z_C} = 0A$$

若中线断开，如图 4.9 所示，两白炽灯泡相当于串联在线电压 U_{AB} 之间，此时两个灯泡的实际工作电压为

$$U_A = 380 \times \frac{484}{484+968} = 127 \ (V)$$

$$U_B = 380 \times \frac{968}{484+968} = 253 \ (V)$$

所以，此时电路由于中线的断开会使 A 相灯泡实际的工作电压低于其额定电压，灯泡

变暗甚至不会发亮。而 B 相灯泡实际的工作电压高于其额定电压，导致灯泡瞬间发亮直到烧毁。

> **提示**：通过例 4.1 可知，不对称的三相负载接成星形，如果有中线，不论负载有无变化，其每相负载均承受对称的电源相电压；如果中性线断开或无中性线，将会出现有的电压偏高，有的电压偏低，导致负载不能正常工作，甚至烧毁。所以，为了保证不对称负载的正常工作，供电规程中规定，在电源干线的中性线上不允许安装开关或熔断器。

2．三相对称负载的星形连接

生产上所用的水泵、搅拌机等都是由三相交流电动机带动工作的，所以它们都属于三相对称负载。对于其这类负载来说，由于所接三相电源是对称的，加之负载本身也是对称的，因此，各相产生的电流也是对称的。在计算电流时，只需计算出一相即可，其余两相根据对称性直接推出，即

$$\begin{cases} \dot{I}_A = \dot{I}'_A = \dfrac{\dot{U}_A}{Z_A} \\ \dot{I}_B = \dot{I}'_B = \dot{I}_A \angle -120° \\ \dot{I}_C = \dot{I}'_C = \dot{I}_A \angle 120° \end{cases} \quad (4.13)$$

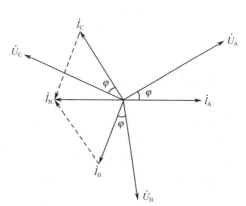

图 4.10　三相对称负载相量图

如图 4.10 所示为三相对称负载相电压与相电流的相量图。由图可以看出，中线电流为

$$\dot{I}_N = \dot{I}_A + \dot{I}_B + \dot{I}_C = 0 \quad (4.14)$$

因此，三相负载对称时中性线上没有电流流过，说明中性线不起作用，即使取消中性线，也不会影响电路的正常工作。所以，三相对称负载也可以采用三相三线制的星形连接方式，如图 4.11 所示。

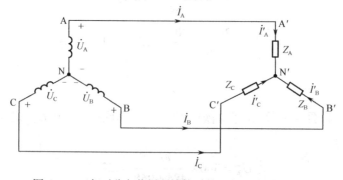

图 4.11　三相对称负载星形连接时的三相三线制电路

【例 4.2】 已知一星形连接的三相对称负载，每相复阻抗 $Z = (4+\mathrm{j}3)\ \Omega$，接于线电压为 $\dot{U}_{AB} = 380\angle 30°\ \mathrm{V}$ 的三相电源上，试求各相电流、线电流及中线电流。

【解】 已知电源线电压为 $\dot{U}_{AB}=380\angle30°$ V，则相电压为 $\dot{U}_A=220\angle0°$ V。负载对称，则各相复阻抗为

$$Z = 4 + j3 = 5\angle 36.9° \;(\Omega)$$

由于是星形连接，线电流等于相电流，所以

$$\dot{I}_A = \frac{\dot{U}_A}{Z} = \frac{220\angle0°}{5\angle36.9°} = 44\angle-36.9° \;(A)$$

$$\dot{I}_B = \dot{I}_A\angle-120° = 44\angle(-36.9°-120°) = 44\angle-156.9° \;(A)$$

$$\dot{I}_C = \dot{I}_A\angle120° = 44\angle(-36.9°+120°) = 44\angle83.1° \;(A)$$

中线电流为

$$\dot{I}_N = \dot{I}_A + \dot{I}_B + \dot{I}_C = 0$$

4.2.2 三相负载的三角形连接

1. 三相对称负载的三角形连接

同三相电源一样，将三相负载的首尾相连，再将三个连接点与三相电源相线 A、B、C 连接，就构成了负载三角形连接的三相三线制电路，如图 4.12 所示。

图 4.12 中，流过每相负载的电流为相电流 $\dot{I}_{AB}$、$\dot{I}_{BC}$、$\dot{I}_{CA}$，流过相线上的电流为线电流 $\dot{I}_A$、$\dot{I}_B$、$\dot{I}_C$，参考方向如图 4.12 所示。从该图的连接方式明显看出，每相负载承受的电压是电源的线电压，由于电源的线电压总是对称的，所以无论负载对称与否，三相负载的相电压总是对称的。因此，三相负载对称时，相电流也是对称的，即

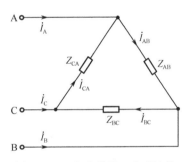

图 4.12 三相负载的三角形连接

$$\begin{cases} \dot{I}_{AB} = \dfrac{\dot{U}_{AB}}{Z_{AB}} \\ \dot{I}_{BC} = \dfrac{\dot{U}_{BC}}{Z_{BC}} = \dot{I}_{AB}\angle-120° \\ \dot{I}_{CA} = \dfrac{\dot{U}_{CA}}{Z_{CA}} = \dot{I}_{AB}\angle120° \end{cases} \quad (4.15)$$

根据基尔霍夫电流定律可得线电流为

$$\begin{cases} \dot{I}_A = \dot{I}_{AB} - \dot{I}_{CA} \\ \dot{I}_B = \dot{I}_{BC} - \dot{I}_{AB} \\ \dot{I}_C = \dot{I}_{CA} - \dot{I}_{BC} \end{cases} \quad (4.16)$$

可见，线电流有效值相量等于相应两个相电流有效值相量之差。式（4.16）无论负载对称与否都成立。在负载对称情况下，相电流与线电流之间还有其特定的大小与相位关系，那么根据式（4.16）可画出其相量图，如图 4.13 所示。

因为三个相电流是对称的，所以三个线电流也是

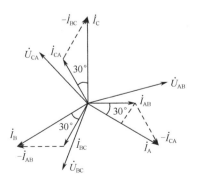

图 4.13 三相对称负载三角形连接线电流与相电流的相量图

对称的。线电流在相位上比相应的相电流滞后30°，其大小由相量图中求出：

$$\frac{I_A}{2} = I_{AB}\cos 30° = \frac{\sqrt{3}}{2} I_{AB}$$

$$I_A = \sqrt{3} I_{AB}$$

同理可求出

$$I_B = \sqrt{3} I_{BC}$$

$$I_C = \sqrt{3} I_{CA}$$

由此得到

$$I_L = \sqrt{3} I_P \tag{4.17}$$

式（4.17）说明，当三相对称负载三角形连接时，线电流是相电流的$\sqrt{3}$倍。

【例4.3】 将上述例4.2的三相对称负载连接方式改为三角形连接，试求出各相电流相量与线电流相量。

【解】 已知电源线 $\dot{U}_{AB} = 380\angle 30°$ V，由于是三角形连接，因此负载各相电压等于电源线电压。

负载对称，则各相复阻抗为

$$Z = 4 + j3 = 5\angle 36.9° \ (\Omega)$$

所以，相电流为

$$\dot{I}_{AB} = \frac{\dot{U}_{AB}}{Z} = \frac{380\angle 30°}{5\angle 36.9°} = 76\angle -6.9° \ (A)$$

$$\dot{I}_{BC} = \dot{I}_{AB}\angle -120° = 76\angle(-6.9° - 120°) = 76\angle -126.9° \ (A)$$

$$\dot{I}_{CA} = \dot{I}_{AB}\angle 120° = 44\angle(-6.9° + 120°) = 76\angle 113.1° \ (A)$$

线电流为

$$\dot{I}_A = \sqrt{3}\dot{I}_{AB}\angle -30° = 76\sqrt{3}\angle(-6.9° - 30°) = 76\sqrt{3}\angle -36.9° \ (A)$$

$$\dot{I}_B = \dot{I}_A\angle -120° = 76\sqrt{3}\angle -156.9° \ (A)$$

$$\dot{I}_C = \dot{I}_A\angle 120° = 76\sqrt{3}\angle 83.1° \ (A)$$

提示： 三相对称负载三角形连接时的相电流是星形连接时相电流的$\sqrt{3}$倍；三角形连接时的线电流是星形连接时线电流的3倍。

2. 三相不对称负载的三角形连接

由于三相负载做三角形连接时，不论负载对称与否，各相负载均承受对称的电源线电压，所以三相不对称负载的三角形连接各相负载的电流按单相电路分别计算，即

$$\begin{cases} \dot{I}_{AB} = \dfrac{\dot{U}_{AB}}{Z_{AB}} \\ \dot{I}_{BC} = \dfrac{\dot{U}_{BC}}{Z_{BC}} \\ \dot{I}_{CA} = \dfrac{\dot{U}_{CA}}{Z_{CA}} \end{cases} \tag{4.18}$$

各线电流的计算按式（4.16）分别进行计算。

4.2.3 三相负载的电功率

1．三相功率的一般计算方法

在三相交流电路中，不论负载是星形连接还是三角形连接，不论负载是否对称，三相电路的总功率计算方法为

$$\begin{cases} P = P_A + P_B + P_C = U_A I_A \cos\varphi_A + U_B I_B \cos\varphi_B + U_C I_C \cos\varphi_C \\ Q = Q_A + Q_B + Q_C = U_A I_A \sin\varphi_A + U_B I_B \sin_B + U_C I_C \sin\varphi_C \end{cases} \quad (4.19)$$

式中 U_A、U_B、U_C——各相相电压有效值；

I_A、I_B、I_C——各相相电流有效值；

φ_A、φ_B、φ_C——各相相电压与相电流之间的相位差。

三相电路总的视在功率为 $S = \sqrt{P^2 + Q^2}$。

> 注意：$S \neq S_A + S_B + S_C$。

2．三相对称负载功率的计算方法

在三相交流电路中，如果是对称负载，则三相电路的总功率计算方法为

$$\begin{cases} P = 3P_P = 3U_P I_P \cos\varphi_P \\ Q = 3Q_P = 3U_P I_P \sin\varphi_P \end{cases} \quad (4.20)$$

式中 U_P——相电压有效值；

I_P——相电流有效值；

φ_P——相电压与相电流之间的相位差。

在实际应用中，负载有星形连接和三角形连接，同时三相电路中的线电压和线电流的数值比较容易测量，所以用线电压和线电流表示的三相功率如下。

当三相对称负载是星形连接时，$U_L = \sqrt{3}U_P$，$I_L = I_P$，代入式（4.20）有

$$\begin{cases} P = \sqrt{3}U_L I_L \cos\varphi_P \\ Q = \sqrt{3}U_L I_L \sin\varphi_P \end{cases} \quad (4.21)$$

当三相对称负载是三角形连接时，$U_L = U_P$，$I_L = \sqrt{3}I_P$，代入式（4.20）有

$$\begin{cases} P = \sqrt{3}U_L I_L \cos\varphi_P \\ Q = \sqrt{3}U_L I_L \sin\varphi_P \end{cases} \quad (4.22)$$

因此，从式（4.21）和式（4.22）可以看出，不论负载是何种连接方式，只要是对称负载，其公式都有 $P = \sqrt{3}U_L I_L \cos\varphi_P$，$Q = \sqrt{3}U_L I_L \sin\varphi_P$。

三相电路总的视在功率为 $S = \sqrt{P^2 + Q^2} = 3U_P I_P = \sqrt{3}U_L I_L$。 （4.23）

> 提示：接在同一三相电源上的同一对称负载，当连接方式不同时，其三相有功功率是不相等的，三角形连接时的有功功率是星形连接时有功功率的3倍，即 $P_\triangle = 3P_Y$。

【例4.4】 已知三相对称负载，其中每相负载 $Z = (6 + j8)\Omega$，接在线电压380V的三相电源上。若负载分别采用星形连接与三角形连接，试计算各总功率。

【解】 当负载为星形连接时

$$z = |Z| = \sqrt{R^2 + X^2} = \sqrt{6^2 + 8^2} = 10 \ (\Omega)$$

$$U_\mathrm{P} = \frac{U_\mathrm{L}}{\sqrt{3}} = \frac{380}{\sqrt{3}} = 220 \ (\mathrm{V})$$

$$I_\mathrm{P} = \frac{U_\mathrm{P}}{z} = \frac{220}{10} = 22 \ (\mathrm{A})$$

$$\varphi = \arctan \frac{X}{R} = \arctan \frac{8}{6} = 53.1°$$

$$P_\mathrm{Y} = 3 U_\mathrm{P} I_\mathrm{P} \cos 53.1° = 3 \times 220 \times 22 \times 0.6 = 8712 \ (\mathrm{W})$$

$$Q_\mathrm{Y} = 3 U_\mathrm{P} I_\mathrm{P} \sin 53.1° = 3 \times 220 \times 22 \times 0.8 = 11616 \ (\mathrm{var})$$

$$S_\mathrm{Y} = 3 U_\mathrm{P} I_\mathrm{P} = 3 \times 220 \times 22 = 14520 \ (\mathrm{V \cdot A})$$

当负载为三角形连接时

$$U_\mathrm{P} = U_\mathrm{L} = 380 \mathrm{V}$$

$$I_\mathrm{P} = \frac{U_\mathrm{P}}{z} = \frac{380}{10} = 38 \ (\mathrm{A})$$

$$P_\triangle = 3 U_\mathrm{P} I_\mathrm{P} \cos 53.1° = 3 \times 380 \times 38 \times 0.6 = 25992 \ (\mathrm{W})$$

$$Q_\triangle = 3 U_\mathrm{P} I_\mathrm{P} \sin 53.1° = 3 \times 380 \times 38 \times 0.8 = 34656 \ (\mathrm{var})$$

$$S_\triangle = 3 U_\mathrm{P} I_\mathrm{P} = 3 \times 380 \times 38 = 43320 \ (\mathrm{V \cdot A})$$

通过以上结果可以看出,三角形连接各总功率的大小是星形连接时相对应总功率的3倍。

技能训练8 三相负载的连接及其相应物理量的测量

1. 实训目的

(1)学会三相交流负载的星形和三角形连接,掌握这两种接法的线电压和相电压、线电流和相电流的测量方法。
(2)分析三相四线制星形连接的电路中,负载对称与不对称时中性线的作用。
(3)掌握三相负载功率的测量方法。

2. 实训原理

三相照明灯负载如图4.14所示。将每相白炽灯组的尾端 X、Y、Z 连接在一起接成中点 N,各相灯组的首端 A、B、C 分别与三相电源连接,并把每相的开关 S 合上,这种连接方式称为三相负载星形连接,如图4.15所示。

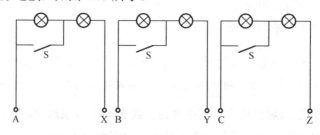

图4.14 三相白炽灯组

当负载对称时（白炽灯均为40W），其线电压与相电压之间的关系为 $U_L = \sqrt{3}U_P$，线电流与相电流之间的关系为 $I_L = I_P$，电源中点与负载中点的电压为零。如果用导线将两点连接起来，中性线电流 $I_N = 0$。若电源电压（指线电压）为380V，则每相的相电压为220V。

当负载不对称时（若A相的开关S断开，A相负载为两盏白炽灯串联），那么三相电路出现负载不平衡，如图4.16所示。尽管负载是不对称的，但由于中性线的存在，强迫各相电压依然相等，线电压与相电压的关系及线电流与相电流的关系依然符合 $U_L = \sqrt{3}U_P$，$I_L = I_P$，但此时的中性线电流 I_N 不等于零，其相量关系应为 $\dot{I}_N = \dot{I}_A + \dot{I}_B + \dot{I}_C$。由于A相负载是由两盏白炽灯串联而成的，每盏白炽灯两端的电压为 $\frac{1}{2}U_P$，所以A相的白炽灯亮度较暗。

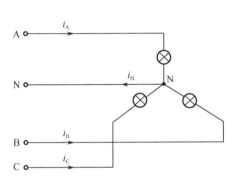
图4.15 三相四线制对称负载星形连接

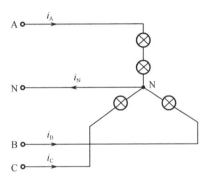
图4.16 三相四线制不对称负载星形连接

若负载不对称，同时中性线断开，那么电源中点与负载中点之间的电压不再为零，而是有一定的数值，各相白炽灯出现亮暗不一的现象，这就是中点位移引起的各相电压不等的结果。

若相电压升高超过额定值将使该相所接的用电设备因电压过高而烧坏。本实验中A相负载用两盏白炽灯串联，以减小每盏白炽灯的端电压，就是为了避免该相因电流小而引起电压升高烧坏白炽灯。

将图4.14的三相灯组负载X与B、Y与C、Z与A分别相连，再将A、B、C端引出的三根导线与三相电源相连，这种连接方法称为三角形连接，如图4.17所示。

显然，在负载为三角形连接时，$U_L = U_P$，$I_L = \sqrt{3}I_P$，由于三相线电压与相电压相等且为380V，所以实验中每相负载应该用两盏白炽灯串联，以保证白炽灯端电压不超过220V。

三相功率测量方法很多，有一瓦计法、三瓦计法等，但对于三相三线制的电路，不管是星形连接还是三角形连接，也不管负载是否对称，均可以采用二瓦计法进行测量。一瓦计法用于测量三相四线制星形连接的对称负载，接线方法如图4.18所示。三相负载星形连接的实验电路如图4.19所示。

电路的总功率 P=3×读数。三瓦计法用于测量三相四线制星形连接时的不对称负载，接线方法如图4.20所示。电路的总功率 P=④+④+⑩。二瓦计法用于测量三相三线制负载，接线方法如图4.21所示。

电工电子技术基础及技能训练

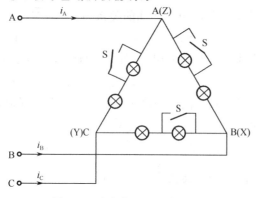

图 4.17 白炽灯组的三角形连接

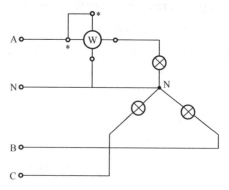

图 4.18 一瓦计法测功率

3. 实训设备

序号	名称	规格型号	数量
（1）	交流电压表	0～500V	1 个
（2）	交流电流表	0～2A	1 个
（3）	交流功率表	D26	3 个
（4）	三相照明灯组板	40W/220V×6 个	1 块

4. 实训电路与实训步骤

1）三相星形连接

将三相照明灯组板按如图 4.19 所示的实验电路接线，并接到三相电源上（此时 S 都闭合）。

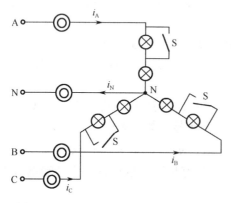

图 4.19 三相负载星形连接的实验电路

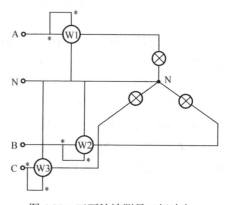

图 4.20 三瓦计法测量三相功率

（1）有中性线时，在负载对称（开关 S 都闭合，如图 4.15 所示）及负载不对称（将 A 相的开关 S 打开，如图 4.16 所示）的情况下测量各线电压 U_L、线电流 I_L、相电压 U_P、相电流 I_P 的数值，填入表 4.1 中。

（2）断开中性线后，测量负载对称及不对称时各线电压 U_L、线电流 I_L、相电压 U_P、相电流 I_P 的数值，填入表 4.1 中。

（3）观察负载不对称且无中性线时，各相白炽灯的亮暗现象，用交流电压表测量电源中性点与负载中性点之间的电压,并填入表 4.1 中。

(4) 用三瓦计法测量各相功率,并将结果填入表 4.1 中。

表 4.1 负载星形连接的电压、电流和功率

测量值\项目		线电压 U_L/V			相电压 U_P/V			相(线)电流/mA			中性线电流	中性线电压	功率/W		
		U_{AB}	U_{BC}	U_{CA}	U_A	U_B	U_C	I_A	I_B	I_C	I_N	$I_{NN'}$	P_A	P_B	P_C
负载对称	有中性线														
	无中性线														
负载不对称	有中性线														
	无中性线														

2)三相三角形连接

将三相照明灯组板按如图 4.21 所示的实验电路接线,并接入三相交流电源。

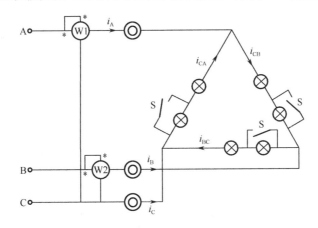

图 4.21 三相负载三角形连接的实验电路

(1)测量三相负载对称时(各开关 S 都断开)的各线电压 U_L、线电流 I_L、相电压 U_P、相电流 I_P 的数值,填入表 4.2 中。

(2)用二瓦计法测量三相负载的功率,并将数据填入表 4.2 中。

表 4.2 负载三角形连接的电压、电流和功率

测量值\项目	相(线)电压/V			线电流/mA			相电流/mA			三相负载功率/W	
	U_{AB}	U_{BC}	U_{CA}	I_A	I_B	I_C	I_{AB}	I_{BC}	I_{CA}	P_1	P_2
负载对称											

5. 实训报告

对实训数据进行分析,在负载为三相四线制星形连接时(负载对称与不对称),线电压

与相电压的关系是否满足 $U_L = \sqrt{3}U_P$；当负载为三角形连接时，线电流与相电流之间的关系是否满足 $I_L = \sqrt{3}I_P$。

知识梳理与总结

（1）三相四线制供电系统能够提供两种对称的三相电压，即线电压和相电压，它们之间的大小关系有 $U_L = \sqrt{3}U_P$，在相位上线电压超前相应的相电压 $30°$。

（2）三相负载星形连接（负载无论对称与否）时，其线电流等于相电流。三相对称负载三角形连接时，其线电流是相电流的 $\sqrt{3}$ 倍，在相位上线电流滞后相电流 $30°$。

（3）在三相交流电路中，如果是对称负载，则三相电路的总功率计算方法为 $P = 3P_P = 3U_PI_P\cos\varphi_P$，$Q = 3Q_P = 3U_PI_P\sin\varphi_P$。不论负载是何种连接方式，只要是对称负载其公式都为 $P = \sqrt{3}U_LI_L\cos\varphi_P$，$Q = \sqrt{3}U_LI_L\sin\varphi_P$。三相对称负载总的视在功率等于 $S = \sqrt{P^2 + Q^2} = 3U_PI_P = \sqrt{3}U_LI_L$。

思考与练习 4

一、填空题

4-1　三相四线制系统是指三根_____和一根_____组成的供电系统，其中相电压是指_____和_____之间的电压，线电压是指_____和_____之间的电压。

4-2　如果对称三相交流电路的 A 相电压 $u_A = 220\sqrt{2}\sin(314t + 30°)$V，那么其余两相电压分别为 $u_B = $ _____ V，$u_C = $ _____ V。

4-3　某对称三相交流电源为星形连接，设相电压 $\dot{U}_A = 220\angle 0°$ V，则各线电压的相量表达式为 $\dot{U}_{AB} = $ _____ V，$\dot{U}_{BC} = $ _____ V，$\dot{U}_{CA} = $ _____ V。

4-4　三相交流发电机绕组接成星形，如果线电压 $\dot{U}_{AB} = 380\angle 0°$ V，则相电压 $\dot{U}_A = $ _____ V，$\dot{U}_B = $ _____ V，$\dot{U}_C = $ _____ V。

4-5　同一个三相对称负载接在同一电网中时，三角形连接时的线电流是星形连接时的_____倍；三角形连接时的三相有功功率是星形连接时的_____倍。

4-6　三相对称负载接到三相电源中，若使各相负载的额定电压等于电源的线电压，则负载应为_____连接；若各相负载的额定电压等于电源线电压的 $1/\sqrt{3}$ 时，负载应为_____连接。

4-7　三相照明负载必须采用_____接法，并且中性线上不允许安装和_____。

4-8　不对称三相负载接成星形连接时，供电电路必须为_____制，其每相负载的相电压对称且为线电压的_____。

4-9　有一台三相发电机，其三相绕组接成星形时，测得各线电压均为 380V，则当其改接成三角形时，各线电压的值为_____。

4-10 对称三相电源三角形连接，若 A 相电压 $\dot{U}_A$=220∠0°V，则相电压 $\dot{U}_B$=_____，$\dot{U}_C$=_____，线电压 $\dot{U}_{AB}$=_____，$\dot{U}_{BC}$=_____，$\dot{U}_{CA}$=_____。

二、单项选择

4-11 在相同的三相线电压的作用下，把一个相同的三相对称负载接成三角形与接成星形时消耗的总功率之比为（　　）。

A. 3∶1　　B. 1∶3　　C. 1∶$\sqrt{3}$　　D. $\sqrt{3}$∶1

4-12 在相同的三相线电压的作用下，把一个相同的三相对称负载接成三角形与接成星形时相电流与相电流之比（　　）。

A. 1∶1　　B. 1∶$\sqrt{3}$　　C. 3∶1　　D. $\sqrt{3}$∶1

4-13 某工地有 380V 的动力设备，也有 220V 的照明灯具，所选变压器的接线方式应为（　　）。

A. Y，yn　　B. Y，d　　C. Y，y　　D. D，y

4-14 已知三相对称电源中 A 相电压 $\dot{U}_A = 220∠0°$ V，电源绕组为星形连接，则线电压 $\dot{U}_{BC}=$（　　）V。

A. 220∠-120°　　B. 220∠-90°　　C. 380∠-120°　　D. 380∠-90°

4-15 在三相四线制电路的中线上，不准安装开关和熔断器的原因是（　　）。

A. 中线上没有电流

B. 开关接通或断开对电路无影响

C. 安装开关和熔断器会降低中线的机械强度

D. 开关断开或熔断器熔断后，三相不对称负载承受三相不对称电压的作用，无法正常工作，严重时会烧毁负载

4-16 一台三相电动机，每相绕组的额定电压为 220V，对称三相电源的线电压为 380V，则三相绕组应采用（　　）。

A. 星形连接，不接中线　　　B. 星形连接，并接中线

C. A、B 均可　　　　　　　D. 三角形连接

4-17 下列说法正确的是（　　）。

A. 当负载为星形连接时，必然有中性线

B. 负载为三角形连接时，线电流必为相电流的 $\sqrt{3}$ 倍

C. 当三相负载越接近对称时，中性线电流越小

D. 以上说法都不正确

4-18 在对称三相电路中，线电压约为相电压的（　　）倍。

A. 1.73　　B. 1.44　　C. 0.57　　D. 0.72

三、判断对错

4-19 三个电压频率相同、幅值相同，就称为对称三相电压。（　　）

4-20 对称三相电源，其三相电压瞬时值之和恒为零，所以三相电压瞬时值之和为零的三相电源，就一定为对称三相电源。（　　）

4-21 对称三相电源星形连接时 $U_L=\sqrt{2}\ U_P$；三角形连接时 $I_L=\sqrt{3}\ I_P$。（　　）

4-22 在三相四线制中，可向负载提供两种电压，即线电压和相电压。在低压配电系统中，标准电压规定相电压为380V，线电压为220V。（　　）

4-23 一个三相负载，其每相阻抗大小均相等，这个负载必为对称的。（　　）

4-24 对称三相负载接于线电压为380V的三相对称电源上，若每相负载均为$Z=(8+j6)\Omega$，并为三角形连接，则线电流$I_L=38A$。（　　）

4-25 对称三相负载三角形连接，其线电流的相位总是滞后对应的相电流30°。（　　）

4-26 三相电动机的电源线可用三相三线制，同样三相照明电源线也可用三相三线制。（　　）

4-27 三相负载越接近对称，中性线电流就越小。（　　）

4-28 不对称三相负载为星形连接，为保证相电压对称，必须有中性线。（　　）

4-29 对称三相电路有功功率的计算公式为$P=\sqrt{3}U_L I_L \cos\varphi$，其中$\varphi$对于星形连接，是指相电压与相电流之间的相位差；对于三角形连接，则是指线电压与线电流之间的相位差。（　　）

4-30 为了保证不对称负载的正常工作，供电规程中规定，在电源干线的中线上，不允许安装开关与熔断器。（　　）

四、计算题

4-31 若已知对称三相交流电源A相电压为$u_A=220\sqrt{2}\sin(\omega t+30°)$V，根据习惯相序写出其他两相电压的瞬时值表达式及三相电源的相量式，并画出波形图及相量图。

4-32 如图4.22所示，星形连接的三相对称负载，已知$R=6\Omega$，$L=25.5$mH，接于$u_{AB}=380\sqrt{2}\sin314t$V的三相电源上，试求各相电流、线电流和三相功率，并画出相量图。

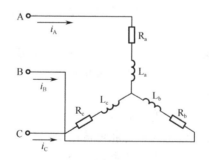

图4.22 题4-32图

4-33 星形连接的对称三相负载，每相的电阻$R=24\Omega$，感抗$X_L=32\Omega$，接到线电压为380V的三相电源上，求相电压U_P、相电流I_P、线电流I_L。

4-34 三相对称负载$Z=(3+j4)\Omega$，电源线电压为$\dot{U}_L=380\angle 30°$（V）。

（1）若采用三相四线制星形连接，求负载相电流$\dot{I}_A$、$\dot{I}_B$、$\dot{I}_C$，负载相电压$\dot{U}_A$、$\dot{U}_B$、$\dot{U}_C$。

（2）若采用三角形连接，求负载相电流$\dot{I}_{AB}$、$\dot{I}_{BC}$、$\dot{I}_{CA}$，负载线电流$\dot{I}_A$、$\dot{I}_B$、$\dot{I}_C$。

4-35 如图4.23所示，有一对称的三相负载，每相$R=30\Omega$，电抗$X_L=40\Omega$，做三角形连接，接到对称的三相电源上，电源线电压U_L=380V，试求：（1）各相负载的电流；（2）三相负载消耗的总功率 P;（3）画出各相电流、电压的相量图。

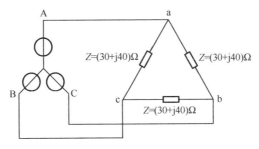

图 4.23　题 4-35 图

4-36　对称三相负载做三角形连接，接在对称三相电源上。若电源线电压U_L=380V，各相负载的电阻 R=12Ω，感抗 X_L=16Ω，输电线阻抗可略，试求：（1）负载的相电压U_P与相电流I_P；（2）线电流I_L及三相总功率。

4-37　已知三相对称负载为三角形连接，Z=(12+j16)Ω，电源线电压为 380V，求各相电流和线电流及总有功功率 P。

单元 5

半导体器件与整流电路分析

教学导航

教	知识重点	1. PN 结的工作特性　2. 二极管的单向导电性及其应用 3. 二极管整流电路分析 4. 晶体管的工作原理、工作组态分析和特性曲线分析
	知识难点	1. 二极管整流电路分析　2. 晶体管的工作组态分析
	推荐教学方法	通过讲解例题及实例,并结合实训操作加深理论知识的运用、加强实践操作能力
	建议学时	10 学时
学	推荐学习方法	以小组讨论的学习方式为主,结合本单元内容掌握知识的运用
	必须掌握的理论知识	1. 半导体的和基础知识　2. PN 结的工作特性 3. 二极管的结构、表示符号、作用、伏安特性与参数 4. 整流、滤波电路的工作原理 5. 晶体管的结构、表示符号、作用、伏安特性与参数
	必须掌握的技能	1. 常用电子仪器仪表的使用 2. 半导体元器件的识别与检测 3. 整流与滤波电路的连接与测试

单元5 半导体器件与整流电路分析

5.1 半导体二极管的认知与应用

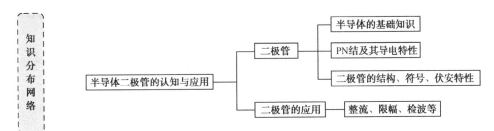

半导体器件具有体积小、质量轻、使用寿命长、耗电少等特点,是组成各种电子电路的核心器件,在当今的电子技术中占主导地位。因此,了解半导体器件是学习电子技术的基础。

本单元首先简要介绍半导体的特点,其次讨论 PN 结的工作特性、二极管的结构、特性与参数,重点讨论二极管在整流电路、稳压电路、滤波电路中的应用。

5.1.1 半导体的基础知识及 PN 结的工作特性

1. 半导体的基础知识

导电性能介于导体与绝缘体之间的材料,叫做半导体。常用的半导体材料主要有硅、锗、砷化镓等。下面以硅为例讨论半导体的导电特性。

硅属于四价元素,其原子的最外层轨道上有 4 个价电子,如图 5.1 所示。纯净的硅呈晶体结构,原子排列整齐,并且每个原子的 4 个价电子与相邻的 4 个原子所共有,构成共价键结构,如图 5.2 所示。当温度为热力学零度时,硅晶体不呈现导电性。当温度升高时,由于热激发,一些电子获得一定能量后会挣脱束缚成为自由电子。与此同时,在这些自由电子原有的位置上就留下相对应的空位置,称为空穴。空穴因失去一个电子而带正电,如图 5.3 所示。由于正、负电相互吸引,空穴附近的电子会填补这个空位置,于是又产生新的空穴,又会有相邻的电子来填补。如此继续下去,就好像空穴在运动。由热激发而产生的自由电子和空穴总是成对出现的。

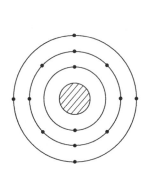

图 5.1 硅的原子结构图

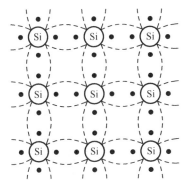

图 5.2 硅原子间的共价键结构

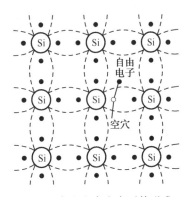

图 5.3 空穴和自由电子的形成

自由电子和空穴统称为载流子。

> 提示：半导体材料在外加电场的作用下，自由电子和空穴按相反方向运动，构成的电流方向一致，所以半导体中的电流是电子流和空穴流之和。这是半导体和金属在导电原理上的本质区别。

半导体器件之所以在现代科学技术中得到如此广泛的应用，是由于其导电性能易受外界条件变化的影响，主要表现如下。

1）掺杂性

纯净的半导体中自由电子和空穴总是成对出现的，在常温下其数量有限，导电能力并不强，如果在纯净的半导体中掺入某些微量杂质（其他元素），其导电能力将会大大增强。

若在纯净的半导体硅或锗中掺入三价硼、铝等微量元素，由于这些元素的原子最外层有 3 个价电子，所以在构成共价键的结构中由于缺少价电子而形成空穴。这些掺杂后的半导体的导电作用主要靠空穴运动，其中空穴是多数载流子，而热激发形成的自由电子是少数载流子。因此，称这种半导体为空穴半导体或 P 型半导体。

若在纯净的半导体硅或锗中掺入五价磷、砷等五价元素，由于这些元素的原子最外层有 5 个价电子，所以在构成的共价键结构中由于存在多余的价电子而产生大量自由电子。这种半导体主要靠自由电子导电，其中自由电子是多数载流子，热激发形成的空穴是少数载流子。因此，称这种半导体为电子半导体或 N 型半导体。

> 提示：必须指出，不论是 P 型半导体还是 N 型半导体，虽然都有一种载流子占多数，但半导体都是电中性的，对外不显电性。

2）热敏性

环境温度对半导体的导电能力影响很大。在热辐射条件下，其导电性有明显的变化。随着温度的升高，纯净半导体的导电能力显著增强。因而，可用半导体材料制成各种温度敏感元器件，如热敏电阻等。

3）光敏性

光照对某些半导体材料的导电能力影响很大。一些半导体受到光照时，载流子会剧增，导电能力也随之增强。利用这种特性可制成各种光敏器件，如光敏电阻、光敏二极管、光敏三极管等。

2．PN 结

采用适当的工艺把 P 型半导体和 N 型半导体紧密连接后做在同一基片上，在两种半导体之间形成一个交界面。由于两种半导体中的载流子浓度的差异，将产生载流子的相对扩散运动。若 P 区的空穴浓度大于 N 区，P 区的空穴要穿过交界面向 N 区扩散；同理，若 N 区的自由电子浓度大于 P 区，N 区的自由电子也要向 P 区扩散。扩散的结果是在交界面两侧形成一个空间电荷区，产生一个由 N 区指向 P 区的电场，称为内电场，如图 5.4 所示。内电场一方面阻止多数载流子的继续扩散，即对 P 区的空穴、N 区的自由电子的继续扩散起阻挡作用；另一方面内电场又促进少数载流子的运动，即促进 P 区的自由电子、N 区的空穴的运动。这种少数载流子在内电场作用下的运动称为漂移。显然，多数载流子的扩散运动和少数载流子的漂移运动方向相反。

在空间电荷区开始形成时，扩散运动占优势，空间电荷区逐渐加宽，内电场逐渐加强。内电场的加强又使漂移运动加强，扩散运动减弱。最后，扩散运动和漂移运动达到动态平衡，在 P 区和 N 区的交界面上形成一个宽度稳定

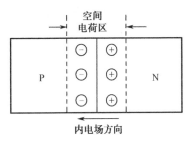

图 5.4　PN 结的形成

的空间电荷区——PN 结。在 PN 结内，大都是不能移动的正、负离子，自由电子和空穴大都复合，载流子极少，所以电阻率极高，又称为耗尽层。

实际工作中，PN 结上总有外加电压，称为偏置。

若将 P 区接电源正极，N 区接电源负极，称为 PN 结正向偏置，简称正偏，如图 5.5（a）所示。由图可见，外电场与内电场方向相反，空间电荷区变薄，多数载流子的扩散运动加强，形成较大的正向电流，电流方向从 P 区到 N 区。在一定范围内，外加电场越强，正向电流越大，此时 PN 结呈低阻导通状态。

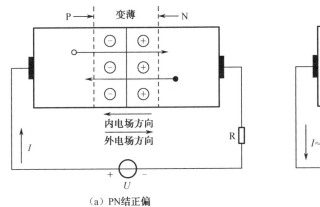 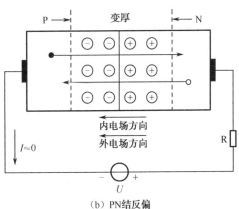

（a）PN 结正偏　　　　　　　　　　　　　　（b）PN 结反偏

图 5.5　PN 结的单向导电性

若将 P 区接电源负极，N 区接电源正极，则称为 PN 结反向偏置，简称反偏，如图 5.5（b）所示。由图可见，外电场与内电场方向一致，空间电荷区变宽，多数载流子的扩散运动难以进行。少数载流子漂移运动虽然加强，但由于少数载流子的浓度较低，形成的反向电流很小，电流方向从 N 区到 P 区。此时 PN 结呈反向高阻状态。

综上所述，PN 结具有单向导电性。正偏时，PN 结的电阻很小，正向电流很大，PN 结导通；反偏时，PN 结的电阻很大，反向电流很小，PN 结截止。

5.1.2　半导体二极管的结构、特性与参数

1. 半导体二极管的结构

将一个 PN 结连上电极引线，再封装到管壳中就构成半导体二极管。图 5.6 是常见半导体二极管的外形。由图可见，二极管有两个电极，一个为正极（又称阳极），从 P 区引出；

另一个为负极（又称阴极），从 N 区引出。图 5.7 是二极管的电路符号，箭头表示电流导通方向，文字符号用 VD 表示。

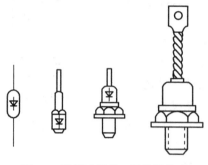

图 5.6　常见半导体二极管的外形

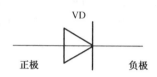

图 5.7　二极管的符号

按内部结构不同，二极管分为点接触型和面接触型两类，如图 5.8 所示。点接触型二极管的 PN 结面积小，不能通过较大的电流，但它的结电容较小，高频性能好，一般适用于高频和小功率的工作，也可用做数字电路中的开关元器件，通常为锗管。面接触型二极管的 PN 结面积大，能通过较大的电流，但它的结电容较大，工作频率低，一般适合做整流，通常为硅管。

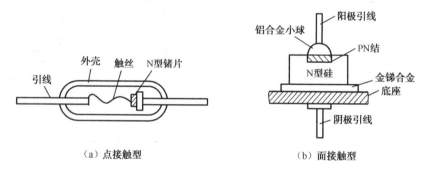

（a）点接触型　　　　　　　（b）面接触型

图 5.8　半导体二极管的内部结构

2．伏安特性

二极管的伏安特性是指加在管两端的电压和通过管的电流的关系曲线，可通过实验获得。如图 5.9 所示为典型的二极管伏安特性曲线，由图可见，特性曲线由正向特性（图中第Ⅰ象限）和反向特性（图中第Ⅲ象限）两部分组成。

正向特性表明，当外加正向电压很低、小于某一数值时，外加电场不足以克服内电场的阻挡作用，故正向电流很小，几乎为零。该电压称为死区电压，硅管的死区电压约为 0.5V。锗管的死区电压约为 0.2V。当正向电压超过死区电压时，内电场被大大削弱，二极管正向导通，电流随电

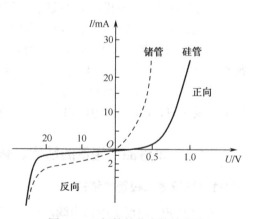

图 5.9　二极管的伏安特性曲线

压的增加而迅速上升。二极管正向导通时，管两端的电压称为二极管的正向压降。在正常工作电流范围内，此值基本稳定，硅管约为 0.6V，锗管约为 0.3V。

 提示：死区电压——硅管约为 0.5V，锗管约为 0.2V。
　　　　正向压降——硅管约为 0.6V，锗管约为 0.3V。

再看反向特性，当二极管的反向电压小于某一数值时，反向电流很小，二极管处于反向截止状态。反向电流的大小基本恒定，不随外加电压的大小而变化，通常称为反向漏电流或反向饱和电流。由于半导体中少数载流子的浓度与温度有关，所以反向漏电流随着温度的升高而剧烈增加，而当外加反向电压大于某一定值时，反向电流将急剧增加，这种现象称为反向击穿，该值称为二极管的反射击穿电压。二极管被击穿后，一般不能恢复原来的性能，从而失效。

各类二极管的反向击穿电压大小不等，通常为几十伏至几百伏，最高达千伏以上。

3．主要参数

1）最大整流电流 I_{OM}

I_{OM} 是指二极管长时间使用时，允许通过二极管的最大正向平均电流。平均电流超过此值过多时，二极管将因过热而被烧坏。

2）反向工作峰值电压 U_{RWM}

U_{RWM} 是保证二极管不被击穿而允许的反向峰值电压，一般是反向击穿电压的 1/2 或 2/3。点接触型二极管的反向工作峰值电压一般为数十伏，而面接触型二极管的反向工作峰值电压可达数百伏。

3）反向峰值电流 I_{RM}

I_{RM} 是指在二极管上加反向工作峰值电压时的反向电流值。反向电流大，说明二极管的单向导电性能差，并且受温度的影响大。

4）最高工作频率 f_M

f_M 是指二极管应用时单向导电性出现明显差异的频率。由于二极管的 PN 结的结电容效应，当频率大到一定程度时，二极管的单向导电性明显变差。

5.1.3　半导体二极管在电路中的应用

二极管的应用范围很广，通过其单向导电性，可以用于整流、限幅、钳位和检波等，也可以构成其他元器件或电路的保护电路，以及在脉冲与数字电路中作为开关元器件等。

为了讨论方便，在分析电路时，一般可以将二极管视为理想元器件，即认为其正向电阻为零，正向导通时二极管的正向压降忽略不计。反向电阻为无穷大，反向截止时为开路特性，反向漏电流可以不计。下面主要分析二极管的整流电路。

5.2 二极管整流电路分析

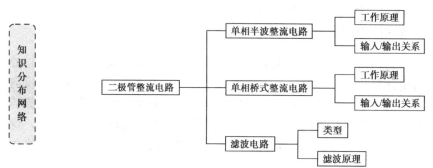

目前电能主要以交流电形式供电,但在许多场合都需要直流电源,如电解、电镀、直流电动机的驱动、各种电子设备和自动控制装置等。为了得到直流电源,可采用半导体器件(二极管等)将交流电变换成直流电的各种直流稳压电源。直流稳压电源主要由整流变压器、二极管整流电路、滤波电路和稳压电路等部分组成,如图5.10所示。

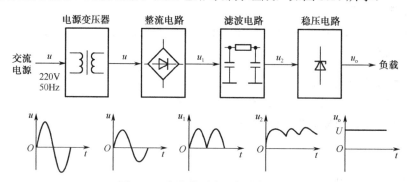

图5.10 直流稳压电源组成框图

电源变压器是将交流电源电压变换为整流电路所需的交流电压;整流电路将交流电压变换为单方向脉动电压;滤波电路将整流输出电压中的交流成分滤除,以减小脉动程度,为负载提供比较平滑的整流电压;稳压电路在交流电源电压变动或负载波动时,使输出直流电压比较平滑稳定。

5.2.1 单相半波整流电路的工作原理及输入/输出关系

单相半波整流电路由电源变压器 T_r、二极管 VD 及负载 R_L 组成,如图5.11所示。设电源变压器副边电压的正弦波为

$$u = \sqrt{2}U\sin\omega t$$

其波形如图5.12(a)所示。

根据二极管 VD 的单向导电性,当 u 为正半周时,a 端为正、b 端为负,二极管 VD 在正向电压作用下导通,电阻 R_L 中流过电流,其两端电压 $u_o=u$,二极管相当于短路。当 u 为负半周时,a 端为负、b 端为正,二极管承受反向电压而截止,电阻 R_L 上无电流流过,其两端电压 $u_o=0$。在二极管 VD 导通时,其正向压降很小,可以忽略不计。因此,输出电压 u_o 的波形和输入电压 u 的波形相同,如图5.12(b)所示。

单元 5　半导体器件与整流电路分析

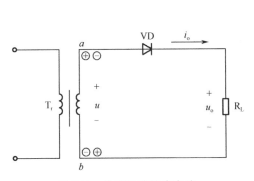

图 5.11　单相半波整流电路

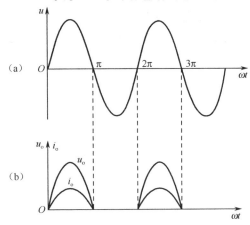

图 5.12　电流与电压的波形

负载上得到的方向单一且大小变化的电压 u_o，称为单向脉动电压。单相半波电压 u_o 在一个周期的平均值为

$$U_o = \frac{1}{2\pi}\int_0^\pi \sqrt{2}U\sin\omega t\,\mathrm{d}(\omega t) = \frac{\sqrt{2}}{\pi}U = 0.45U \tag{5.1}$$

式（5.1）表明整流电压的平均值与交流电压有效值之间的关系。由此可以得出整流电流的平均值为

$$I_o = \frac{U_o}{R_L} = 0.45\frac{U}{R_L} \tag{5.2}$$

电路中二极管 VD 截止时，所承受的最高反向电压为

$$U_{DRM} = \sqrt{2}U \tag{5.3}$$

这样，根据负载所需要的直流电压 U_o、直流电流 I_o 和最高反向电压 U_{DRM} 可以选择合适的整流元器件。

5.2.2　单相桥式整流电路的工作原理及输入/输出关系

单相半波整流电路结构简单，但其缺点是只利用了电源的半个周期，整流输出电压低、脉动幅度较大且变压器利用率低。为了克服这些缺点，可以采用全波整流电路，如图 5.13（a）所示。电路是由 4 个二极管连接成电桥的形式，也称为单相桥式整流电路。图 5.13（b）是如图 5.13（a）所示电路的简化画法。

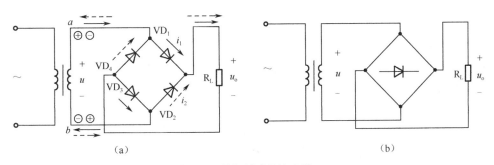

图 5.13　单相桥式整流电路

当变压器副边电压为 u 的正半周时，变压器副边 a 点的电位高于 b 点，二极管 VD_1、VD_3 导通，VD_2、VD_4 截止，电流 i_2 流通的路径是 $a \rightarrow VD_1 \rightarrow R_L \rightarrow VD_3 \rightarrow b$。负载电阻 R_L 上得到一个半波电压，如图 5.14（b）所示。

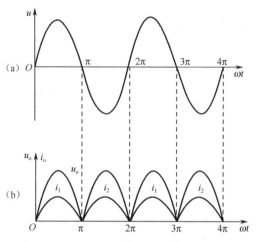

图 5.14　电压与电流的波形

当变压器副边电压为 u 的负半周时，变压器副边 b 点的电位高于 a 点，二极管 VD_1、VD_3 截止，VD_2、VD_4 导通，电流 i_1 流通的路径是 $b \rightarrow VD_2 \rightarrow R_L \rightarrow VD_4 \rightarrow a$。同样，在负载电阻 R_L 上得到一个半波电压，如图 5.14（b）所示。

全波整流电路输出电压的平均值为

$$U_o = \frac{1}{\pi} \int_0^\pi \sqrt{2} U \sin\omega t \, d(\omega t) = \frac{2\sqrt{2}}{\pi} U = 0.9U \tag{5.4}$$

负载电阻 R_L 中电流的平均值为

$$I_o = \frac{U_o}{R_L} = 0.9 \frac{U}{R_L} \tag{5.5}$$

在桥式整流电路中每个二极管只导通半周，导通角为 π，因而通过每个二极管的平均电流是负载电流平均值的一半，即

$$I_D = \frac{1}{2} I_o \tag{5.6}$$

由图 5.12 可见，每个二极管承受的最高反向电压与半波整流电路相同，即

$$U_{DRM} = \sqrt{2} U \tag{5.7}$$

在选择桥式整流电路的整流二极管时，为了工作可靠，应使二极管的最大整流电流 $I_{DM} > I_D$，二极管的反向工作峰值电压 $U_{RM} > U_{DRM}$。

为了使用方便，半导体器件生产厂家已将整流二极管封装在一起，制造成单相整流桥式和三相整流桥模块。这些模块只有输入交流和输出直流接线引脚，其特点是连接线少，可靠性高，使用方便。

【例 5.1】　要求设计一单相桥式整流电路，其输出直流电压为 110V 和直流电流为 3A。试求：（1）电源变压器副边电压、电流和容量；（2）二极管所承受的最高反向电压；（3）选择合适的二极管。

【解】 （1）由式（5.4）可知变压器副边电压的有效值为

$$U = \frac{U_o}{0.9} = \frac{110}{0.9} = 122\text{（V）}$$

考虑到二极管的正向压降及电源变压器副边的阻抗压降，副边空载电压 U_{2o} 应略大于 U（约10%），设

$$U_{2o} = 1.1U = 1.1 \times 122 = 134\text{（V）}$$

则变压器副边电流的有效值为

$$I = \frac{U}{R_L} = \frac{1}{0.9}I_o = 1.11 I_o = 1.11 \times 3 = 3.33\text{（A）}$$

变压器的容量为

$$S = UI = 122 \times 3.33 = 406.26\text{（V·A）}$$

（2）二极管承受的最高反向电压为

$$U_{DRM} = \sqrt{2}U_{2o} = \sqrt{2} \times 134 = 189\text{（V）}$$

通过二极管的电流平均值为

$$I_D = \frac{1}{2}I_o = \frac{1}{2} \times 3 = 1.5\text{（A）}$$

（3）查手册，可以选用 4 个 2CZ12D 型整流二极管，其最大整流电流为 3A，反向峰值电压为 300V。

5.2.3 滤波电路的类型及滤波原理

整流电路虽然可以把交流电转换为直流电，但是得到的输出电压是单向脉动电压。在某些设备（如电镀、蓄电池充电等场合）中，这种电压的脉动是允许的，但是在大多数电子设备中，电路中都要加接滤波器，以改变输出电压的脉动程度。

所谓"滤波"就是利用电容和电感的电抗作用，过滤掉整流后的交流成分，使输出的直流电压平滑，并提高负载上电压的整流平均值。滤波电路一般由电容、电感及电阻元器件组成。常用的滤波电路如图 5.15 所示。

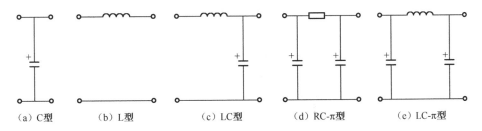

(a) C型　　(b) L型　　(c) LC型　　(d) RC-π型　　(e) LC-π型

图 5.15 常用的滤波电路

下面介绍两种常用的滤波器。

1．电容滤波电路（C型滤波器）

如图 5.16 所示为桥式整流电容滤波电路，它利用电容充、放电作用使输出电压 u_o 比较平滑。

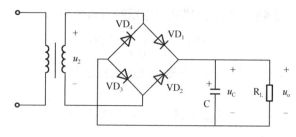

图 5.16 桥式整流电容滤波电路

由于电容的容抗为 $X_C = 1/2\pi fC$，所以直流不能通过（$X_C = \infty$）。而对于交流，只要 C 足够大（如几百微法至几千微法），X_C 则很小，可以近似看成短路，此时流过 R_L 的电流基本是一个平滑的直流电流，达到了滤除交流成分的目的。从电容的特性看，由于电容两端电压不能突变，所以负载两端的电压也不会突变，因此使输出电压平滑，达到滤波的目的。滤波过程如图 5.17 所示。图中虚线所示是原来不加滤波电容时的输出电压波形，实线所示为加了滤波电容之后的输出电压波形。输出电压的大小显然与阻值 R_L、电容量 C 有关。

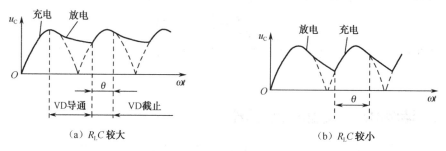

（a）$R_L C$ 较大 （b）$R_L C$ 较小

图 5.17 电容滤波电路 $R_L C$ 变化时的输出电压波形

放电时间常数为

$$\tau_d = R_L C \tag{5.8}$$

显然，τ_d 决定着滤波效果。τ_d 越大，放电越慢，电压 u_o 越高，滤波效果越好。

τ_d 通常为

$$\tau_d = R_L C \geq (3 \sim 5)\frac{T}{2} \tag{5.9}$$

式中，T 为电源电压的周期，$T = 2\pi/\omega$。

此时，桥式整流电容滤波电路输出电压的平均值为

$$U_o = 1.2 U_2 \tag{5.10}$$

> **提示**：滤波电容一般用电解电容，其正极接高电位，负极接低电位；否则易击穿、爆裂。

总之，电容滤波电路简单，直流电压较高；缺点是输出特性较差，适用于小电流的场合。

2. 电感电容滤波电路（LC 滤波器）

为了减小输出电压的脉动程度，在滤波电容之前串接一个铁芯电感线圈 L，从而组成了电感电容滤波电路，如图 5.18 所示。它是利用电感线圈对交流电具有较大的阻抗，而对直

单元 5　半导体器件与整流电路分析

流的阻抗很小的特点，使输出脉动电压中的交流分量几乎全部降落在电感上，经电容滤波，再次滤掉交流分量，得到较平滑的直流输出电压。频率越高，电感越大，滤波效果越好。LC 滤波适用于电流较大、负载变化较大的场合。

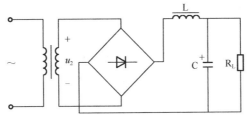

图 5.18　电感电容滤波电路

5.3　特殊二极管的认知

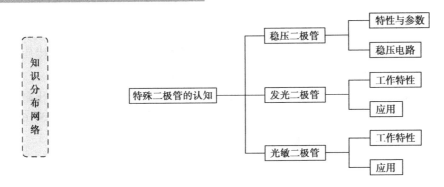

5.3.1　稳压二极管的工作特性及应用

稳压二极管是一种特殊的面接触型二极管，又称齐纳二极管，其外形、内部结构与普通二极管相似。它与适当数值的电阻配合后，在电路中能起到稳定电压的作用，因此经常用在稳压设备和一些电子电路中。

1．稳压二极管的特性与参数

稳压二极管的伏安特性曲线和表示符号如图 5.19 所示。它与普通二极管的特性曲线相似，只是稳压二极管的反向特性曲线比较陡。

稳压二极管专门工作在反向击穿区。当反向击穿电流 I_Z 在较大范围内变化时，其两端电压 U_Z 变化较小，因而可以从它两端获得一个稳定的电压。

稳压二极管的反向击穿是可逆的。这是因为制造工艺采取了适当的措施，使通过 PN 结接触面上各点的电流比较均匀，在使用时把反向电流限制在一定数值范围内，因此二极管虽

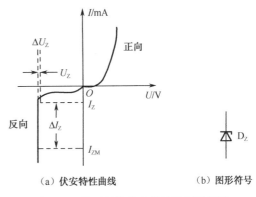

（a）伏安特性曲线　　（b）图形符号

图 5.19　稳压管的伏安特性及图形符号

然工作在击穿状态，但其 PN 结的温度不超过所允许的数值，二极管也不致损坏。

由于硅管的热稳定性比锗管好，因此一般都用硅管做稳压二极管，如 2CW 型和 2DW 型都是硅稳压二极管。

稳压二极管的主要参数如下。

1）稳定电压 U_Z

U_Z 是指反向击穿状态下二极管两端的稳定工作电压。同一型号的稳压二极管，其稳定电压分布在一定数值范围内，但就某一个稳压二极管来说，温度一定时，其稳定电压是一定值。

2）稳定电流 I_Z

I_Z 是指稳压二极管两端电压等于稳定电压 U_Z 时通过稳压二极管中的电流值，它是稳压二极管正常工作时的最小电流值。为使稳压二极管工作在稳压区，稳压二极管中的工作电流应大于等于 I_Z。稳压二极管的工作电流越大，稳定效果越好。

3）电压温度系数 α_U

α_U 是指稳压二极管受温度变化影响的系数。例如，2CW18 型硅稳压二极管的电压系数是+0.095%/℃，表示温度每升高 1℃，稳定电压要增加 0.095%。

通常 U_Z<4V 的稳压二极管，电压温度系数为负值；U_Z>7V 的稳压二极管，电压温度系数为正值；U_Z 值为 6V 左右的稳二极压管，电压温度系数较小。因此，选用 U_Z 值为 6V 左右的稳压二极管，可得到较好的温度稳定性。

2．稳压二极管稳压电路

稳压二极管的主要作用是稳压和限幅，也可和其他电路配合构成欠压或过压保护、报警环节等。

如图 5.20 所示是稳压二极管 D_Z 和限流电阻 R 组成的稳压电路，如电路中虚线框所示部分。限流电阻 R 的作用是使经过稳压二极管的电流不超过允许值，同时它与稳压二极管配合起稳压作用。图中 U_i 是稳压电路的输入电压，U_o 是输出电压，由电路可知

$$U_o = U_Z = U_i - RI \tag{5.11}$$

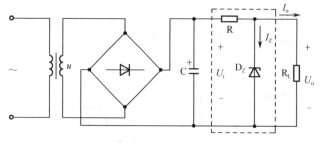

图 5.20　稳压管的稳压电路

当某种原因引起 U_i 上升时，U_o 也随之上升。由稳压二极管的反向特性知，U_Z 的微小增加，将使稳压二极管的电流 I_Z 大大增加，I_Z 的增加又使 R 上的压降（$U_R = RI = R(I_o + I_Z)$）增加，这样 U_i 的增量绝大部分降落在 R 上，从而使输出电压 U_o 基本维持不变。这个自动

稳定电压的过程可表示如下：

$$U_i \uparrow \to U_o(U_Z) \uparrow \to I_Z \uparrow \to RI \uparrow \to U_o \downarrow$$

当负载电流 I_o 在一定范围内变化时，同样由于稳压二极管电流 I_Z 的补偿，使 U_o 基本保持不变。如果 I_o 的变化引起 U_o 下降，则 U_o 的下降将引起 I_Z 大大减小，使 I 基本不变，因而使 U_o 基本不变。

选择稳压二极管时，一般取

$$\begin{cases} U_Z = U_o \\ I_{ZM} = (1.5 \sim 3)I_{OM} \\ U_i = (2 \sim 3)U_o \end{cases} \quad (5.12)$$

稳压二极管稳压电路结构简单，稳压效果较好。但由于该电路是靠稳压二极管的电流调节作用来实现的，因而其电流调节范围有限，只适用于负载电流较小且变化不大的场合。

5.3.2 发光二极管的工作特性及应用

发光二极管是一种将电能直接转换为光能的固体器件，简称为 LED。通常用元素周期表中Ⅲ、Ⅴ族元素的化合物，如砷化镓、磷化镓等制成。这种二极管除了具有普通二极管的正、反特征外，还具有普通二极管没有的发光能力。当 LED 通过正向电流时会发出可见光。发光的颜色有红、黄、绿等，与所用的材料有关。

LED 的电路符号和伏安特性如图 5.21 所示。LED 的死区电压比普通二极管高，正向电压一般为 1.5～2.5V。LED 的亮度与正向电流的大小成正比，正向工作电流一般为 5～15mA。

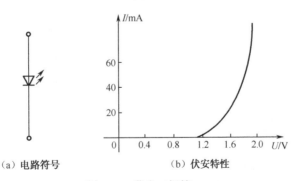

(a) 电路符号　　　　　(b) 伏安特性

图 5.21　发光二极管

LED 具有驱动电压低、工作电流小，有较强的抗振动和抗冲击能力，体积小、可靠性高、耗电省和寿命长等优点。因此，LED 的应用范围非常广泛，其中发出的可见光作为指示灯、数字及字符显示及特殊照明，也可用于红外通信、测距用光源等。

5.3.3 光敏二极管的工作特性及应用

光敏二极管又称光电二极管，它的管壳上装有玻璃窗口以便接收光照。根据 PN 结对光的敏感特性，当光线照射到 PN 结时，在 PN 结附近就会产生电子空穴对，称为光生载流子。光生载流子的浓度与光照强度成正比。在一定的反向偏压作用下，光生载流子参与导

电工电子技术基础及技能训练

电，于是 PN 结由反向截止变为反向导通，这时的光敏二极管等效于一个恒流源，也称为光电池。当无光照时，光敏二极管的伏安特性与普通二极管相似。

光敏二极管的电路符号和伏安特性如图 5.22 所示。图 5.22（b）中 E 是光照度，其单位是勒克斯（lx）。

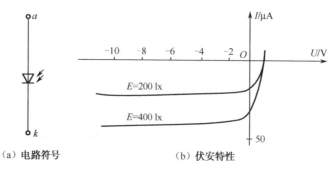

（a）电路符号　　　　　（b）伏安特性

图 5.22　光敏二极管

5.4　晶体管的认知

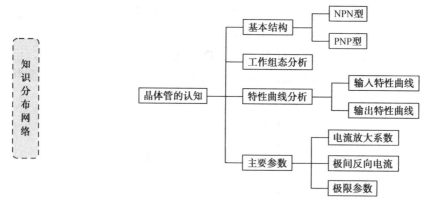

半导体三极管是最重要的一种半导体器件，它的放大作用和开关作用促使电子技术飞跃发展。由半导体三极管组成的放大电路主要是将微弱的电信号（如电压或电流）不失真地放大为所需要的较强的电信号。如将反映压力、位移和温度等物理量的微弱电信号进行放大，以推动执行元器件（如指示仪表、继电器和电动机等）工作。可以说，放大电路在工农业生产、科技、国防和日常生活中的应用极其广泛。

5.4.1　晶体管的基本结构及工作原理

晶体三极管简称为晶体管，是最重要的半导体器件之一。晶体管种类很多，但其基本结构相同，都是通过一定的工艺在一块半导体基片上制成两个 PN 结，再引出三个电极，然后用管壳封装而成，所以又称为三极管。图 5.23 是几中常见晶体管的外形，其中 3AD6 型晶体管的一个电极 C 是管壳。

晶体管的管芯结构分为平面型和合金型两类，如图 5.24 所示。硅管主要是平面型，锗管都是合金型。

单元 5　半导体器件与整流电路分析

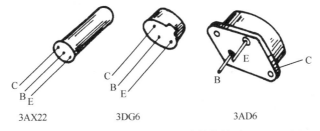

图 5.23　几种常见的晶体管的外形

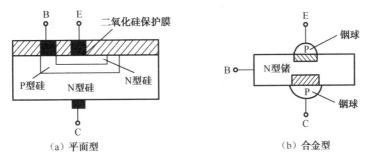

图 5.24　晶体管的结构

不论是平面型还是合金型都是由三层不同性质的半导体组合而成的。根据结构不同，晶体管可分为 NPN 和 PNP 两种类型。如图 5.25 所示为晶体管的结构示意图。由图可见，晶体管的三层半导体形成三个不同的导电区。中间薄层半导体的掺入杂质最少，因而多数载流子浓度最低，称为基区。基区两边为同型半导体，但两者掺入杂质的浓度不同。多数载流子浓度大的一边是发射多数载流子的，称为发射区。多数载流子浓度小的一边是收集载流子的，称为集电区。从发射区、基区和集电区引出的三个电极分别称为发射极、基极和集电极，分别用字母 E、B、C 表示。发射区与基区交界处的 PN 结称为发射结，集电区和基区交界处的 PN 结称为集电结。

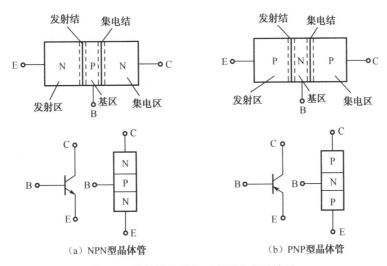

图 5.25　晶体管的结构示意图和表示符号

 提示：集电结面积大于发射结，其目的在于保证集电区能有效地收集载流子。

NPN 型和 PNP 型晶体管的电路图形符号如图 5.25 所示。图中发射极的箭头方向表示电流方向。目前我国生产的硅管大多数为 NPN 型，如 3DG6、3DD4、3DK4 等。

5.4.2 晶体管的工作组态分析

NPN 型和 PNP 型晶体管内部结构虽然有所不同，但它们的工作原理是相同的，只是在使用时电源极性连接不同而已。根据晶体管的内部条件，如果再给它提供一定的外部条件（加适当的电压），载流子便会按一定规律运动和分配。下面以 NPN 型晶体管为例进行说明。在如图 5.26 所示的晶体管电流放大实验电路中，电源 U_{BB} 使发射结承受正向电压（正向偏置）；而电源 $U_{CC} > U_{BB}$，使集电结承受反向电压（反向偏置），这样做的目的是使晶体管具有正常的电流放大作用。改变电路中可变电阻 R_B 的阻值，测得相应的集电极电流 I_C 和发射极电流 I_E，电流方向如图 5.26 所示。测得的实验结果列于表 5.1 中。

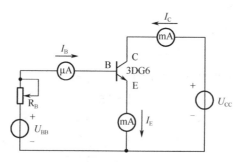

图 5.26 晶体管电流放大实验电路

表 5.1 晶体管各极电流测量值

I_B/mA	0	0.02	0.04	0.06	0.08	0.10
I_C/mA	<0.001	0.70	1.50	2.30	3.10	3.95
I_E/mA	<0.001	0.72	1.54	2.36	3.18	4.05

比较表中数据，可得出如下结论。

（1）无论晶体管电流如何变化，三个电流间始终符合 KCL 定律，即

$$I_E = I_B + I_C \tag{5.13}$$

并且 I_C 和 I_E 均比 I_B 大得多，因而 $I_E \approx I_C$。

（2）尽管基极电流 I_B 很小，但其对 I_C 有控制作用，I_C 随着 I_B 的改变而改变，两者在一定范围内有相应的比例关系，即

$$\beta = \frac{\Delta I_C}{\Delta I_B} \tag{5.14}$$

式中，β 为三极管的动态（交流）电流放大系数，反映三极管的电流放大能力，或者说 I_B 对 I_C 的控制能力。例如，由表 5.1 中第 4 列和第 5 列数据，可得出

$$\beta = \frac{\Delta I_C}{\Delta I_B} = \frac{3.10 - 2.30}{0.08 - 0.06} = 40$$

表明 I_C 的变化量 ΔI_C 是 I_B 变化量 ΔI_B 的 40 倍。

下面结合图 5.27 分析载流子在晶体管内部的运动规律来解释上述结论。

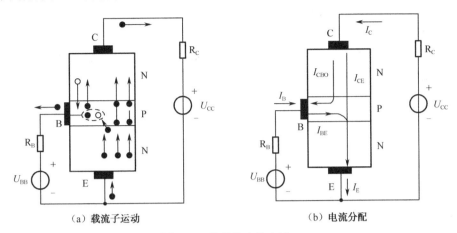

(a) 载流子运动　　　　　　　(b) 电流分配

图 5.27　晶体管中的电流

（1）发射区向基区扩散电子。当发射结加正向电压时，其内电场被削弱，多数载流子的扩散运动加强，发射区的多数载流子电子不断越过发射结扩散到基区，同时电源的负极不断地把电子送入发射区补偿扩散的电子，形成发射极电流 I_E，其方向与电子运动方向相反。与此同时，基区的多数载流子空穴也扩散到发射区而形成电流，但是由于基区的空穴浓度比发射区的自由电子浓度低得多，所以这部分空穴电流很小，可以忽略不计。

（2）从发射区扩散到基区的自由电子开始都聚集在发射结附近，靠近集电结方向扩散。在扩散过程中又会与基区中的空穴复合。由于基区接电源 U_{BB} 的正极，基区中受激发的价电子不断被电源拉走，相当于不断补充基区中被复合掉的空穴，形成电流 I_{BE}，其近似等于基极，如图 5.27（b）所示。

（3）集电极收集从发射区扩散过来的电子。由于集电结加了较大的反向电压，其内电场增强。内电场对多数载流子的扩散起阻挡作用，而对基区内的少数载流子电子则是一个加速电场。所以，从发射区进入基区并扩散到集电结边缘的大量电子，作为基区的少数载流子，几乎全部进入集电区，然后被电源 U_{CC} 拉走，形成集电极电流 I_C。

> **提示**：晶体管的电流放大作用，主要是依靠它的发射极电流能够通过基区传输，然后到达集电极，使在基区的扩散与复合保持一定比例关系而实现的。要使晶体管具有电流放大作用，一方面要满足内部条件，即发射区多数载流子的浓度要远大于基区多数载流子的浓度，基区要很薄；另一方面要满足外部条件，即发射结上加正向电压（正向偏置），集电结上加反向电压（反向偏置）。

5.4.3　晶体管的特性曲线分析

晶体管的特性曲线是表示该晶体管各极间电压和电流之间相互关系的曲线，它反映出晶体管的性能，是分析晶体管放大电路的重要依据。由于晶体管也是非线性元器件，所以通常用伏安特性曲线描述其特性。因此要正确使用晶体管，首先必须了解晶体管的特性曲线。最常用的是共发射极接法时的输入特性曲线和输出特性曲线，这些特性曲线可用晶体管专用图示仪直观地显示出来，也可通过实验测量绘制出来。通常，各种型号晶体管的典型特性曲线可从产品手册中查到。

如图 5.28（a）所示是测量 NPN 型晶体管特性曲线的实验电路。U_{BB} 和 U_{CC} 是供给基极和集电极电路的可调直流电源。R_B 和 R_C 是限流电阻，用以防止因电源电压调节过高时晶体管出现过大电流而损坏。

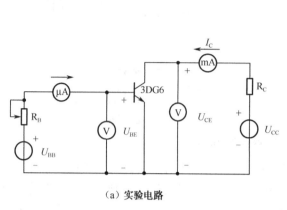
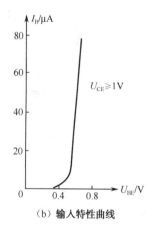

（a）实验电路　　　　　　　　　　　　（b）输入特性曲线

图 5.28　测量晶体管特性的实验电路

1. 输入特性曲线

输入特性曲线是指当集电极与发射极之间的电压 U_{CE} 为常数时，输入电路中基极电流 I_B 与基极—发射极电压 U_{BE} 之间的关系曲线，用函数关系表示为

$$I_B = f(U_{BE})|_{U_{CE} = 常数}$$

NPN 型硅管 3DG6 的输入特性曲线如图 5.28（b）所示。

对硅管而言，当 $U_{CE} \geq 1V$ 时，集电结已反向偏置。只要 U_{BE} 相同，则从发射区发射到基区的电子数必相同，而集电结所加的反向电压已能把这些电子中的绝大部分拉入集电区，以使 U_{CE} 再增加，I_B 也不再明显减小。也就是说，$U_{CE}>1V$ 后的输入特性曲线基本是重合的。由于实际使用时，$U_{CE}>1V$，所以通常只画出 $U_{CE} \geq 1V$ 的一条输入特性曲线。

由如图 5.28（b）所示的输入特性曲线可见，当 U_{BE} 较小时，$I_B=0$。$I_B=0$ 的这段区域称为死区。这表明晶体管的输入特性曲线与二极管的正向伏安特性曲线相似，也有一段死区。只有在发射结外加电压 U_{BE} 大于死区电压时，才会出现这种特性。硅管死区电压约为 0.5V，锗管的死区电压约为 0.2V。在正常情况下，NPN 型硅管的发射结压降 $U_{BE}=0.6\sim0.7V$，PNP 型锗管的发射结压降 $U_{BE}=-0.2\sim-0.3V$。

2. 输出特性曲线

输出特性曲线是指当基极电流为常数时，晶体管输出电路（集电极电路）中集电极电流 I_C 与集电极—发射极电压 U_{CE} 之间的关系曲线，用函数关系表示为

$$I_C = f(U_{CE})|_{I_B = 常数}$$

在不同的 I_B 下，可得出不同的曲线，所以晶体管的输出特性曲线是一组曲线，如图 5.29 所示。

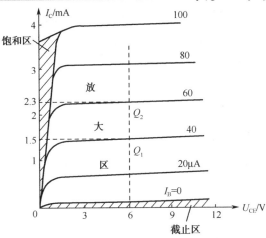

图 5.29 3DG6 晶体管的输出特性曲线

当基极电流 I_B 一定时，从发射区扩散到基区的电子数大致是一定的。当 $U_{CE}>1V$ 时，集电结的电场已足够强，能使发射区扩散到基区的电子绝大部分都被拉入集电区形成集电极电流 I_C，以至于当 U_{CE} 再继续增大时，I_C 也不再有明显增加。这反映出晶体管的恒流特性。

当 I_B 增大时，相应的 I_C 也增大，曲线上移，而且 I_C 比 I_B 的增加多得多，这就是前面所说的晶体管的电流放大作用。

根据晶体管工作状态的不同，输出特性曲线通常可分成三个工作区域，如图 5.29 所示。

1）放大区

放大区是输出特性曲线中近似平行于横轴的曲线族部分。当 U_{CE} 大于某一定值时（1V左右），I_C 几乎不随 U_{CE} 变化，而只受 I_B 的控制，并且 I_C 的变化量远远大于 I_B 的变化量，这反映出晶体管的电流放大作用。放大区也称为晶体管的线性区。

 提示：放大区的特点是：发射结处于正向偏置，集电结处于反向偏置。

2）截止区

$I_B=0$ 对应输出特性曲线以下的区域称为截止区，如图 5.29 所示。在该区域内，$I_C = I_{CEO} \approx 0$。穿透电流 I_{CEO} 的值在常温下很小，$I_B=0$ 的曲线几乎与横轴重合，所以可认为此时晶体管处于截止状态。对于 NPN 型硅管，当 $U_{BE}<0.5V$ 时，即已开始截止，但是为了截止可靠，常使 $U_{BE} \leq 0$。

 提示：截止区的特点是：发射结和集电结均处于反向偏置。

3）饱和区

当 $U_{CE}<U_{BE}$ 时，集电结处于正向偏置，晶体管输出特性曲线上升部分所对应的区域称为饱和区。在饱和区内，集电极—发射极电压 $U_{CE}=U_{CC}-R_C I_C$，I_C 随着 I_B 的增大而增大，U_{CE} 则相应减小。当 I_C 增大到接近于 $\dfrac{U_{CC}}{R_C}$ 时，$U_{CE} \approx 0$，I_B 的变化对 I_C 影响较小，即 I_C 不再

受 I_B 的控制，晶体管进入饱和状态。此时的 I_C 称为集电极饱和电流，用 I_{CS} 表示，集电极—发射极电压称为集电极—发射极饱和电压，用 U_{CES} 表示，一般认为 $U_{CES} \approx 0\,V$，集电极—发射极间相当于接通状态。在饱和状态下 $|U_{BE}| > |U_{CES}|$。

> **提示**：饱和区的特点是：发射结和集电结均处于正向偏置。

5.4.4 晶体管的主要参数

晶体管的参数反映其性能指标，可作为工程选用晶体管的依据。其主要参数有电流放大系数、极间反向电流及极限参数等。

1. 电流放大系数

电流放大系数分为直流电流放大系数和交流电流放大系数。下面以共发射极为例讨论电流放大系数。

（1）直流电流放大系数 $\bar{\beta}$ 为晶体管的集电极电流 I_C 与基极电流 I_B 之比，即

$$\bar{\beta} \approx \frac{I_C}{I_B} \tag{5.15}$$

（2）交流电流放大系数 β 为集电极电流的变化量 ΔI_C 与基极电流的变化量 ΔI_B 之比，即

$$\beta \approx \frac{\Delta I_C}{\Delta I_B} \tag{5.16}$$

> **提示**：β 和 $\bar{\beta}$ 的定义显然是不同的。$\bar{\beta}$ 反映直流工作状态时集电极电流与基极电流之比；而 β 则反映交流工作状态时的电流放大特性。由于晶体管特性曲线的非线性，各点的 $\bar{\beta}$ 值是不相同的；同理，各点的 β 值也不一定相等。但随着半导体器件制造工艺水平的提高，目前生产的小功率晶体管均具有良好的恒流特性和很小的穿透电流，曲线间距基本相等。因此，在实际应用中，在工作电流不是非常大的情况下可认为 $\beta \approx \bar{\beta}$，并且为常数，所以可混用而不加区分。

2. 极间反向电流

极间反向电流有 I_{CBO} 和 I_{CEO}，它们是衡量晶体管质量的重要参数。

1）集电极—基极反向饱和电流 I_{CBO}

它是当发射极开路时，集电结在反向偏置电压作用下，集电极—基极间的反向电流。它由少数载流子漂移形成，I_{CBO} 越小，晶体管的工作稳定性越好。在室温下，小功率锗管的 I_{CBO} 约为 $10\mu A$，小功率硅管的 I_{CBO} 小于 $1\mu A$。

2）集电极—发射极反向穿透电流 I_{CEO}

它是当基极开路时，集电结处于反向偏置，发射结处于正向偏置的情况下，集电极—发射极间的反向漏电流。I_{CEO} 中除含有由集电区的少数载流子（空穴）漂移形成的 I_{CBO} 外，还有从发射区的多数载流子（电子）扩散形成的，则

$$I_{CEO} = I_{CBO} + \bar{\beta} I_{CBO} = (1 + \bar{\beta}) I_{CBO}$$

3. 极限参数

1）集电极最大允许电流 I_{CM}

集电极电流超过某一定值时，电流放大系数 β 值要下降。当 β 值下降到正常值的 2/3 时的集电极电流称为集电极最大允许电流 I_{CM}。在使用晶体管时，若 $I_C>I_{CM}$，晶体管不一定会损坏，但 β 值将明显下降，可能导致晶体管因损耗过大而损坏。

2）集电极—发射集反向击穿电压 $U_{(BR)CEO}$

$U_{(BR)CEO}$ 为基极开路时集电结不致击穿，允许加在集电极—发射极之间的最高电压。当晶体管的集电极—发射极电压 $U_{CE}>U_{(BR)CEO}$ 时，I_{CEO} 会突然剧增，说明晶体管已被击穿。使用时，应取电源电压 $U_{(BR)CEO} \geq (2\sim3)U_{CC}$。

3）集电极最大允许功率 P_{CM}

晶体管工作时，U_{CE} 的大部分降在集电结上，因此集电极功率损耗（简称功耗）$P_C=U_{CE}I_C$，近似为集电结功耗，它将使集电结温度升高从而使晶体管发热。P_{CM} 就是允许的最高集电结温度决定的最大集电极功耗，工作时的 P_C 必须小于 P_{CM}。

技能训练9　常用电子仪器仪表的使用

1. 万用表的使用方法

1）概述

万用表又称多用表，用来测量直流电流、直流电压和交流电流、交流电压、电阻等，有的万用表还可以用来测量电容、电感及晶体二极管、三极管的某些参数。指针式万用表主要由指示部分、测量电路、转换装置三部分组成，常用万用表的外形如图 5.30 所示，下面以该型号为例进行介绍。

2）操作中的注意事项

（1）进行测量前，先检查红、黑表笔连接的位置是否正确。红色表笔接到红色接线柱或标有"+"号的插孔内，黑色表笔接到黑色接线柱或标有"-"号的插孔内，不能接反，否则在测量直流电量时会因正、负极的反接而使指针反转，损坏表头部件。

（2）在表笔连接被测电路之前，一定要查看所选挡位与测量对象是否相符，否则，误用挡位和量程，不仅得不到测量结果，而且还会损坏万用表。在此提醒初学者，万用表损坏往往就是上述原因造成的。

（3）测量时，必须用右手握住两支表笔，手指不要触及表笔的金属部分和被测元器件。

（4）测量中若需转换量程，必须在表笔离开电路后才能进行，否则选择开关转动产生的电弧易烧坏选择开关的触点，造成接触不良的事故。

（5）在实际测量中，经常要测量多种电量，每一次测量前要注意根据每次测量任务把选择开关转换到相应的挡位和量程，这是初学者最容易忽略的环节。

3）使用方法

（1）调整零点。在用万用表测量前，应注意水平放置时，其表头指针是否处于交、直流挡标尺的零刻度线上，否则读数会有较大的误差。若不在零位，如图 5.31 所示，应通过机械调零的方法（即使用小螺丝刀调整表头下方机械调零螺钉）使指针回到零位。

图 5.30　万用表外形　　　　　　　　　　图 5.31　万用表调零

（2）测量直流电压。将选择开关旋到直流电压挡相应的量程上。测量电压时，需将电表并联在被测电路上，并注意正、负极性。如果不知被测电压的极性和大致数值，需将选择开关旋至直流电压挡最高量程上，并进行试探测量（如果指针不动，则说明表笔接反；若指针顺时旋转，则表示表笔极性正确），然后再调整极性和合适的量程。测量方法如图 5.32 所示。

（3）测量交流电压。将选择开关旋至交流电压挡相应的量程进行测量。如果不知道被测电压的大致数值，需将选择开关旋至交流电压挡最高量程上预测，然后再旋至交流电压挡相应的量程上进行测量。测量方法如图 5.33 所示。

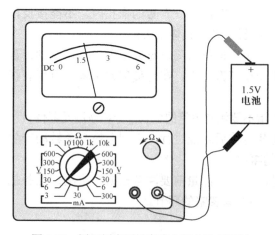 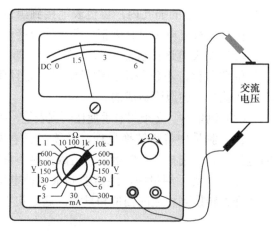

图 5.32　用万用表测量直流电压方法示意图　　　图 5.33　用万用表测量交流电压方法示意图

（4）测量直流电流。电表必须按照电路的极性正确地串联在电路中，选择开关旋在"mA"或"μA"相应的量程上。特别要注意的是不能用电流挡测量电压，以免烧坏电表。测量方法如图5.34所示。

（5）测量电阻。将选择开关旋在"Ω"挡的适当量程上，将两表笔短接，指针应指向零欧姆处，如图5.35所示。每换一次量程，欧姆挡的零点都需要重新调整一次。测量电阻时，被测电阻器不能处在带电状态。在电路中，当不能确定被测电阻有没有并联电阻存在时，应把电阻器的一端从电路中断开，才能进行测量。测量电阻时，不应双手触及电阻器的两端。当表笔正确地连接在被测电路上时，待指针稳定后，从标尺刻度上读取测量结果，注意记录数据要有计量单位。

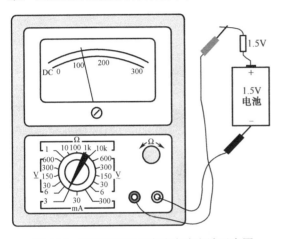

图5.34　用万用表测量直流电流方法示意图　　图5.35　用万用表测量电阻方法示意图

4）读数方法

（1）交、直流公用标度尺（均匀刻度）的读数。

① 交直流公用标度尺下面有三组数字：

a. 50、100、150、200、250；

b. 10、20、30、40、50；

c. 2、4、6、8、10。

② 包含了8个直流电压挡：0～0.25V、0～1V、0～2.5V、0～10V、0～50V、0～250V、0～500V、0～1000V。

③ 包含了5个直流电流挡：0～0.05mA、0～0.5mA、0～5mA、0～50mA、0～500mA。

④ 包含了5个交流电压挡：0～10V、0～50V、0～250V、0～500V、0～1000V。

⑤ 测量时，应根据选择的挡位，乘以相应的倍率得到测量结果。

⑥ 例如，当量程选择的挡位是直流电压0～2.5V时，由于2.5是250缩小100倍，所以标度尺上的50、100、150、200、250这组数字都应同时缩小100倍，分别为0.5、1.0、1.5、2.0、2.5，这样换算后，就能迅速读数了。

⑦ 当表头指针位于两个刻度之间的某个位置时，应将两刻度1之间的距离等分后，估读一个数值。

电工电子技术基础及技能训练

⑧ 如果指针的偏转在整个刻度面板的 2/3 以内，应换一个比它小的量程读数。

（2）欧姆标度尺（非均匀刻度）的读数。

① 万用表的欧姆标度尺上只有一组数字，作为电阻专用，从右往左读数，它包含了 5 个挡位，×1、×10、×100、×1k、×10k。

② 测量时，应根据选择的挡位乘以相应的倍率得到测量结果。

③ 例如，若量程选择的挡位是 R×1k，就要对已读取的数据×1000。

④ 当表头指针位于两个刻度之间的某个位置时，由于欧姆标度尺的刻度是非均匀刻度，因此应根据左边和右边刻度缩小或扩大的趋势，估读一个数值。

⑤ 如果指针的偏转在整个刻度面板的 2/3 以内，应换一个比它小的量程读数。

2. GOS-620 双轨迹示波器的使用方法

GOS-620 双轨迹示波器的外形如图 5.36 所示。

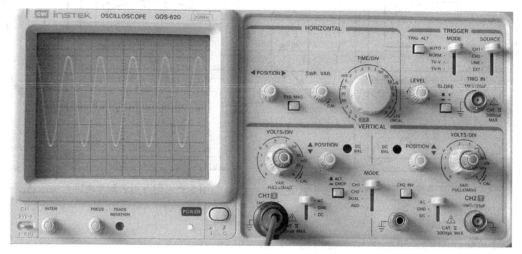

图 5.36　GOS-620 双轨迹示波器的外形

GOS-620 双轨迹示波器面板布局图如图 5.37 所示。

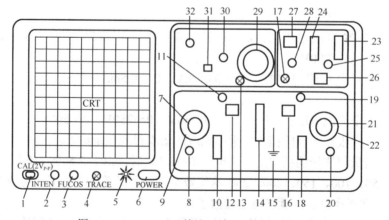

图 5.37　GOS-620 双轨迹示波器面板布局图

1）前面板说明

（1）CRT 显示屏：

2——INTEN，轨迹及光点亮度控制钮。

3——FOCUS，轨迹聚焦调整钮。

4——TRACE ROTATION，使水平轨迹与刻度线平行的调整钮。

6——POWER，电源主开关，按下此按钮可接通电源，电源指示灯（5）会发亮；再按一次，开关凸起时，则切断电源。

（2）VERTICAL 垂直偏向：

7、22——VOLTS/DIV，垂直衰减选择钮，通过此钮选择 CH1 及 CH2 的输入信号衰减幅度，范围为 5mV/DIV～5V/DIV，共 10 挡。

10、18——AC-GND-DC，输入信号耦合选择按键钮。

- AC，垂直输入信号电容耦合，截止直流或极低频信号输入。
- GND，按下此键则隔离信号输入，并将垂直衰减器输入端接地，使之产生一个零电压参考信号。
- DC，垂直输入信号直流耦合，AC 与 DC 信号一起输入放大器。

8——CH1（X）输入，CH1 的垂直输入端，在 X-Y 模式下，为 X 轴的信号输入端。

9、21——VARIABLE，灵敏度微调控制，可调到显示值的 1/2.5。在 CAL 位置时，灵敏度即为挡位显示值。当此旋钮拉出时（×5MAG 状态），垂直放大器灵敏度增加 5 倍。

20——CH2（Y）输入，CH2 的垂直输入端，在 X-Y 模式下，为 Y 轴的信号输入端。

11、19——POSITION，轨迹及光点的垂直位置调整钮。

14——VERT MODE，CH1 及 CH2 选择垂直操作模式。

- CH1 或 CH2，通道 1 或通道 2 单独显示。
- DUAL，设定本示波器以 CH1 及 CH2 双频道方式工作，此时可切换 ALT/CHOP 模式来显示两轨迹。
- ADD，用以显示 CH1 及 CH2 的相加信号，当 CH2 INV 键（16）为压下状态时，即可显示 CH1 及 CH2 的相减信号。

13、17——CH1＆CH2 DC BAL，调整垂直直流平衡点。

12——ALT/CHOP，若在双轨迹模式下放开此键，则 CH1&CH2 以交替方式显示（一般使用于较快速的水平扫描文件位）。若在双轨迹模式下按下此键，则 CH1&CH2 以切割方式显示（一般使用于较慢速的水平扫描文件位）。

16——CH2 INV：此键按下时，CH2 的信号将会被反向。CH2 于 ADD 模式输入信号时，CH2 触发截选信号（Trigger Signal Pickoff）也会被反向。

（3）TRIGGER 触发：

26——SLOPE：触发斜率选择键。

- "+"，凸起时为正斜率触发，当信号正向通过触发准位时进行触发。
- "-"，压下时为负斜率触发，当信号负向通过触发准位时进行触发。

24——EXT TRIG.IN，外触发输入端子。

27——TRIG. ALT，触发源交替设定键。当 VERT MODE 选择器（14）在 DUAL 或 ADD 位置且 SOURCE 选择器（23）置于 CH1 或 CH2 位置时，按下此键，本仪器即会自动设定 CH1 与 CH2 的输入信号以交替方式轮流作为内部触发信号源。

23——SOURCE，用于选择 CH1、CH2 或外部触发。

- CH1，当 VERT MODE 选择器（14）在 DUAL 或 ADD 位置时，以 CH1 输入端的信号作为内部触发源。
- CH2，当 VERT MODE 选择器（14）在 DUAL 或 ADD 位置时，以 CH2 输入端的信号作为内部触发源。
- LINE，将 AC 电源线频率作为触发信号。
- EXT，将 TRIG.IN 端子输入的信号作为外部触发信号源。

25——TRIGGER MODE，触发模式选择开关。

- 常态（NORM），当无触发信号时，扫描将处于预备状态，屏幕上不会显示任何轨迹。本功能主要用于观察小于等于 25Hz 的信号。
- 自动（AUTO），当没有触发信号或触发信号的频率小于 25Hz 时，扫描会自动产生。
- 电视场（TV），用于显示电视场信号。

28——LEVEL，触发准位调整钮，旋转此钮以同步波形，并设定该波形的起始点。将旋钮向"+"方向旋转时，触发准位会向上移；将旋钮向"−"方向旋转时，触发准位向下移。

（4）水平偏向：

29——TIME/DIV，扫描时间选择钮。

30——SWP.VAR，扫描时间的可变控制旋钮。

31——×10MAG，水平放大键，扫描速度可被扩展 10 倍。

32——POSITION，轨迹及光点的水平位置调整钮。

（5）其他功能：

1——CAL(2V$_{P-P}$)，此端子提供幅度为 2V$_{P-P}$，频率为 1kHz 的方波信号，用于校正 10∶1 探极的补偿电容器和检测示波器垂直与水平偏转因数。

15——GND，示波器接地端子。

2）单一频道基本操作法

下面以 CH1 为范例，介绍单一频道的基本操作法。CH2 的操作程序是相同的，仅需注意要改为设定 CH2 栏的旋钮及按键组。插上电源插头之前，请务必确认后面板上的电源电压选择器已调至适当的电压位。确认之后，请依照表 5.2，顺序设定各旋钮及按键。

表 5.2 单一频道基本操作法设定

项 目	对应序号		设 定
POWER	6		OFF 状态
INTEN	2		中央位置
FOCUS	3		中央位置
VERT MODE	14		CH1
ALT/CHOP	12		凸起 (ALT)
CH2 INV	16		凸起
POSITION⇕	11	19	中央位置

续表

项　目	对应序号		设　定
VOLTS/DIV	7	22	0.5V/DIV
VARIABLE	9	21	顺时针转到底 CAL 位置
AC-GND-DC	10	18	GND
SOURCE	23		CH1
SLOPE	26		凸起（+斜率）
TRIG. ALT	27		凸起
TRIGGER MODE	25		AUTO
TIME/DIV	29		0.5mSec/DIV
SWP. VAR	30		顺时针转到底 CAL 位置
◀ POSITION ▶	32		中央位置
×10 MAG	31		凸起

按照表 5.2 设定完成后，请插上电源插头，继续下列步骤：

（1）按下电源开关⑥，并确认电源指示灯⑤亮起。约 20s 后 CRT 显示屏上应会出现一条轨迹，若在 60s 之后仍未有轨迹出现，请检查上列各项设定是否正确。

（2）转动 INTEN②及 FOCUS③钮，以调整出适当的轨迹亮度及聚焦。

（3）调整 CH1 POSITION 钮⑪及 TRACE ROTATION④，使轨迹与中央水平刻度线平行。

（4）将探棒连接至 CH1 输入端⑧，并将探棒接到 2Vp-p 校准信号端子①。

（5）将 AC-GND-DC⑩置于 AC 位置，此时 CRT 上会显示波形。

（6）调整 FOCUS③钮，使轨迹更清晰。

（7）欲观察细微部分，可调整 VOLTS/DIV⑦及 TIME/DIV㉙钮，以显示更清晰的波形。

（8）调整 ✢POSITION⑪及 ◀ POSITION ▶㉜钮，以使波形与刻度线平齐，并使电压值(V_{p-p})及周期(T)易于读取。

3）双频道操作法

双频道操作法与单一频道基本操作法的步骤大致相同，仅需按照下列说明略做修改。

（1）将 VERT MODE⑭置于 DUAL 位置。此时，显示屏上应有两条扫描线，CH1 的轨迹为校准信号的方波；CH2 则因尚未连接信号，轨迹呈一条直线。

（2）将探棒连接至 CH2 输入端⑳，并将探棒接到 2Vp-p 校准信号端子①。

（3）将 AC-GND-DC 置于 AC 位置，调 ✢POSITION 钮⑪⑲，使两条轨迹同时显示。

当 ALT/CHOP 放开时（ALT 模式），CH1&CH2 的输入信号将以交替扫描方式轮流显示，一般使用于较快速的水平扫描文件位；当 ALT/CHOP 按下时（CHOP 模式），CH1&CH2 的输入信号将以大约 250kHz 频率方式显示在屏幕上，一般使用于较慢速的水平扫描文件位。

在双轨迹（DUAL 或 ADD）模式中操作时，SOURCE 选择器㉓必须放在 CH1 或 CH2 位置，选择其一作为触发源。若 CH1 及 CH2 的信号同步，二者的波形皆会是稳定的；若不同步，则仅有选择器所设定的触发源的波形会稳定，此时若按下 TRIG ALT 键㉗，则两种波形皆会同步稳定显示。

> **注意**：请勿在 CHOP 模式时按下 TRIG. ALT 键，因为 TRIG. ALT 功能仅适用于 ALT 模式。

4）ADD 操作

将 MODE 选择器⑭置于 ADD 位置时，可显示 CH1 及 CH2 信号相加之和。按下 CH2 INV 键⑯，则会显示 CH1 及 CH2 信号之差。为求得正确的计算结果，事前请先用 VAR 钮⑨㉑将两个频道的精确度调成一致。任一频道的 ♦POSITION 钮皆可调整波形的垂直位置，但为了维持垂直放大器的线性，最好将两个旋钮都置于中央位置。

3. 信号发生器

EE1641C（EE1643C）型函数信号发生器/计数器（如图 5.38 所示）各旋钮功能如下。

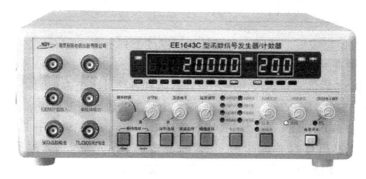

图 5.38 EE1643C 型函数信号发生器外形

（1）频率显示窗口：显示输出信号的频率或外频信号的频率。

（2）幅度显示窗口：显示输出信号的幅度。

（3）频率微调电位器：改变输出频率的一个频程。

（4）输出波形占空比调节旋钮：调节输出信号的对称性。

（5）函数信号输出信号直流电平调节旋钮：调节范围是 $-10\sim+10V$（空载）、$-5\sim+5V$（50Ω负载）。当电位器处在中心位置时，则为 0 电平。

（6）函数信号输出幅度调节旋钮：调节范围为 $0\sim20dB$。

（7）扫描宽度/调制度调节旋钮：调节扫描频率输出的频率宽度；调节调频的频偏范围、调幅时的调制度和 FSK 调制时的高低频率差值。

（8）扫描速率调节旋钮：改变内扫描的时间长短。

（9）CMOS 电平调节旋钮：调节输出的 CMOS 电平。当电位器逆时针旋到底（绿灯亮）时，输出为标准的 TTL 电平。

（10）左频段选择按钮：每按一次此按钮，输出频率向左调整一个频段。

（11）右频段选择按钮：每按一次此按钮，输出频率向右调整一个频段。

（12）波形选择按钮：可选正弦波、三角波、脉冲波输出。

（13）衰减选择按钮：可选择信号输出的 0dB、20dB、40dB、60dB 衰减的切换。

（14）幅值选择按钮：可选择正弦波的峰－峰值与有效值之间的切换。

（15）方式选择按钮：选择扫描方式、内外调制方式及外测频方式。

（16）单脉冲选择按钮：每按一次此按钮，单脉冲输出电平翻转一次。

（17）整机电源开关：按下按钮时，机内电源接通。

（18）外部输入端：当方式选择按钮选择在外部调制方式或外部计数时，外部调制控制信号或外测频信号由此输入。

（19）函数输出端：输出多种波形受控的函数信号，输出幅度为 20Vp-p（空载），10Vp-p（50Ω负载）。

（20）同步输出端：当 CMOS 电平调节旋钮逆时针旋到底时，输出标准 TTL 幅度的脉冲信号，输出阻抗为 600Ω；当 CMOS 电平调节旋钮打开时，输出 CMOS 电平脉冲信号，高电平在 5～13.5V 可调。

（21）单次脉冲输出端：单次脉冲输出由此端口输出。

（22）点频输出端（选件）：提供 50Hz 的正弦波信号。

（23）功率输出端：提供大于等于 10W 的功率输出。

4．晶体管毫伏表的使用方法

DA-16 型晶体管毫伏表（见图 5.39）可测量从 100μV 至 300V 的交流电压，其频率范围是 20Hz～1MHz。

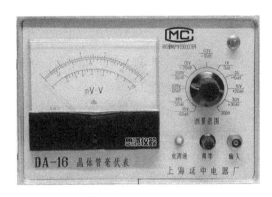

图 5.39　DA-16 型晶体管毫伏表外形

第 1 步，机械调零。

第 2 步，将量程置于 300V 或 30V，接通电源。

第 3 步，调零。将两个测试端子短接，量程旋至最小挡（1mV）或所用的量程上，调节"零点校准"电位器，使在零输入的情况下，电表指示为零。

第 4 步，将量程放到合适量程挡，将测试线的黑夹子接被测电路板的地，红夹子接被测信号端时，毫伏表即可显示读数。

（1）先将量程调大，再将信号接入。接入时，应先接低电位端连线（即地线），再接高电位端连线（即参考端）。

（2）对不知幅度的信号，应将量程选择开关放到最大，待信号接入后，逐渐减小量程，直到量程位置合适为止。

（3）测量结束时，应先将量程调大，然后再拆线。拆线时，应先取下高电位连线，再取下低电位连线。

（4）实验中暂不使用时，应将量程选择开关放到 300V 或 30V 以上挡位。

（5）使用完毕，应将量程选择开关放在 300V 挡，并将表垂直放置。

5．电烙铁的使用方法

1）安全检查

使用前先用万用表检查电烙铁的电源线有无短路和开路，电烙铁是否漏电。

2）新烙铁头的处理

新买的电烙铁一般不能直接使用，要先将烙铁头进行"上锡"后方能使用。

3）使用注意事项

（1）旋转电烙铁柄盖时不可使电线随着柄盖扭转，以免对电源线接头部位造成短路。

（2）电烙铁在使用过程中不要敲击，烙铁头上过多的焊锡不得随意乱甩，要在松香或软布上擦除。

（3）电烙铁在使用一段时间后，应当将烙铁头取出，除去外表面的氧化层。

6．热风枪的使用方法和步骤

如图 5.40 所示为热风枪的外形。

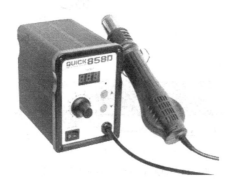

图 5.40 热风枪的外形

热风枪的使用步骤如下。

（1）打开电源，根据不同特点的集成组件调节温度旋钮、风量旋钮位置。

（2）用镊子夹住要焊接的元器件，同时应按顺时针方向或逆时针方向均匀转动手柄，枪头不能集中于一点吹，吹焊的距离要适中；可先在焊盘上镀上适量的焊锡，然后用镊子按住元器件不动，待焊盘上的焊锡融化后，风枪离开；待焊锡凝固后，拿开镊子。

（3）拆元器件时，待元器件引脚上的焊锡全部融化之后用镊子轻轻用力把元器件取下。

（4）热风枪的使用注意事项：

① 不能用热风枪吹灌胶集成块，以免损坏集成块或板线。

② 不能用热风枪吹显示屏和接插口的塑料件。

③ 吹焊完毕时，要及时关闭热风枪，以免持续高温降低手柄的使用寿命。

单元5 半导体器件与整流电路分析

技能训练10 半导体元器件的识别与检测

1. 实训目的

学会测试二极管、三极管器件的参数并认识它们的引脚，同时了解阻容元器件为后续实验做准备。

2. 实训设备与器材

（1）数字万用表。

（2）模拟电路实验箱。

（3）二极管、三极管、电阻各1个。

3. 实训内容与实训步骤

测试二极管、三极管的特性曲线及参数值，认识色环电阻，并学会用万用表测试电阻；熟悉实验板结构。

1）二极管的测量步骤

选择万用表的"—▷|—"挡测试。

测试笔法及读数：红色表笔接二极管的正极，黑色表笔接负极时，若二极管是好的，则表上的显示值是二极管的正向直流压降，锗管为0.2～0.3V，硅管为0.6～0.7V；若红表笔接负极，黑表笔接正极，表显示的是"1."，表明二极管反向截止。

2）万用表检测晶体三极管的方法

（1）根据外观和型号判断极性。

（2）先用万用表的"—▷|—"挡测试三极管两个PN结，并可测得3个参数（三极管的结构、基极、材料）。

（3）根据已测得三极管的结构、基极，调节万用表旋钮到"h_{FE}"挡，选择对应h_{FE}测试插座的结构插孔，把基极引脚插入，另外两引脚分别插入"E"和"C"插孔读数，然后两引脚对调再读数。两次测量，较大值时两引脚与对应插孔E和C是相符的。测得三极管的β值并确定E、B、C引脚。

3）电阻的标注及测量

对于额定功率在2W以下的小电阻，不标注功率和材料，只标注标称阻值和精度。色码标注的电阻器表面有不同颜色的色带，每一种颜色对应一个数字，色带位置的不同，所表示的意义也不相同，它可以分别表示有效数字、乘数或允许误差。一般常用三环、四环和五环的色码电阻器。各种色带所代表的意义见表5.3。

表5.3 色码电阻器各色带含义表

颜　　色	棕	红	橙	黄	绿	蓝	紫	灰	白	黑	金	银
有效数值	1	2	3	4	5	6	7	8	9	0	—	—
10^n（倍率）	1	2	3	4	5	6	7	8	9	0	—	—
误差±n%	1	2	—	—	0.5	0.6	0.1	—	—	—	5	10

4．实训测试表格

将实验结果填入表 5.4、表 5.5 和表 5.6 中。

表 5.4　用万用表测试 PN 结的参数（硅材料）

器　　件	正向结电压	管　材　料	三极管的结构	三极管引脚图（标示基极引脚）
二极管				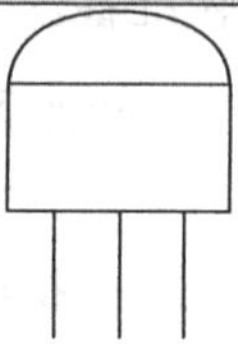
三极管				

表 5.5　用万用表测三极管 h_{FE} 参数

	最大 β 值	最小 β 值	标示出三极管全部引脚
三　极　管			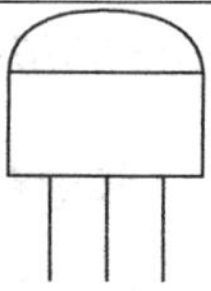

表 5.6　用万用表测量电阻值

电阻色环排列示意	色环标称值	测　量　值	电阻误差%

误差=（测量值-标称值）÷标称值×100%

技能训练 11　整流与滤波电路的连接及测试

1．实训目的

（1）熟悉单相整流、滤波电路的连接方法。

（2）学习单相整流、滤波电路的测试方法。

（3）加深理解整流、滤波电路的作用和特性。

2．实训设备与器材

（1）AC 电源 1 台；

（2）示波器 1 台；

（3）万用表 1 个；

（4）二极管 4 个（1N4007×4）；

（5）电阻 1 个（1kΩ×1）；

（6）电位器 1 个（10kΩ×1）；

（7）电容 2 个（10μF×1，470μF×1）；

（8）短接桥和连接导线若干（P8-1 和 50148）；

（9）实验用 9 孔插件方板 1 块（297mm×300mm）。

3. 实训电路与实训步骤

1）整流电路

有半波、全波和桥式整流三种电路，如图 5.41 所示。

半波整流的输出电压为

$$u_o=0.45u_2$$

全波整流的输出电压为

$$u_o=0.9u_2$$

桥式整流的输出电压流为

$$u_o=0.9u_2$$

其中，u_o 为平均值，u_2 为有效值。

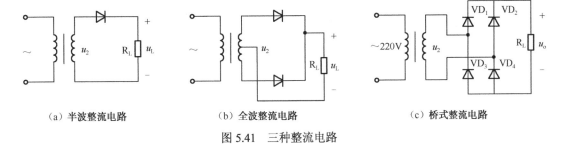

（a）半波整流电路　　　　（b）全波整流电路　　　　（c）桥式整流电路

图 5.41　三种整流电路

2）滤波电路

在小功率的电子设备中，常用的是电容滤波电路，如图 5.42 所示。

当 $C \geq (3\sim 5)T/2R_L$ 时（其中 T 为电源周期），$R_L=R+R_w$，输出电压为 $u_o=(1.1\sim 1.2)u_2$。

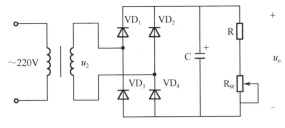

图 5.42　电容滤波电路图

3）实训步骤

（1）桥式整流电路。按图 5.41（c）接线，检查无误后进行通电测试。将万用表测出的电压值记录于表 5.7 中，示波器观察到的变压器副边电压波形绘于图 5.43（a）中，将整流级电压绘于图 5.43（b）中。

表 5.7　桥式整流电路电压测试值记录表

变压器输出电压	整流级输出电压（u_o）	
u_i（V）	估　算　值	测　量　值

（2）整流滤波电路。按如图 5.42 所示电路图连接整流、滤波电路，检查无误后进行通电测试。将测得的滤波级输出电压记录于表 5.8 中，将观察到的波形绘于图 5.43（c）中。

表 5.8　滤波级输出电压记录表

变压器副边电压 u_i（V）	输出电压 u_o（V） 负载不变（R_L=10kΩ）			估算值 $u_o=1.2u_2$（V）
	C=10μF	C=47μF	C=470μF	

（3）观察电容滤波特性。

① 保持负载不变，增大滤波电容，观察输出电压数值与波形变化情况，记录于表 5.8 中，绘制于图 5.43（d）中。

② 保持滤波电容不变，改变负载电阻，观察输出电压数值和波形变化情况，记录于表 5.8 中，绘制于图 5.43（e）、（f）中。

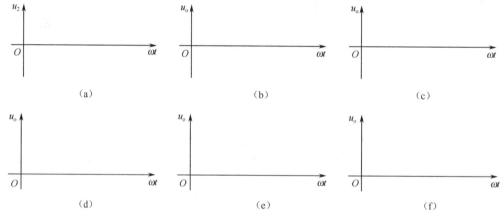

图 5.43　整流滤波波形绘制图

4．实训思考

（1）分析表 5.7 中估算值与测量值产生误差的原因。

（2）分析表 5.8 测试记录与响应的波形，可得到什么结论？

（3）在图 5.41（c）整流电路中，若观察到输出电压波形为半波，则电路中可能存在什么故障？

（4）在如图 5.42 所示的整流、滤波电路中，若观察到输出电压波形为全波，则电路中可能存在什么故障？

知识梳理与总结

（1）纯净的半导体中掺入少量的三价或五价元素可以形成 P 型半导体和 N 型半导体。两种掺杂半导体结合在一起时，交界面会形成一个特殊的薄层，称为 PN 结。PN 结具有单向导电性，当正向偏置时，呈低阻导通状态；当反向偏置时，呈高阻截止状态。PN 结是构成各种半导体器件的基本单元。

（2）把一个 PN 结封装起来引出两根金属电极便成为二极管，伏安特性形象地描述了二极管的单向导电情况。整流二极管最主要的参数是最大正向电流和最高反向工作电压。稳压二极管、发光二极管、光敏二极管是常见的特殊二极管，各自有不同的用处。

（3）半导体晶体管是由三层不同性质的半导体组合而成的，满足一定的结构特点和外部偏置要求，可实现电流放大作用或作为开关使用。其输出特性可分为三个区域：放大区、饱和区和截止区。在放大区，发射结正偏，集电结反偏，晶体管的集电极电流受基极电流的控制，是基极电流的 β 倍。在饱和区和截止区，晶体管具有开关特性。

（4）根据二极管和晶体管的结构特点，可用万用表对它们进行测量，判断其质量好坏及管型引脚。也可用晶体管特性图示仪直观显示它们的特性曲线，用 Multisim 软件进行仿真。

（5）晶体管毫伏表和函数信号发生器是最常用的电子仪器表，应学会它们的操作和使用方法。

思考与练习 5

一、填空题

5-1 在半导体中，参与导电的不仅有_____，而且还有_____，这是半导体区别于导体导电的重要特征。N 型半导体主要靠_____导电，P 型半导体主要靠_____导电。

5-2 在常温下，硅二极管的死区电压约为_____V，导通后在较大电流下的正向压降约为_____V；锗二极管的死区电压约为_____V，导通后在较大电流下的正向压降约为_____V。

5-3 当加在二极管两端的反向电压过高时，二极管会被_____。

5-4 N 型半导体的电子浓度_____空穴浓度（填大于、小于或等于）。

5-5 P 型半导体的电子浓度_____空穴浓度（填大于、小于或等于）。

5-6 在 PN 结上加正向电压时，PN 结导通；加反向电压时，PN 结截止，这种现象称为 PN 结的_____性。

5-7 晶体三极管属于_____控制器件（填电压或电流）。

5-8 三极管在模拟电路中主要起_____作用，在数字电路中主要起_____作用。

5-9 晶体管的放大作用是指晶体管的_____电流约为_____电流的 β 倍，即利用_____电流就可实现对_____电流的控制。

5-10 晶体管的输出特性曲线可分为三个区域。当晶体管工作在_____区时，关系式 $i_C \approx \beta i_B$ 才成立；当晶体管工作在_____区时，$i_C \approx 0$；当晶体管工作在_____时，$u_{CE} \approx 0$。

5-11 电路如图 5.44 所示，确定二极管是正偏还是反偏，并估算 $U_A \sim U_D$ 值（二极管为理想二极管）。

图 5.44（a）中：VD_1_____偏置，U_A=_____，U_B=_____；图 5.44（b）中：VD_2_____偏置，U_C=_____，U_D=_____。

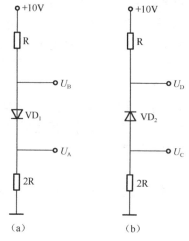

图 5.44　题 5-11 图

二、计算题

5-12　若稳压二极管 VS_1 和 VS_2 的稳定电压分别为 6V 和 10V，则求如图 5.45 所示电路的输出电压 u_o。

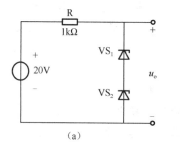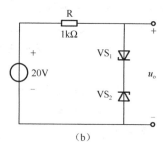

图 5.45　题 5-12 图

5-13　在两个放大电路中，测得晶体管各极电流分别如图 5.46 所示，求另一个电极的电流，并在图中标出其实际方向及各电极 E、B、C。试分别判断它们是 PNP 型管还是 NPN 型管。

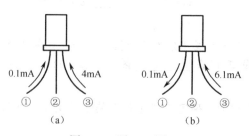

图 5.46　题 5-13 图

5-14 试根据晶体管各电极的被测对地电压数据，判断图 5.47 中各晶体管的工作区域。

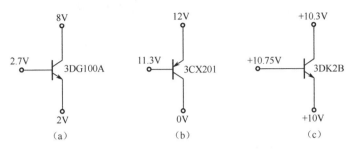

图 5.47 题 5-14 图

5-15 如图 5.48 所示，$u_i = 10\sin\omega t\,(\text{V})$，试画出 u_i 与 u_o 的波形。设二极管正向导通电压不计。

5-16 电路如图 5.49 所示，已知 $u_i = 5\sin\omega t\,(\text{V})$，二极管导通电压 $U_D=0.7\text{V}$。试画出 u_i 与 u_o 的波形，并标出幅值。

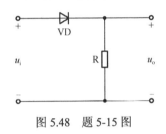

图 5.48 题 5-15 图　　图 5.49 题 5-16 图

5-17 在图 5.50 中，试求下列情况下输出端 Y 的电位 V_Y。（1）$V_A=V_B=0\text{V}$；（2）$V_A=+3\text{V}$，$V_B=0\text{V}$；（3）$V_A=V_B=+3\text{V}$。二极管的正向压降可忽略不计。

5-18 在如图 5.51 所示电路中，设二极管为理想二极管，并且 $u_i = 220\sqrt{2}\sin\omega t\,(\text{V})$，两个照明灯皆为 220V、40W。（1）试分别画出输出电压 u_{o1} 与 u_{o2} 的波形；（2）哪种情况下照明灯亮些，为什么？

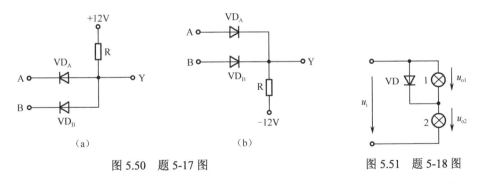

图 5.50 题 5-17 图　　图 5.51 题 5-18 图

5-19 如图 5.52 所示，输入电压 u_{I1} 与 u_{I2} 的波形如图 5.52（b）所示，二极管导通电压 $U_D=0.7\text{V}$。试画出输出电压 u_o 的波形，并标出幅值。

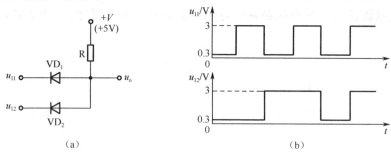

图 5.52 题 5-19 图

5-20 某晶体管的 P_{CM}=100mW，I_{CM}=20mA，I_{CEO}=15V，试问在下述情况下，哪种工作是正常的？（1）U_{CE}=3V，I_C=10mA；（2）U_{CE}=2V，I_C=40mA；（3）U_{CE}=16V，I_C=5mA。

5-21 有两个晶体管分别接在放大电路中，今测得它们引脚的电位分别如表 5.9 所示，试判断晶体管的 3 个引脚，并说明是硅管还是锗管？是 NPN 型，还是 PNP 型？

表5.9 题5.21表

引 脚	1	2	3	引 脚	1	2	3
电位/V	−6	−2.3	−2	电位/V	4	3.4	9

单元 6

基本放大电路分析

教学导航

教	知识重点	1. 基本电压放大电路的工作状态分析 2. 放大电路静态工作点稳定分析 3. 晶体管放大电路的微变等效电路 4. 共集电极放大电路的特性及应用 5. 多级放大电路的耦合方式、特点及应用 6. 反馈放大电路的判别、类型及应用分析 7. 集成功率放大电路分析
	知识难点	1. 放大电路静态工作点稳定分析 2. 晶体管放大电路的微变等效电路 3. 反馈放大电路的判别及应用
	推荐教学方法	通过例题讲解与实例，结合实训操作加深理论知识的运用，加强实践操作能力
	建议学时	12 学时
学	推荐学习方法	以小组讨论的学习方式为主，结合本单元内容掌握知识的运用
	必须掌握的理论知识	1. 基本电压放大电路的电路结构、静态分析和动态分析的估算法 2. 静态工作点的作用　　3. 共集电极放大电路的特性 4. 反馈的概念、类型及对放大电路的影响 5. 功率放大电路的工作原理
	必须掌握的技能	1. 焊接技术　　　　　2. 功率晶体管音频放大器的组装与调试

6.1 基本电压放大电路的分析

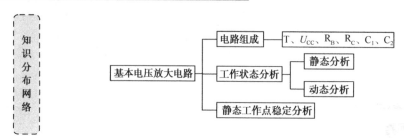

电压放大电路的作用是将微弱电信号（电压、电流）放大到足够的幅度，以推动后级放大电路（功率放大电路）工作。

6.1.1 基本电压放大电路的组成

如图 6.1 所示是一个共发射极单管放大电路，在这种电路中，以晶体管的发射极作为输入回路和输出回路的公共电极，所以称为共发射极放大电路，简称共射极放大电路。它是晶体管放大电路中应用最广泛的一种基本放大电路。电路中各元器件的作用如下。

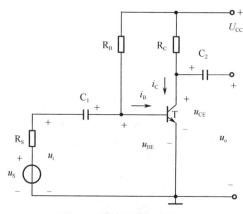

图 6.1 共射极放大电路

1. 晶体管 VT

如图 6.1 所示电路中的晶体管是一个 NPN 型硅管，是电路中的核心元器件，利用基极电流 i_B 控制集电极电流 i_C。从能量观点来看，输入信号的能量较小，而输出信号的能量较大，但不能说放大电路把输入的能量放大了。能量是守恒的，是不能放大的。输出的较大能量来自直流电源 U_{CC}，也就是能量较小的输入信号通过晶体管的控制作用控制电源 U_{CC} 所供给的能量，以便在输出端获得一个能量较大的信号。这就是放大作用的实质，所以也可以说晶体管是一个控制元器件。

2. 集电极直流电源 U_{CC}

集电极直流电源 U_{CC} 除为输出信号提供能量外，还保证集电结处于反向偏置，以使晶体管处在放大状态。U_{CC} 一般取值为几伏到几十伏。

3. 集电极负载电阻 R_C

它主要将变化的集电极电流 i_C 转化为变化的电压 $R_C i_C$，以便获得输出电压 u_o，以实现电压的放大作用。R_C 一般取值为几千欧到几十千欧。

4. 基极电阻 R_B

其作用是提供大小适当的基极电流 I_B，使放大电路获得较合适的静态工作点，同时保证发射结处于正向偏置。R_B 的阻值较大，一般取值为几十千欧到几百千欧。

5. 耦合电容 C_1、C_2

在放大电路的输入端和输出端分别接入电容 C_1、C_2，一方面起隔断直流作用，C_1 隔断放大电路与信号源 e_S 之间的直流通路，C_2 隔断放大电路与负载 R_L 之间的直流通路，使信号源、放大电路与负载之间无直流联系，互不影响；另一方面又起到耦合交流作用，使交流信号畅通无阻。当输入端加上信号电压 u_i 时，可以通过 C_1 耦合到晶体管的基极与发射极之间，而放大了的信号电压 u_o 则从 C_2 端取出。所以称 C_1、C_2 为隔直或耦合电容。C_1、C_2 的容量较大，一般为几微法到几十微法，但其对交流分量所呈现的容抗很小，可以基本上无损失地传输交流分量。C_1、C_2 通常采用有极性的电解电容，使用时正、负极性要连接正确。这种耦合方式在交流放大电路中被广泛采用。

6.1.2 基本电压放大电路的工作状态分析

放大电路可分为静态和动态两种情况进行分析。静态是指没有输入信号（$u_i=0$）时的工作状态；动态是指有输入信号（$u_i \neq 0$）时的工作状态。所谓静态分析，就是根据放大电路的直流通路确定各极电压、电流的直流值 I_B、I_C、U_{CE}（也称为静态值），放大电路的质量与静态值有着很大的关系；所谓动态分析，就是通过放大电路的交流通路确定放大电路的电压放大倍数 A_u、输入电阻 r_i 和输出电阻 r_o 等。

为了便于分析，对放大电路中各极电压、电流的符号做统一规定，见表6.1。

表 6.1 晶体管放大电路中电压、电流符号

名 称	静态值	交流分量		总电压或总电流	
		瞬 时 值	有 效 值	瞬 时 值	平 均 值
基极电流	I_B	i_b	I_b	i_B	$I_{B(AV)}$
集电极电流	I_C	i_c	I_c	i_C	$I_{C(AV)}$
发射极电流	I_E	i_e	I_e	i_E	$I_{E(AV)}$
集—射极电压	U_{CE}	u_{ce}	U_{ce}	u_{CE}	$U_{CE(AV)}$
基—射极电压	U_{BE}	u_{be}	U_{be}	u_{BE}	$U_{BE(AV)}$
直流电源电压	U_{CC}、U_{BB}				

1. 静态工作分析

放大电路无输入（$u_i=0$）时，确定静态值 I_B、I_C 和 U_{CE} 的方法有以下两种。

1）估算法

估算法是用放大电路的直流通路计算静态值，在如图 6.1 所示的放大电路中，由于耦合电容 C_1、C_2 对直流信号相当于开路，因此放大电路可用如图 6.2 所示的直流通路来表示。它包含两个独立回路：一个是由直流电源 U_{CC}、基极电阻 R_B 和发射极 E 组成的基极回路；另一个是由直流电源 U_{CC}、集电极负载电阻 R_C 和发射极 E 组成的集电极回路。

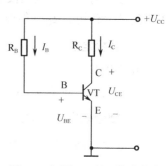

图 6.2　如图 6.1 所示电路的直流通路

由图 6.2 的直流通路可得

$$I_B = \frac{U_{CC} - U_{BE}}{R_B} \approx \frac{U_{CC}}{R_B} \quad (6.1)$$

式中，U_{BE} 为晶体管发射结的正向压降。硅管 U_{BE} 约为 0.6～0.7V，而 U_{CC} 一般为几伏、十几伏甚至几十伏，所以 U_{BE} 可忽略不计。

由 I_B 可得出静态时的集电极电流为

$$I_C = \beta I_B \quad (6.2)$$

此时晶体管集电极与发射极之间的电压为

$$U_{CE} = U_{CC} - R_C I_C \quad (6.3)$$

2）图解法

图解法是根据晶体管的输出特性曲线，通过作图的方法确定放大电路的静态值。若已知晶体管的输出特性曲线（见图 6.3），用图解法确定静态值的步骤如下。

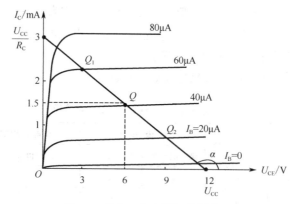

图 6.3　静态工作点图解分析法

（1）做直流负载线。根据直流通路（见图 6.2）列出电压方程，则

$$U_{CE} = U_{CC} - R_C I_C$$

或

$$I_C = -\frac{1}{R_C} U_{CE} + \frac{U_{CC}}{R_C} \quad (6.4)$$

这是一个直线方程，其在横轴上的截距为 U_{CC}（为 CE 极间开路工作点，$I_C=0$），在纵

轴上的截距为 $\dfrac{U_{CC}}{R_C}$（为 CE 极间短路工作点，$U_{CE}=0$），直线的斜率为 $\tan\alpha = -\dfrac{1}{R_C}$。因其是由直流通路得出的，并且与集电极负载电阻 R_C 有关，所以称为直流负载线。

（2）用估算法求出基极电流 I_B。在晶体管输出特性曲线中找到 I_B 对应的曲线。

（3）求静态工作点 Q，并确定 U_{CE}、I_C 的值。基极电流 I_B 对应的曲线与直流负载线的交点 Q 就是静态工作点，简称 Q 点。由 Q 点可在对应的坐标上查得静态值 I_C 和 U_{CE}。

> **提示**：放大电路在静态工作时，静态值 I_B、I_C、U_{CE} 确定了放大电路的静态工作点。其中，对确定放大电路静态工作点起主导作用的是基极电流 I_B。因为只要 I_B 确定后，I_C 和 U_{CE} 也就确定了。因此，通常用改变电阻 R_B 阻值的方法，就可获得一个合适的 I_B 值，从而使放大电路有一个合适的静态工作点。

放大电路在静态时的基极电流 I_B 称为偏置电流，简称偏流，电阻 R_B 称为偏置电阻。当电阻 R_B 的阻值选定后，I_B 也固定不变，所以称如图 6.1 所示的放大电路为固定偏置放大电路。

静态工作点的重要性在于保证放大电路有一个合适的工作状态。偏流 I_B 过大或过小都将导致输入信号在放大时产生输出波形的失真。所谓失真，是指输出信号的波形与输入信号的波形相比发生畸变。引起失真的因素很多，其中最主要的是静态工作点选择不当或输入信号太大。

> **提示**：由于输出电压波形与静态工作点有密切的关系，静态工作点过高或过低都会导致失真。

【**例 6.1**】 在如图 6.1 所示电路中，若 $U_{CC}=24V$，$\beta=50$，已选定 $I_C=2mA$，$U_{CE}=8V$。试计算 R_B、R_C 的阻值。

【**解**】
$$I_B = \dfrac{I_C}{\beta} = \dfrac{2\times 10^{-3}}{50} = 4\times 10^{-5} = 40(\mu A)$$

$$R_B \approx \dfrac{U_{CC}}{I_B} = \dfrac{24}{40\times 10^{-6}} = 600(k\Omega)$$

$$R_C = \dfrac{U_{CC}-U_{CE}}{I_C} = \dfrac{24-8}{2\times 10^{-3}} = 8(k\Omega)$$

2．动态工作分析

动态是指输入信号 $u_i \neq 0$ 时的工作状态。此时放大电路是在直流电源 U_{CC} 和交流输入信号 u_i 共同作用下工作，电路中的电流 i_B 和 i_C、电压 u_{CE} 等均包含直流分量和交流分量两部分，交流分量叠加在直流分量上，即

$$i_B = I_B + i_b$$
$$i_C = I_C + i_c$$
$$u_{CE} = U_{CE} + u_{ce}$$

式中，I_B、I_C、U_{CE} 是 U_{CC} 单独作用在电路中产生的电流和电压，实际上就是放大电路的静态值，称为直流分量；i_b、i_c、u_{ce} 是在输入信号作用下产生的电流和电压，称为交流分量。

1)各极电压和电流波形

在如图 6.1 所示的放大电路中,设输入电压 u_i 为一正弦信号:

$$u_i = U_{im}\sin\omega t$$

u_i 经电容 C_1 加到晶体管的基极上,基—射极电压为直流电压 U_{BE} 和信号电压 u_i 的叠加,即

$$u_{BE} = U_{BE} + U_{im}\sin\omega t$$

u_{BE} 以 U_{BE} 为基础,随 u_i 上下波动,其波形如图 6.4(b)所示。

在 u_{BE} 的作用下,i_B 将随 u_{BE} 成比例变化,它也是由直流分量和交流分量叠加而成:

$$i_B = I_B + i_b = I_B + I_{bm}\sin\omega t$$

式中,$i_b = \dfrac{u_i}{r_{be}} = I_{bm}\sin\omega t$。波形如图 6.4(c)所示。

将 i_B 放大 β 倍,得到集电极电流为

$$i_C = \beta i_B = I_C + I_{cm}\sin\omega t$$

式中,$i_C = \beta i_B$,$I_{cm} = \beta I_{bm}$。波形如图 6.4(d)所示。

集—射极间的电压 u_{CE} 将由 i_C 和电路参数决定,即

$$u_{CE} = U_{CE} + R_C i_C = U_{CE} - U_{cem}\sin\omega t$$

式中,$U_{cem} = R_C I_{cm}$,$U_{CE} = U_{CC} - I_C R_C$。当 $i_C \uparrow$ 时,$R_C i_C \uparrow$,$u_{CE} \downarrow$;当 $i_C \downarrow$ 时,$R_C i_C \downarrow$,$u_{CE} \uparrow$。可见,u_{CE} 与 i_C 相位相反,波形如图 6.4(e)所示。因 i_C 与输入信号 u_i 同相,所以 u_{CE} 与 u_i 反相。

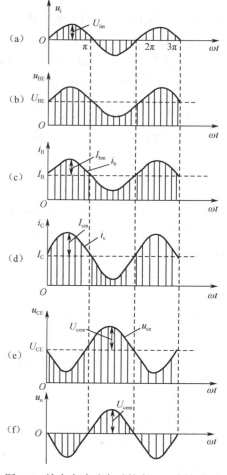

图 6.4 放大电路动态时的电压和电流波形

u_{CE} 经耦合电容 C_2 输出时,其直流分量被隔断。输出电压 u_o 就是 u_{CE} 中的交流分量,则

$$u_o = -R_C i_C = u_{om}\sin\omega t$$

其波形图如图 6.4(f)所示。

综上所述,可得以下结论:

(1)有输入信号时,各极电流、电压都包含直流和交流两种分量。直流分量可保证放大电路的正常工作,交流分量是放大电路的放大对象。

(2)u_{be}、i_b、i_c 与输入信号 u_i 同相位,而 u_{ce}、u_o 与输入信号 u_i 反相位。输出电压与输入电压相反,这种情况称为放大电路的反相作用。

(3)输出回路的信号电流 i_C 比输入回路的电流大 β 倍,i_C 在 R_C 上的压降 $|R_C i_C|$ 即为输出信号电压。适当的选取 R_C 的阻值,即可得到所需要的放大的输出电压 u_o。

(4)直流分量的分析计算在前面已讨论过了,交流分量的分析计算通常采用小信号模型法。

2）交流分量小信号模型分析法

交流分量可用交流通路（u_i 单独作用时的电路）进行分析计算。当输入交流信号足够小时，通常用微变等效电路法进行分析。

（1）晶体管微变等效电路。

① 输入端等效。如果输入信号很小，可以认为晶体管在静态工作点附近的工作段是线性的。如图 6.5（a）所示，u_{CE} 为常数的条件下，当晶体管在静态工作点上叠加一个交流信号时，有输入电压的微小变化量 Δu_{BE} 及相应的基极电流变化量 Δi_B。这样，从 B、E 看进去，晶体管就是一个线性电阻，如图 6.6（a）所示，则晶体管的交流（或动态）电阻 r_{be} 的阻值为

$$r_{be} \approx \frac{\Delta u_{BE}}{\Delta i_B} \approx \frac{\Delta u_{be}}{\Delta i_b} \approx \frac{u_i}{i_B}$$

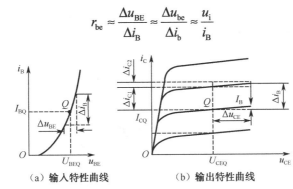

图 6.5　晶体管的特性曲线

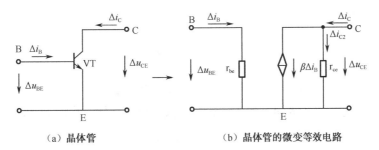

图 6.6　晶体管的微变等效电路

低频小功率管的输入电阻常采用下式计算

$$r_{be} = 200 + (1+\beta)\frac{26(\text{mV})}{I_E(\text{mA})} \tag{6.5}$$

式中，I_E 为发射极静态电流，r_{be} 的单位为 Ω。

② 输出端等效。图 6.5（b）为晶体管输出特性曲线簇。u_{CE} 为常数的条件下，当基极电流有一增量 Δi_B 时，由于 i_B 对 i_C 的控制作用，i_C 必产生更大的增量：

$$\Delta i_{C1} = \beta \Delta i_B \tag{6.6}$$

式（6.6）表明，从晶体管输出端 C、E 看进去的电路可以用一个大小为 $\beta \Delta i_B$ 或 $\beta \Delta i_b$ 的受控源来等效，如图 6.6（b）所示。

$$r_{ce} = \frac{\Delta u_{CE}}{\Delta i_{C2}}\bigg|_{i_B=\text{常数}} \tag{6.7}$$

r_{ce} 是由于输出特性曲线不平坦所致,即 u_{CE} 增大时 i_C 也稍有增大。当输出特性曲线较平坦时,r_{ce} 的阻值很大,可认为是 ∞,可将图 6.6(b)中的 r_{ce} 开路。

(2)放大电路和微变等效电路。

根据放大电路和交流通路及晶体管的微变等效,可以得到如图 6.7(a)所示的放大电路的微变等效电路,如图 6.7(b)所示。

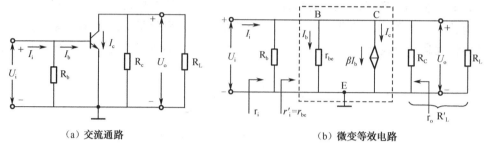

(a)交流通路　　　　　　　　　　　　(b)微变等效电路

图 6.7　基本放大电路的交流通路及微变等效电路

① 电压放大倍数。假设在输入端输入正弦信号,如图 6.7(b)所示电路中的电压表示为

$$U_i = I_b r_{be}$$
$$U_o = -I_c R'_L = -\beta I_b R'_L$$

则

$$A_u = \frac{U_o}{U_i} = -\beta R'_L / r_{be} \quad (6.8)$$

式中,$R'_L = R_L // R_c$。

当负载开路时

$$A_u = \frac{U_o}{U_i} = \frac{-\beta R_c}{r_{be}} \quad (6.9)$$

② 放大电路和输入电阻。放大电路对于信号源来说是一个负载,可以用一个电阻来等效代替。这个电阻是信号源的负载电阻,也就是放大电路和输入电阻 r_i,即

$$r_i = \frac{U_i}{I_i} = R_B // r_{be} \approx r_{be} \quad (6.10)$$

③ 放大电路的输出电阻。输出电阻是由输出端向放大电路看进去的动态电阻,因 r_{be} 远大于 R_C,所以

$$r_o = R_C // r_{ce} \approx R_C \quad (6.11)$$

【例 6.2】　在如图 6.8(a)所示的电路中,若 $\beta = 50$,$U_{BE} = 0.7V$。试求:(1)静态工作点参数 I_{BQ}、I_{CQ}、U_{CEQ} 的值;(2)计算动态指标 A_u、r_i、r_o 的值。

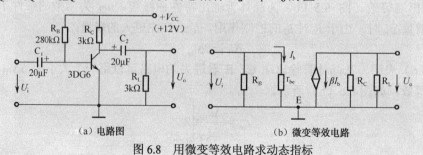

(a)电路图　　　　　　　　　　(b)微变等效电路

图 6.8　用微变等效电路求动态指标

【解】 (1) 求静态工作点参数。

$$I_{BQ} = \frac{V_{CC} - 0.7}{R_B} = \frac{12 - 0.7}{280 \times 10^3} \approx 0.04(\text{mA}) = 40(\mu\text{A})$$

$$I_{CQ} = \beta I_{BQ} = 50 \times 0.04 = 2(\text{mA})$$

$$U_{CEQ} = V_{CC} - I_{CQ}R_C = 12 - 2 \times 10^{-3} \times 3 \times 10^3 = 6(\text{V})$$

画出微变等效电路，如图6.8（b）所示。

$$r_{be} = 200 + (1+\beta)\frac{26(\text{mV})}{I_E(\text{mA})} = 200 + \frac{51 \times 26(\text{mV})}{2(\text{mA})} = 863(\Omega) \approx 0.86(\text{k}\Omega)$$

(2) 计算动态指标。

$$A_u = \frac{U_o}{U_i} = \frac{-\beta R'_L}{r_{be}} = \frac{-50 \times (3//3)\text{k}\Omega}{0.86\text{k}\Omega} = -87.2$$

$$r_i = R_B // r_{be} \approx r_{be} = 0.86\text{k}\Omega$$

$$r_o = R_C = 3\text{k}\Omega$$

6.1.3 放大电路静态工作点稳定分析

为了使放大电路不产生非线性失真，必须要有一个合适的静态工作点。但是，放大电路的静态工作点往往因外界条件的变化（如温度变化、晶体管老化、电源电压波动等）而发生变动。例如，晶体管的特性和参数对温度的变化非常敏感，当温度上升时，将使偏流 I_B 增加，从而使集电极电流 I_C 也随之增加，这时，会使发射结正向压降 U_{BE} 减小，从而导致静态工作点发生漂移，放大电路不能正常工作。

如图6.9所示为一分压式偏置电路。R_{B1} 和 R_{B2} 组成分压偏置电路，使基极电位 V_B 基本固定。发射极电路串接电阻 R_E，目的是利用其上的直流电流负反馈作用稳定静态工作点。其物理过程可表示为

温度升高→$I_C\uparrow$→$V_E\uparrow$→U_{BE}（=V_B-V_E）→$I_B\downarrow$→$I_C\downarrow$

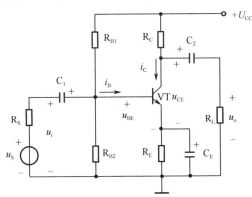

图6.9 分压式偏置放大电路

当温度升高使 I_C 和 I_E 增大时，$V_E=R_E I_E$ 也增大。由于 V_B 为 R_{B1} 和 R_{B2} 的分压电路所固定，于是 U_{BE} 减小会引起 I_B 减小，从而使 I_C 自动下降，静态工作点大致恢复到原来的位置。可见，这种电路稳定静态工作点的实质，是由于输出电流 I_C 的变化通过发射极电阻 R_E 上压降的变化反映出来的，然后引回（反馈）到输入电路，和 V_B 比较，使 U_{BE} 发生变化来

牵制 I_C 的变化。R_E 越大，稳定性能越好。但 R_E 太大时，V_E 增大会使放大电路输出电压的幅值减小。R_E 在小电流情况下为几百欧到几千欧，在大电流情况下为几欧到几十欧。

接入发射极电阻 R_E，一方面发射极电流的直流分量 I_E 通过时，它起自动稳定静态工作点的作用；另一方面发射极电流的交流 i_e 也要通过它产生交流压降，使 u_{be} 减小，这样就会降低放大电路的电压放大倍数。为此，可在 R_E 两端并联电容 C_E，如图 6.9 所示。只要 C_E 的容量足够大，对交流信号的容抗就会很小，对交流分量可视为短路，而对直流分量并无影响，所以 C_E 称为发射极交流旁路电容，其容量一般为几十到几百微法。

【例 6.3】 分压式偏置共发射极放大电路如图 6.10（a）所示，已知 $R_{B1}=30\text{k}\Omega$，$R_{B2}=10\text{k}\Omega$，$R_C=2\text{k}\Omega$，$R_E=1\text{k}\Omega$，$R_L=8\text{k}\Omega$，$\beta=40$，$U_{CC}=12\text{V}$，晶体管为硅管，接有 C_E。

(1) 估算静态工作点；
(2) 计算电压放大倍数、输入电阻、输出电阻。

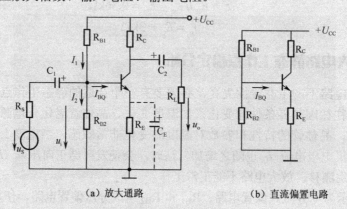

(a) 放大通路　　　　　　　　　(b) 直流偏置电路

图 6.10 分压式偏置共发射极放大电路

【解】 (1) 放大器的直流通路如图 6.10（b）所示。

$$U_B \approx \frac{R_{B2}}{R_{B1}+R_{B2}} U_{CC} = \frac{10}{30+10} \times 12 = 3(\text{V})$$

$$I_C \approx I_E = \frac{U_E}{R_E} = \frac{U_B - U_{BE}}{R_E} = \frac{3-0.6}{1} = 2.4(\text{mA})$$

$$I_B = \frac{I_C}{\beta} = \frac{2.4}{40} = 60(\mu\text{A})$$

$$U_{CE} = U_{CC} - I_C(R_C + R_E) = 12 - 2.4 \times (2+1) = 4.8(\text{V})$$

(2) 有 C_E 时：

$$r_{be} = 300 + (1+\beta)\frac{26}{I_E} = 300 + (1+40)\frac{26}{2.4} = 0.744(\text{k}\Omega)$$

$$A_u = \frac{-\beta R_L'}{r_{be}} = \frac{-40}{0.744} \times (2//8) = -86$$

$$r_i = R_{B1} // R_{B2} // r_{be} = 0.667(\text{k}\Omega)$$

$$r_o = R_C = 2\text{k}\Omega$$

6.2 其他放大电路的简要分析

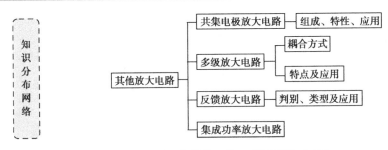

6.2.1 共集电极放大电路的组成、特性及应用

前面讨论的放大电路是从基极输入信号，从集电极输出被放大的信号，公共端为发射极，所以称其为共发射极电路。该电路能获得较高的电压放大倍数，但其输入电阻较小，输出电阻较大。因此，共发射极电路常用做多级放大电路的中间级。如果输入信号加到基极，被放大的信号从发射极输出，集电极接电源 U_{CC}，对交流信号而言，输入与输出的公共端是集电极，则称为共集电极电路，也称射极输出器，如图 6.11 所示。

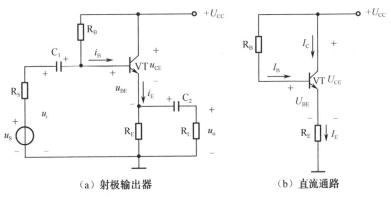

（a）射极输出器　　　　　　（b）直流通路

图 6.11　射极输出器

1. 射极输出器工作情况分析

由图 6.11（a）可见，电路的负载电阻 R_L 经耦合电容 C_2 接在晶体管的发射极上，即输出电压 u_o 由晶体管的发射极取出。

1）静态分析

静态时，射极输出器的直流通路如图 6.11（b）所示，根据 KVL 可得

$$I_B = \frac{U_{CC} - U_{BE}}{R_B + (1+\beta)R_E} \tag{6.12}$$

$$I_E = I_B + I_C = I_B + \beta I_B = (1+\beta)I_B \tag{6.13}$$

$$U_{CE} = U_{CC} - R_E I_E \tag{6.14}$$

2）动态分析

动态时，射极输出器的微变等效电路如图 6.12（a）所示。

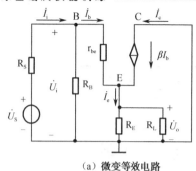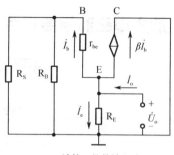

（a）微变等效电路　　　　　　　　（b）计算r_o的等效电路

图 6.12　射极输出器的等效电路

（1）电压放大倍数 A_u。由如图 6.12（a）所示的等效电路可得

$$\dot{U}_o = R'_L \dot{I}_e = R'_L (1+\beta) \dot{I}_b$$

式中，$R'_L = R_E // R_L$。

$$\dot{U}_i = r_{be} \dot{I}_b + R'_L \dot{I}_e = r_{be} \dot{I}_b + R'_L (1+\beta) \dot{I}_b$$

所以

$$A_u = \frac{\dot{U}_o}{\dot{U}_i} = \frac{R'_L (1+\beta) \dot{I}_b}{r_{be} \dot{I}_b + R'_L (1+\beta) \dot{I}_b} = \frac{(1+\beta) R'_L}{r_{be} + (1+\beta) R'_L} \tag{6.15}$$

由式（6.15）可知：

① 射极输出器的电压放大倍数恒小于 1，但接近于 1。因为 $r_{be} \ll (1+\beta) R'_L$，所以 $A_u \approx 1$，即 $\dot{U}_o \approx \dot{U}_i$。该电路没有电压放大作用，但仍具有一定的电流放大和功率放大作用。

② 输出电压与输入电压同相，具有跟随作用，所以射极输出器又称为射极跟随器。

（2）输入电阻 r_i。射极输出器的输入电阻 r_i 也可从如图 6.12（a）所示的微变等效电路求得

$$r'_i = \frac{\dot{U}_i}{\dot{I}_b} = \frac{[r_{be} + R'_L (1+\beta)] \dot{I}_b}{\dot{I}_b} = r_{be} + R'_L (1+\beta)$$

所以

$$r_i = R_B // [r_{be} + (1+\beta) R'_L] \tag{6.16}$$

通常 R_B 的阻值很大（几十千欧到几百千欧），同时 $[r_{be} + (1+\beta) R'_L]$ 也比共发射极放大电路的输入电阻（$r_i \approx r_{be}$）大得多。因此，射极输出器的输入电阻很高，可达几十千欧到几百千欧。

（3）输出电阻 r_o。射极输出器的输出电阻 r_o 可由如图 6.12（b）所示的电路求得。将信号源短路，保留内阻 R_S，R_S 与 R_B 并联后的等效电阻为 R'_S，即 $R'_S = R_S // R_B$。在输出端断开电阻 R_L，外加一交流电压 $\dot{U}_o$，产生一电流 $\dot{I}_o$。对节点 E 列 KCL 方程有

$$\dot{I}_o = \dot{I}_b + \beta \dot{I}_b + \dot{I}_e = \frac{\dot{U}_o}{r_{be} + R'_S} + \beta \frac{\dot{U}_o}{r_{be} + R'_S} + \frac{\dot{U}_o}{R_E}$$

则

$$r_{\mathrm{o}} = \frac{\dot{U}_{\mathrm{o}}}{\dot{I}_{\mathrm{o}}} = \frac{1}{\dfrac{1+\beta}{r_{\mathrm{be}}+R'_{\mathrm{S}}} + \dfrac{1}{R_{\mathrm{E}}}} = \frac{R_{\mathrm{E}}(r_{\mathrm{be}}+R'_{\mathrm{S}})}{(1+\beta)R_{\mathrm{E}} + (r_{\mathrm{be}}+R'_{\mathrm{S}})} \quad (6.17)$$

一般情况下，$(1+\beta)R_{\mathrm{E}} \gg (r_{\mathrm{be}}+R'_{\mathrm{S}})$ 且 $\beta \gg 1$，则上式可以简化为

$$r_{\mathrm{o}} \approx \frac{r_{\mathrm{be}}+R'_{\mathrm{S}}}{\beta} \quad (6.18)$$

若 $R_{\mathrm{S}}=0$，则 $R'_{\mathrm{S}}=0$，于是

$$r_{\mathrm{o}} \approx \frac{r_{\mathrm{be}}}{\beta} \quad (6.19)$$

例如，当 $\beta=50$，$r_{\mathrm{be}}=1\mathrm{k}\Omega$ 时，$r_{\mathrm{o}} \approx 20\Omega$。可见，射极输出器的输出电阻很小，约为几欧至几十欧。输出电阻越小，负载变化时放大电路的输出电压就越稳定，由此可见它具有恒压输出特性。

2．射极输出器的应用

综上所述，射极输出器的主要特点是：电压放大倍数接近 1，但略小于 1；输入电阻高，输出电阻低；输出电压 $\dot{U}_{\mathrm{o}}$ 与输入电压 $\dot{U}_{\mathrm{i}}$ 同相位。因此，在多级放大电路中，射极输出器常用做输入级、输出级和中间级，以提高整个放大电路的性能。在电子设备和自动控制系统中，射极输出器也得到了十分广泛的应用。

1）作为输入级

射极输出器因其输入电阻高，常作为多级放大电路的输入级。输入级采用射极输出器，可使信号源内阻上的压降相对来说比较小。因此，可以得到较高的输入电压，同时减小信号源提供的信号电流，从而减轻信号源的负担。这样不仅提高了整个放大电路的电压放大倍数，而且减小了放大电路的接入对信号源的影响。在电子测量仪器中，利用射极输出器这一特点，可以减小对被测电路的影响，提高了测量精度。

2）作为输出级

由于射极输出器输出电阻低，常作为多级放大电路的输出级。当负载电流变化较大时，输出电压的变化较小，或者说它带负载的能力较强。

3）作为中间隔离级

在多级放大电路中，有时将射极输出器接在两级共发射极放大电路之间。利用其输入电阻高的特点，提高前一级的电压放大倍数；利用其输出电阻低的特点，减小后一级信号源内阻，从而提高了后级的电压放大倍数，隔离了级间的相互影响，这就是射极输出器的阻抗变换作用。这一级射极输出器称为缓冲级或中间隔离级。

【例 6.4】 在如图 6.13（a）所示的共集电极放大电路中，已知晶体管 $\beta=120$，$U_{\mathrm{BE}}=0.7\mathrm{V}$，$U_{\mathrm{CC}}=12\mathrm{V}$，$R_{\mathrm{B}}=300\mathrm{k}\Omega$，$R_{\mathrm{E}}=R_{\mathrm{L}}=R_{\mathrm{S}}=1\mathrm{k}\Omega$，分别求 A_{u}、r_{i}、r_{o}。

【解】 微变等效电路如图 6.13（b）所示。

$$I_{\mathrm{E}} = (1+\beta)I_{\mathrm{B}} = (1+\beta)\frac{U_{\mathrm{CC}}-U_{\mathrm{BE}}}{R_{\mathrm{B}}+(1+\beta)R_{\mathrm{E}}} = 3.2\,(\mathrm{mA})$$

$$r_{be} = 300 + (1+\beta)\frac{26}{I_E} = 300 + (1+120)\frac{26}{3.2} = 1.28\,(\text{k}\Omega)$$

$$A_u = \frac{u_o}{u_i} = \frac{(1+\beta)R'_L}{r_{be}+(1+\beta)R'_L} = \frac{(1+120)\times 0.5}{1.28+(1+120)\times 0.5} = 0.98$$

$$r_i = \frac{u_i}{i_i} = R_B // R_i = R_B //[r_{be}+(1+\beta)R'_L] = 300//(1.28+121\times 0.5) = 51.2\,(\text{k}\Omega)$$

$$r_o = R_E //\left(\frac{r_{be}+R'_S}{1+\beta}\right) = 1 // \frac{1.28+\dfrac{300\times 1}{300+1}}{1+120} = 19\,(\text{k}\Omega)$$

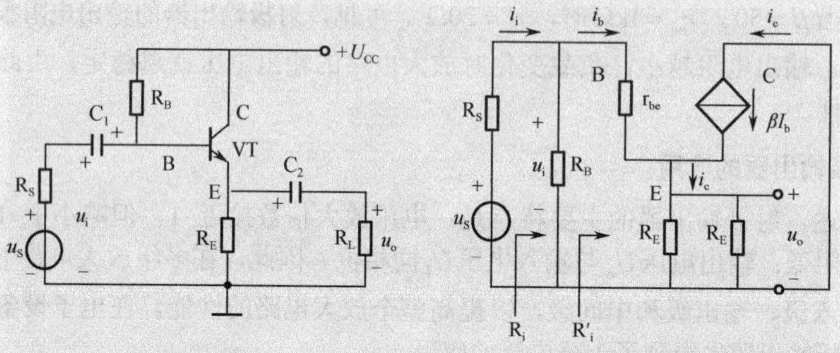

(a) 原理电路　　　　　　　　　　　　(b) 微变等效电路

图 6.13　共集电极放大电路

6.2.2　多级放大电路的耦合方式、特点及应用

前面介绍的放大电路，是由一个晶体管组成的单级放大电路。但在电子设备中，输入信号往往是非常微弱的，要把这些微弱的信号放大到足够的强度，则需要将两个或两个以上的单级放大电路逐级连接起来组成多级放大电路。在多级放大电路中，第一级称为输入级，最后一级称为输出级，输出级的前一级称为末前级，其余级称为中间级。级与级之间的连接称为耦合，对应电路称为耦合电路。对于耦合电路的基本要求是：首先要保证各级放大电路都有合适的静态工作点；其次要保证前级（或信号源）输出的信号尽可能无衰减地传递到后一级放大电路的输入端，而且不引起信号失真。

1. 放大电路级间耦合

在多级放大电路中，前一级的输出电压（或电流）通过一定的方式有效地传递到后一级，称为级间耦合。一向采用的级间耦合方式分为阻容耦合、变压器耦合和直接耦合三种。

1）阻容耦合

所谓阻容耦合，就是把电容作为级间的连接元器件并与电阻配合而成的一种耦合方式。

如图 6.14 所示是两级阻容耦合放大电路。从图中可以看出，两级间是用电容 C_2 和第二级的输入电阻 r_{i2} 耦合起来的。耦合电容的容量较大，一般约为几微法到几十微法。对交流信号而言，相当于短路，可以顺利地通过。对直流信号而言，相当于开路，从而使放大电路各级的静态工作点彼此独立，互不影响。这就给电路的分析、设计和调试带来了很大的方便。这也是阻容耦合在低频放大电路中得以广泛应用的一个显著原因。

单元 6　基本放大电路分析

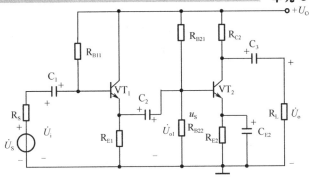

图 6.14　两级阻容耦合放大电路

2）变压器耦合

如图 6.15 所示是变压器耦合放大电路，图中 T_{r1} 和 T_{r2} 是耦合变压器，接在输入端的耦合变压器 T_{r1} 称为输入变压器，接在输出端的耦合变压器 T_{r2} 称为输出变压器。各级的静态工作点彼此独立，互不影响；改变变压器的变比，可以进行最佳阻抗匹配。变压器耦合主要用于功率放大或需要电压隔离的场合。但变压器体积大，易引起电磁干扰。

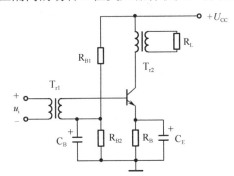

图 6.15　变压器耦合放大电路

3）直接耦合

阻容耦合和变压器耦合的不足之处在于耦合元器件上总有信号的损失，并且使频率特性在高、低频段很不理想，不便于集成，因为在集成电路中要制作大容量的电容或变压器是很困难的，无法放大缓慢变化的信号或直流信号。在线性集成电路中放大直流信号时，通常采用直接耦合方式。

如图 6.16（a）所示是一直接耦合放大电路，第一级的输出端与第二级的输入端直接或者经过一个电阻连接起来。由于直接耦合放大电路中，前后级之间没有隔离元器件，它们的直流路径相通，所以前后级的静态工作点相互影响，相互牵制，这给电路的设计和调试带来一定的困难。另外，由于级间的直流路径相通，因此放大电路中任一点直流电位的波动，都会引起输出端电位的变化。由于晶体管特性受环境温度的变化、电源电压不稳定、电路元器件参数变化等影响，即使在输入信号为零（$u_i=0$）时，放大电路的输出端也会出现电压缓慢、无规则的变动，即输出端出现一个偏离原始点、随时间缓慢变化的电压，这种现象称为零点漂移，如图 6.16（b）所示。当放大电路有输入信号（$u_i \neq 0$）时，零点漂移就伴随着输入信号共存于放大电路中，两者都在缓慢地变动着，一真一假，互相纠缠在一起，难以分辨。如果经过逐级放大，可能会出现输出信号被零点漂移"淹没"，致使放大电路丧失工作能力，严重时还可能损坏晶体管。

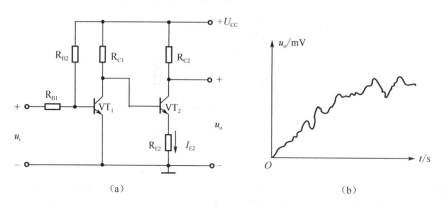

图 6.16 直接耦合放大电路的零点漂移

为了减小直接耦合放大电路的零点漂移，通常可选高稳定度的电源和温度稳定性高的电路元器件。对于由温度变化所引起的漂移，可采用温度补偿电路。

2．多级放大电路电压放大倍数

如图 6.17 所示是多级放大电路的方框图，其总电压放大倍数为

图 6.17 多级放大电路方框图

$$A_\mathrm{u} = \frac{u_{on}}{u_{i1}} \tag{6.20}$$

或

$$A_\mathrm{u} = \frac{u_{o1}}{u_{i1}} \cdot \frac{u_{o1}}{u_{o1}} \cdot \cdots \cdot \frac{u_{on}}{u_{o(n-1)}} \tag{6.21}$$

因为在多级放大电路中，前级输出信号耦合到后级的输入端作为后级的输入信号，所以

$$u_{o1}=u_{i2}, \quad u_{o2}=u_{i3}, \quad \cdots, \quad u_{o(n-1)}=u_{in}$$

则式（6.21）也可表示为

$$A_\mathrm{u} = \frac{u_{o1}}{u_{i1}} \cdot \frac{u_{o1}}{u_{o1}} \cdot \cdots \cdot \frac{u_{on}}{u_{o(n-1)}} = A_{u1} \cdot A_{u2} \cdot \cdots \cdot A_{un} \tag{6.22}$$

式（6.22）说明，多级放大电路中的总电压放大倍数等于各级放大电路中电压放大倍数的乘积。

> 提示：应当注意的是，在分析计算多级放大电路的放大倍数时，前级输出信号耦合到后级输入端作为后级的输入信号，所以可将后级的输入电阻视为前级输出的负载电阻。

6.2.3 反馈放大电路的判别、类型及应用分析

在实用的放大电路中，为了改善电路的性能，需要引入不同形式的反馈。因此，掌握反馈的基本概念及其对放大器性能的影响是研究实用电路的基础。

1. 反馈的基本概念

1）什么是反馈

在放大电路中，将输出量（输出电压或电流）的一部分或全部，通过一定的电路（反馈网络）引回到输入回路来影响输入量（输出电压或电流）的过程称为反馈。具有反馈的放大电路，称为反馈放大电路，组成框图如图 6.18 所示。图中 X_i 为整个放大电路的输入量；X_o 既为电路输出量，也为反馈网络输入量；X_f 为反馈量；X_i' 为基本放大电路的净输入量。可见，X_i' 为输入量和反馈量叠加的结果。

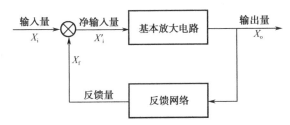

图 6.18 反馈放大电路的组成框图

2）反馈放大电路的一般关系式

由图 6.18 可得，放大器的开环放大倍数 A 为

$$A = \frac{X_o}{X_i'} \tag{6.23}$$

反馈系数 F 为

$$F = \frac{X_f}{X_o} \tag{6.24}$$

闭环放大倍数 A_f 为

$$A_f = \frac{X_o}{X_i} \tag{6.25}$$

净输入量 X_i' 为

$$X_i' = X_i - X_f \tag{6.26}$$

由式（6.23）、式（6.24）、式（6.25）和式（6.26）可得

$$A_f = \frac{A}{1 + AF} \tag{6.27}$$

式中，$1+AF$ 称为反馈深度，是衡量强弱程度的一个重要指标。

3）反馈类型

（1）正反馈和负反馈。引入反馈后使放大电路的净输入量增大的称为正反馈，使净输入量减小的称为负反馈。

(2)直流反馈和交流反馈。反馈量为直流量的称为直流反馈,反馈量为交流量的称为交流反馈。

(3)电压反馈和电流反馈。以放大电路的输出电压作为反馈网络输入信号的称为电压反馈,以放大电路的输出电流作为反馈网络输入信号的称为电流反馈。

(4)串联反馈和并联反馈。若基本放大电路的输入端口和反馈网络的输出端口相串联,即反馈量与输入量以电压的形式相叠加,则称为串联反馈;反之,若基本放大电路的输入端口和反馈网络的输出端口相并联,即反馈量与输入量以电流的形式相叠加,则称为并联反馈。

> **提示**:交流负反馈有四种基本组态,即电压串联负反馈、电压并联负反馈、电流串联负反馈、电流并联负反馈。

2. 负反馈对放大器性能的影响

1)提高放大器增益的稳定性

引入负反馈后,放大器放大倍数有所下降,即由 A 变为 $A_f=A/(1+AF)$。A_f 对 A 求导,可得

$$\frac{dA_f}{dA} = \frac{1}{(1+AF)^2}, \quad 即 \ dA_f = \frac{dA}{(1+AF)^2}$$

上式表明,引入负反馈后,闭环增益的相对变化量 dA_f/A_f 只是开环增益相对变化量 dA/A 的 $1/(1+AF)$。可见反馈越深,放大器的增益就越稳定。例如,$A=1000$,$F=0.1$,$dA/A=1\%$,则 $dA_f/A_f=0.01\%$。即基本放大电路的放大倍数变化百分之一,负反馈放大电路的放大倍数仅变化万分之一。

2)改变放大电路的输入电阻和输出电阻

(1)串联负反馈使输入电阻增大,并联负反馈使输入电阻减小。可以证明:引入串联负反馈,放大电路的输入电阻为无反馈时输入电阻的(1+AF)倍,即 $r_{if}=(1+AF)r_i$;引入并联负反馈,放大电路的输入电阻减小到无反馈时的 $1/(1+AF)$,即 $r_{if}=r_i/(1+AF)$。

(2)电压负反馈使输出电阻减小,电流负反馈使输出电阻增大。可以证明:引入电压负反馈,放大电路的输出电阻减小到无反馈时的 $1/(1+AF)$,即 $r_{of}=r_o/(1+AF)$。引入电流负反馈后,放大电路的输出电流非常稳定,相当于恒流源,而恒流源的电阻是很大的,约为 $r_{of}=(1+AF)r_o$。

3)减小非线性失真

由于晶体管输入特性的非线性特点,即使电路输入的是正弦波,输出也不是正弦波,而是正半周幅度大于负半周幅度的波形,即产生了波形失真,称这种失真为非线性失真,如图 6.19(a)所示。

如图 6.19(b)所示,引入负反馈后,输出失真的波形反馈到输入端,在输入端得到正半周幅度大、负半周幅度小的反馈信号,此信号与输入信号相减,使净输入信号的幅值成为正半周幅度小、负半周幅度大的波形,即引入了失真(也称预失真),再经过基本放大电路放大后,就使输出波形趋于正弦波,减小了非线性失真。需要注意的是:对输入信号本身固有的失真,负反馈是无能为力的。

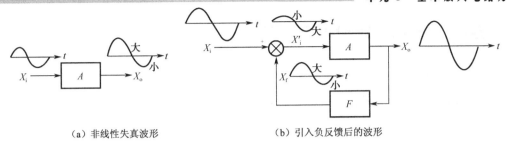

（a）非线性失真波形　　　　　（b）引入负反馈后的波形

图 6.19　负反馈改善非线性失真

6.2.4　集成功率放大电路简介

功率放大电路是在电源电压确定的情况下，以输出尽可能大的不失真的信号功率和具有尽可能高的转换效率为组成原则，功放管常常工作在极限状态。低频功放有变压器耦合乙类推挽电路、OTL、OCL 等电路。

互补对称功率放大电路结构简单，性能好，易于集成化。随着电子工业的发展，目前已经生产出多种不同型号、可输出不同功率的集成功率放大器。使用这种集成放大器时，只需要在电路外部接入规定数值的电阻、电容、电源及负载，就可组成一定的放大电路。例如，国产的 D2002 型集成功率放大器的输出级为准互补对称电路，并具有推动极，电源电压可在 8～18V 的范围内选用，只要接少量元器件，就可组成一定功率的功率放大电路。该电路失真小，噪声低，静态工作点无须调整，使用灵活。

如图 6.20（a）所示是 D2002 型集成功率放大器的外形，它只有 5 个引脚，使用时应紧固在散热片上。

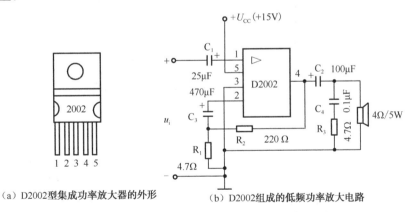

（a）D2002型集成功率放大器的外形　　　（b）D2002组成的低频功率放大电路

图 6.20　D2002 组成的低频功率放大电路

如图 6.20（b）所示是 D2002 组成的低频功率放大电路。输入信号 u_i 经耦合电容 C_1 送到输入端 1，放大后的信号由输出端 4 经耦合电容 C_2 送到负载，负载为 4Ω 的扬声器，这种功率放大电路的不失真输出功率为 5W。5 为电源端，接 U_{CC}。3 端接地。R_1、R_2 和 C_3 组成负反馈电路，以提高放大电路工作的稳定性，改善放大电路的性能。C_4 和 R_3 组成高通滤波电路，用来改善放大电路的高频特性，防止可能产生的高频自激振荡。

技能训练 12　焊接技术实训

1. 实训目的

（1）学会元器件的成形方法与焊接工艺。
（2）掌握电烙铁的使用方法与技巧。
（3）掌握焊接"五步法"和"三步法"的操作要领。

2. 实训设备与器材

（1）焊接工具一套：20～35W 电烙铁一把；烙铁架、尖嘴钳、斜口钳、镊子、螺丝刀和小刀等工具各一个。
（2）印制电路板、万能板、松香芯焊锡、松香焊剂、橡皮、细砂纸等若干。
（3）各种元器件（电阻、电容、二极管、晶体管等）若干。
（4）集成电路插座和单芯导线若干。

3. 实训内容与实训步骤

（1）用橡皮擦除去印制电路板上的氧化物，并清理干净板面。
（2）用细砂纸、小刀或橡皮擦除去元器件引脚上的氧化物、污垢，并清理干净。
（3）按安装要求，使用镊子或尖嘴钳对元器件进行整形处理，如图 6.21 所示。其中，图 6.21（a）为贴板横向安装的整形；图 6.21（b）为贴板纵向安装的整形。

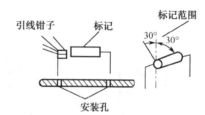

（a）贴板横向安装的整形

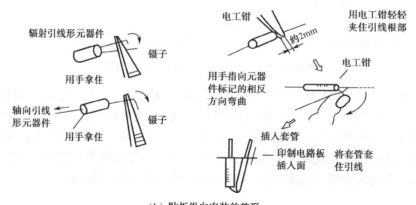

（b）贴板纵向安装的整形

图 6.21　元器件的整形安装示意图

（4）将整形好的元器件按要求插装在印制电路板上。

（5）对导线的端头进行剪切、剥头、捻头、搪锡等处理。

（6）在印制电路板上进行焊接训练。

手工焊接分五步（操作）法和三步（操作）法两种。五步法的正确焊接操作过程分以下五个步骤。

① 准备。焊接前应准备好焊接工具和材料，清洁被焊件及工作台，进行元器件的插装及导线端头的处理工作；然后左手拿焊锡，右手握电烙铁，进入待焊状态。

② 加热。用电烙铁加热被焊件，使焊接部位的温度上升至焊接所需温度。

③ 加焊料。当焊件加热到一定温度后，即在烙铁头与焊接部位的结合处及对称的一侧加上适量的焊料。

④ 移开焊料。当适量的焊料熔化后，迅速向左上方移开焊料；然后用烙铁头沿着焊接部位将焊料沿焊点拖动或转动一段距离（一般旋转45°）确保焊料覆盖整个焊点。

⑤ 移开电烙铁。当焊点上的焊料充分润湿焊接部位时，立即向右上方45°的方向移开电烙铁，焊接结束。

以上五步操作过程，一般要求在2～3s内完成，具体焊接时间还要视环境温度、电烙铁功率大小，以及焊点的热容量来确定。五步法如图6.22所示。

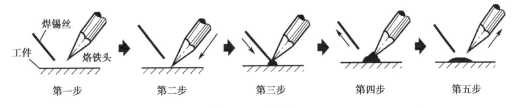

图6.22 五步法

在焊点较小的情况下，可采用三步法完成焊接，如图6.23所示。三步法是将上述五步法中的第二步、第三步合为一步，即加热被焊件和加焊料同时进行；将第四步、第五步合为一步，即同时移开焊料和电烙铁。

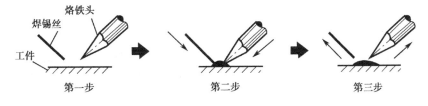

图6.23 三步法

4．实训思考

（1）如何清除元器件和电路板上的氧化物及污垢？

（2）为什么在焊接前要对元器件引脚进行搪锡处理？

（3）简述焊接技术的基本步骤。

（4）在焊接各个环节中需要注意哪些问题？

技能训练 13　功率晶体管音频放大器的组装与调试

1. 实训目的
（1）掌握放大器静态工作点的调整方法。
（2）比较反馈网络对放大器性能的影响。
（3）了解静态工作点对波形失真的影响。

2. 实训设备与器材
示波器、低频信号发生器、直流稳压电源、毫伏表、万用表各一块；音频放大电路套件一套；电烙铁、松香、焊锡、镊子、尖嘴钳和剪线钳等组合工具一套。

3. 实训内容与实训步骤
（1）如图 6.24 所示为音频放大电路的原理图，如图 6.25 所示为参考印制电路板图，按焊接技术要求，对照着原理图在电路板上焊接好电路。

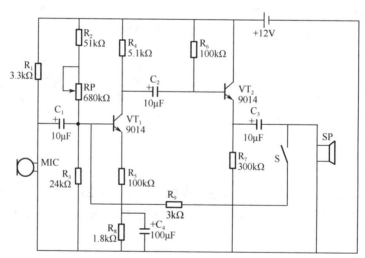

图 6.24　音频放大电路原理图

（2）静态工作点的调试。

① 调节直流稳压电源使输出为 12V，将该电压接到组装好的实训印制电路板上。

② 调节低频信号发生器，输出频率为 1kHz、电压为 10mV 的信号，接到放大电路板的输入端。

③ 将示波器接到放大器的输出端，用以观察输出波形是否得到放大。

④ 反复调节电位器 RP，使示波器上显示的正弦波的波形幅值最大，并且不失真，此时电路静态工作点是最佳状态。

（3）反馈网络对放大电路性能的影响。

① 实训者正对着驻极传声器 MIC 讲话，在断开和接通 S 两种情况下，比较扬声器发出声音的大小。

单元 6 基本放大电路分析

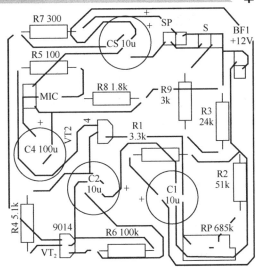

图 6.25 音频放大电路印制电路板图

② 在断开 S 的情况下,从驻极传声器 MIC 两端加入 $f=1\text{kHz}$、幅值一定的正弦波信号 u_i,并且示波器显示的波形要达到最大不失真,测出电路输入端(MIC 两端)和输出端(SP 两端)波形幅值,把数据记入表 6.2 中。在接通 S 的情况下,保持输入不变,重复上面的操作,并计算和比较 A_u。

表 6.2 有无反馈时放大倍数的比较

S \ u	u_i/mV	u_o/mV	A_u	S \ u	u_i/mV	u_o/mV	A_u
S 断开				S 接通			

③ 在断开 S 的情况下,调节电位器,使示波器显示最大不失真输出正弦波信号,保持输入信号 u_i 不变,调节电位器 RP,使工作点进入饱和区和截止区,观察输出波形状态;保持电位器 RP 位置不变,接通 S,观察输出波形情况。比较 S 在断开和接通两种情况下,输出波形的失真程度。

4. 实训思考

(1)在焊接印制电路板过程中,应注意哪些问题?
(2)如何高度放大电路的静态工作点?
(3)反馈网络对放大器有何影响?

知识梳理与总结

(1)放大电路是用来对信号电压或电流进行控制与放大的电路,其主要性能指标有放大倍数、输入电阻、输出电阻等。

(2)放大电路的分析包括静态分析和动态分析。静态分析的目的是确定静态工作点是否满足晶体管的放大条件;动态分析用来确定电压放大倍数 A_u、输入电阻 r_i 和输出电阻 r_o。

等动态参数，一般采用微变等效电路法。

（3）放大器静态工作点对信号状态产生影响，工作点不合适可能导致截止失真或饱和失真。

（4）晶体管放大电路有三种组态，其中共发射极放大电路的电压和电流放大倍数都较大；共集电极放大电路的输出电阻大、输出电阻小，电压放大倍数接近1，适用于信号的跟随；共基极放大电路适用于高频信号的放大。

（5）多级放大电路有三种耦合方式：阻容耦合、变压器耦合和直接耦合。三种耦合方式各有特点。

（6）负反馈用以提高和改善放大电路的性能。有电压串联负反馈、电压并联负反馈、电流串联负反馈和电流并联负反馈等四种基本形式。

（7）焊接技术是电子电路的基本技能，常用五步法和三步法实现电子电路的焊接。

（8）通过功率晶体管音频放大器的组装与调试，掌握对电路的调试与检测的基本方法。

思考与练习6

一、填空题

6-1 静态分析就是求出当_____为零时的 I_B、I_C 和 U_{CE} 值。

6-2 发射极电压放大器的输出波形出现上削波时，说明电路中出现了_____失真。

6-3 共发射极电压放大器的输出波形出现下削波时，说明电路中出现了_____失真。

6-4 放大电路中通常采用的是_____反馈。

6-5 常见的反馈类型有_____、电流并联负反馈_____和_____。

6-6 工作在线性区的集成运放，一般都引入_____。

6-7 工作在非线性区的集成运放，其_____电压放大倍数往往_____。

二、计算题

6-8 电路如图6.26所示，晶体管导通时 $U_{BE}=0.7V$，$\beta=50$。试分析 V_{BB} 为 0V、1V、1.5V 三种情况下 VT 的工作状态及输出电压 U_o 的值。

6-9 电路如图6.27所示，试问 β 大于多少时晶体管饱和？

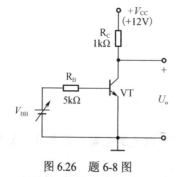

图6.26 题6-8图

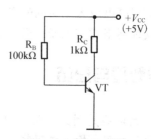

图6.27 题6-9图

6-10 测得放大电路中4个NPN管各极电压如下，试判断每个管的工作状态。

（1）$U_B=-3V$，$U_C=5V$，$U_E=-3.7V$；

(2) $U_B=6V$,$U_C=5.5V$,$U_E=5.1V$;

(3) $U_B=-1V$,$U_C=8V$,$U_E=-0.3V$;

(4) $U_B=2V$,$U_C=2.3V$,$U_E=6V$。

6-11 晶体三极管放大电路如图 6.28（a）所示，已知 $V_{CC}=+12V$，$R_C=3k\Omega$，$R_B=3k\Omega$，晶体三极管的 $\beta=50$。

（1）用直流电路估算各静态值 I_{BQ}、I_{CQ} 和 U_{CEQ}。

（2）晶体三极管输出特性如图 6.28（b）所示，用图解法求放大电路的静态工作点。

（3）在静态时（$u_i=0$），C_1 和 C_2 上的电压各为多少？并标出极性。

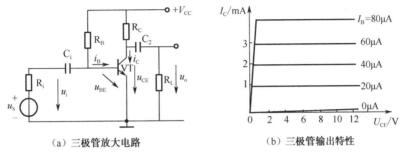

（a）三极管放大电路　　　　　　（b）三极管输出特性

图 6.28　题 6-11 图

6-12 在图 6.28 中，如果改变 R_B，使 $U_{CE}=3V$，试用直流通路求 R_B 的大小；如果改变 R_B，使 $I_C=1.5mA$，R_B 又等于多少？并分别用图解法做出静态工作点。

6-13 在图 6.28 中，若晶体管是 PNP 型，则：

（1）V_{CC}、C_1 和 C_2 的极性如何考虑？请在图上标出。

（2）设 $V_{CC}=12V$，$R_C=3k\Omega$，$\beta=50$，如果要将静态值 I_C 调到 1.5mA，问 R_B 应调到多大？

（3）在调静态工作点时，如不慎将 R_B 调到零，对晶体管有无影响？为什么？通常采取何种措施来防止这种情况？

6-14 在如图 6.28 所示电路中，设 $r_{be}=3k\Omega$，$\beta=50$，利用微变等效电路求输出端开路和输出端接上 $R_L=63k\Omega$ 时的电压放大倍数 A_u、输入电阻 r_i 和输出电阻 r_o。

6-15 单管放大电路如图 6.29 所示，已知 $\beta=50$，$r_{be}=1.6k\Omega$，$U_i=-10mV$。

（1）画出放大电路的直流通路，计算静态值。

（2）画出放大电路不接负载电阻时的微变等效电路，计算电压放大倍数 A_u、输出电压 U_o、输入电阻 r_i 和输出电阻 r_o。

（3）画出接入负载电阻 $R_L=5.1k\Omega$ 时的微变等效电路，计算电压放大倍数 A_u。

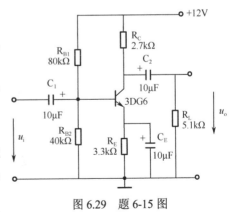

图 6.29　题 6-15 图

单元 7

集成运算放大器与应用

教学导航

教	知识重点	1. 集成运算放大器的组成及主要特征 2. 集成运算放大器在电路中的应用 3. 集成运算放大器的线性应用（信号运算方面） 4. 集成运算放大器的非线性应用（电压比较器）
	知识难点	1. 虚短、虚断的含义及应用 2. 集成运算放大器的线性应用中比例运算、加法和减法运算、积分和微分运算电路分析
	推荐教学方式	在理想运算放大器工作特性的基础上，通过分析电路并结合实训操作，加深理论知识的运用和加强实践操作能力
	建议学时	8 学时
学	推荐学习方法	以小组讨论的学习方式为主，结合本单元内容掌握知识的运用
	必须掌握的理论知识	1. 集成运算放大器的组成、性能指标、传输特性 2. 虚短、虚断的含义及应用 3. 集成运算放大器的应用分类 4. 集成运算放大器线性和非线性应用的条件和分析法
	必须掌握的技能	集成运算放大器在信号运算方面的测试

单元 7 集成运算放大器与应用

前面两个单元讨论的各种电路，都是由各种单个元件（如晶体三极管、二极管、电阻和电容等）连接而成的电子电路，称为分立元件电路。

20 世纪 60 年代初，出现了一种崭新的电子器件——集成电路。所谓集成电路就是利用集成技术，在一小块半导体晶片上，通过氧化、光刻、扩散、外延生长等工艺过程，把许多晶体三极管、二极管、电阻和小容量的电容，以及连接导体等集中制造在一小块硅片上，组成一个不可分割的整体，最后封装在塑料或陶瓷等外壳内。集成电路打破了分立元件和分立电路的设计方法，实现了材料、元件和电路三者的统一。它不仅具有体积更小、质量更轻和功耗更低等优点，而且减少了电路的焊接点，提高了电路工作可靠性。所以，集成电路的问世，标志着电子技术进入了微电子学时代，极大地促进了各个科学技术领域先进技术的发展。

按集成度分，集成电路有小规模（SSI）、中规模（MSI）、大规模（LSI）和超大规模（VLSI）之分。目前的超大规模集成电路，每块芯片上有上百万个元件，而芯片的面积只有几十平方毫米。按导电类型分，集成电路有双极型、单极型（场效应管）和两者兼容的。按功能分，集成电路有数字集成电路和模拟集成电路。其中，模拟集成电路又包括集成运算放大器、集成功率放大器、集成稳压电源、集成数模和模数转换器等。本单元主要讨论集成运算放大器的基本问题。

7.1 集成运算放大器的基本概念

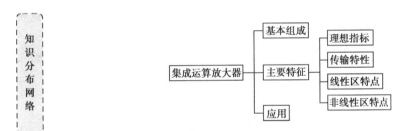

人们常把能实现对模拟信号进行基本运算的放大器称为运算放大器（简称运放），它是一种具有高放大倍数和深度负反馈的多级直接耦合放大电路。集成运算放大器是一种模拟集成电路，早期的运算放大器主要用于模拟计算机中。通过改变运算放大器的外接反馈电路和输入电路的形式与参数来完成加法、减法、乘法、除法、微分、积分，以及对数和指数等数学运算，其名称即由此而来。近年来，由于集成技术的飞速发展，各种新型的集成运算放大器不断涌现（如 CMOS 集成运算放大器），其应用已远远超出了数学运算范围，它在信号变换与处理、有源滤波、自动测量、程序控制及波形产生等技术领域中作为基本元件得到了广泛的应用。而且更新型的集成运算放大器正在不断研制和发展之中。

7.1.1 集成运算放大器的组成

如图 7.1 所示为最简单集成运算放大器的原理电路图。它是一个三级直接耦合放大电路。输入级由晶体管 VT_1、VT_2 和电阻 R_1、R_2、R_3 组成，采用的是双端输入、单端输出的放大电路；中间级由晶体管 VT_3 和 R_4、R_5 组成单管电压放大电路；输出级由晶体管 VT_4、VT_5 和 VD_1、VD_2 组成甲乙类互补对称功率放大电路。

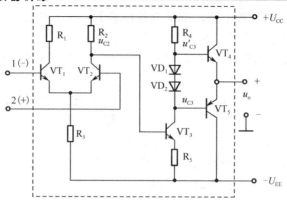

图 7.1 简单集成运算放大器的原理电路图

在静态时，由于输出级的电路是对称的，所以输出端的电位为零，即输出电压 $u_o=0$。

当输入信号 u_i 加在输入端 1 上，而输入端 2 接地时，输入级成为单端输入、单端输出的差动放大电路。由晶体管 VT_2 的集电极引出的电压 u_{C2} 与输入信号电压 u_i 同相，再经中间级放大而反相。由于输出级实质上是两个交替工作的射极输出器，其输出电压 u_o 与输入电压 u_{C3}（或 u'_{C3}）同相。可见，这时整个放大电路的输出电压 u_o 与输入电压 u_i 反相，所以输入端 1 称为反相输入端，这种输入方式称为反相输入。如果将输入信号电压 u_i 加在输入端 2 上，而输入端 1 接地，则输出电压 u_o 与输入电压 u_i 同相，输入端 2 称为同相输入端，这种输入方式称为同相输入。如果同时在输入端 1、2 分别加输入信号电压 u_{i1}、u_{i2}，对于输入级的差动放大电路而言，相当于输入一个（u_{i1} 与 u_{i2} 之差）差模信号，运算放大器的这种输入方式称为差动输入。

集成运算放大器的各类繁多，电路也各不相同，但其基本组成相似，通常由输入级、中间级和输出级三部分组成，如图 7.2 所示。

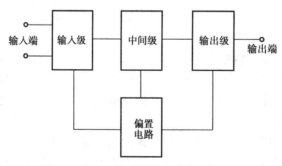

图 7.2 集成运算放大器组成的方框图

输入级是提高集成运算放大器质量的关键部分，要求其输入电阻高，能减少零点漂移和抑制共模信号。输入级都采用差动放大电路，具有同相和反相两个输入端。

中间级主要进行电压放大，要求其有大的电压放大倍数，一般由共发射极放大电路组成。

输出级与负载连接，要求其输出电阻低，带负载能力强，能输出足够大的电压和电流，一般由互补对称电路或射极输出器组成。

偏置电路的作用是为上述各级电路提供稳定和合适的偏置电流，保持各级的静态工作点，一般由恒流源电路组成。

在应用集成运算放大器时，主要应掌握各引脚的含义和性能参数，而其内部电路结构如何，一般是无关紧要的，所以这里不介绍集成运算放大器的内部电路。集成运算放大器的硅片密封在管壳之内，向外引出引脚（接线端）。管壳外形通常有双列直插式、扁平式和圆筒式三种，如图 7.3 所示。

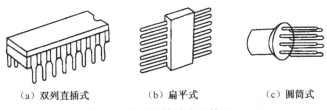

图 7.3 集成运算放大器外形

根据每一硅片上集成的运算放大器数目不同，集成运算放大器分为单运算放大器、双运算放大器和四运算放大器三种，如图 7.4 所示。

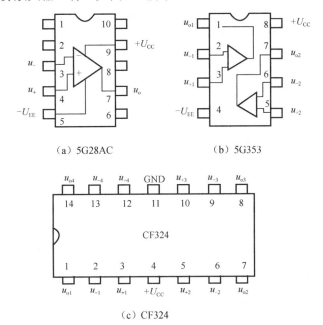

图 7.4 集成运算放大器的表示符号和引脚图

如图 7.4（a）所示为集成运算放大器 5G28AC 的表示符号和引脚图。各引脚的用途如下。

1 和 9 为相位补偿端，外接 30pF 电容；

2 和 6 为外接调零电位端；

3 为反相输入端；

4 为同相输入端；

5 为负电源端，接-15V 稳压电源；

7 为输出端；

8 为正电源端，接+15V 稳压电源。

如图 7.4（c）所示为集成运算放大器 CF324，是在同一块硅片上制作 4 个完全相同的运算放大器，它可与国外的 LM324、μA324 等互换。各引脚的用途如下。

1、7、8、14 分别为 4 个运算放大器的输出端；

2、6、10、12 分别为每个运算放大器的反相输入端；

3、5、9、13 分别为每个运算放大器的同相输入端；

4 为正电源端；

11 为接地端。

不同型号的集成运算放大器各引脚的含义和用途不同，使用时必须了解各主要参数和意义。

7.1.2 集成运算放大器的主要特征

1．理想指标

在分析集成运算放大器组成的各种电路时，可将实际运算放大器做成理想运算放大器来处理，这不仅使电路的分析简化，而且所得结果与实际情况非常接近。现将前面讨论的运算放大器中的几个重要指标理想化的情况概括如下。

（1）开环差模电压放大倍数：$A_{ud} \to \infty$。

（2）差模输入电阻：$r_{id} \to \infty$。

（3）输出电阻：$r_o \to 0$。

（4）共模抑制比：$K_{CMR} \to \infty$。

（5）失调电压、失调电流及它们的温漂均为零。

2．集成运算放大器的传输特性

如图 7.5 所示，u_P 与 u_N 的差值是输入信号，u_o 是输出信号，将输入、输出呈比例关系的区域定义为线性区，将输出与输入基本无关的水平部分定义为非线性区。

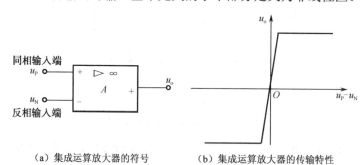

（a）集成运算放大器的符号　　　（b）集成运算放大器的传输特性

图 7.5　集成运算放大器的符号及传输特性

3．线性区特点

由于 A_{od} 很大，为使集成运算放大器工作在线性区并稳定工作，输入信号变化范围应很小。为了扩展集成运算放大器的线性工作范围，必须通过元器件引入负反馈。由于理想运算放大器的 $A_{ud} \to \infty$，$r_{id} \to \infty$，可以得到运算放大器工作在线性区的两个重要结论。

（1）虚短：即反相输入端与同相输入端近似等电位。

$$u_i = u_+ - u_- = u_0 / A_{ud} \to 0,\ 即 u_+ \approx u_- \tag{7.1}$$

(2) 虚断：即理想运算放大器的输入电流为零。

$$i_+ = i_- = u_i / r_{id} \to 0, \text{即} i \approx 0 \tag{7.2}$$

4. 非线性区特点

集成运算放大器工作在开环状态或接入正反馈时，处于非线性状态。输入端加微小的电压变化量都将使输出电压超出线性放大范围，达到正向饱和电压$+U_{om}$或负向饱和电压$-U_{om}$，其值接近正、负电源电压。在非线性状态下也有两条重要结论。

(1) 虚短不成立，输出电压有两种取值可能：

$u_+ > u_-$时，$u_0 = +U_{om}$； $u_+ < u_-$时，$u_0 = -U_{om}$。

(2) 虚断依然成立。

$$i_+ = i_- = 0, \text{即} i \approx 0$$

根据以上讨论可知，在分析集成运算放大器电路时，首先应判断它工作在什么区域，然后才能利用上述有关结论进行分析。

7.1.3 集成运算放大器在电路中的应用

集成运算放大器的应用最早始于模拟量的运算，随着集成电路技术的迅速发展，集成运算放大器的性能得到了很大程度的改进和提高，从而使集成运算放大器的应用日益广泛。集成运算放大器的应用分为线性应用和非线性应用两种。

7.2 集成运算放大器在信号运算方面的应用

集成运算放大器在信号运算方面的应用属于线性应用的一种，下面介绍几种运算电路。

7.2.1 比例运算电路的电路构成及输入/输出关系

输出量与输入量成比例的运算放大电路称为比例运算电路。

1. 反相比例运算电路

电路形式如图7.6所示，利用运算放大器工作在线性区的两个结论可得：

$u_+ = u_- = 0$时，$i_1 = i_f$

根据上述关系可以进一步得出：

$$i_1 = \frac{u_i - u_-}{R_1} = \frac{u_i}{R_1} = i_f = \frac{u_- - u_o}{R_f} = -\frac{u_o}{R_f}$$

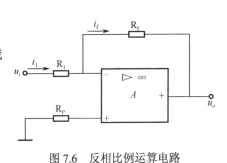

图 7.6 反相比例运算电路

即
$$u_o = -\frac{R_f}{R_1}u_i \tag{7.3}$$

由式（7.3）可知，该电路的输出电压与输入电压成比例且相位相反，实现了信号的反相比例运算。其比值仅与 R_f/R_1 有关，而与集成运算放大器的参数无关，只要 R_1 和 R_f 的阻值精度稳定，便可得到精确的比例运算关系。当 $R_f=R_1$ 时，$u_o=-u_i$，该电路成为一个反相器。

反相比例运算电路的反馈类型是深度电压并联负反馈。R_p 是平衡电阻，用以提高输入级的对称性，一般取 $R_p=R_1//R_f$。

2．同相比例运算电路

电路形式如图 7.7 所示。
$$u_+ = u_- = u_i, \quad i_+ = i_- = 0$$
$$u_- = u_+ = u_i = \frac{R_1}{R_1+R_f}u_o$$

所以
$$u_o = \left(1+\frac{R_f}{R_1}\right)u_- = \left(1+\frac{R_f}{R_1}\right)u_i \tag{7.4}$$

式（7.4）表明，输出电压与输入电压成同相比例关系，比例系数 $\left(1+\frac{R_f}{R_1}\right)\geq 1$，并且仅与电阻 R_1 和 R_f 有关。当 $R_f=0$ 或 $R_1\to\infty$ 时，$u_o=u_i$，该电路构成了电压跟随器，如图 7.8 所示，其作用类似于射极输出器，利用其输入电阻高、输出电阻低的特点可作为缓冲和隔离电路。

同相比例运算电路引入的是电压串联负反馈，所以输入电阻很高，输出电阻很低。

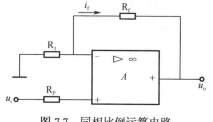
图 7.7 同相比例运算电路

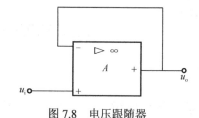
图 7.8 电压跟随器

7.2.2 加法和减法运算电路的电路构成及输入/输出关系

1．加法运算电路

电路形式如图 7.9 所示，图中画出了 3 个输入端，实际上可以根据需要增加输入端的数目，其中平衡电阻 R_p 取值为 $R_p=R_1//R_2//R_3//R_f$。

由理想运算放大器的条件知，运算放大器的输入电流 $i=0$，所以有

$$i_f = i_1 + i_2 + i_3, \quad 即 -\frac{u_o}{R_f} = \frac{u_{i1}}{R_1} + \frac{u_{i2}}{R_2} + \frac{u_{i3}}{R_3}$$

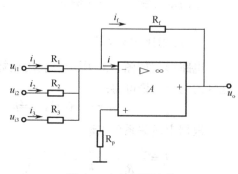
图 7.9 加法运算电路

得

$$u_o = -\left(\frac{R_f}{R_1}u_{i1} + \frac{R_f}{R_2}u_{i2} + \frac{R_f}{R_3}u_{i3}\right) \quad (7.5)$$

式（7.5）表明，输出的各个输入电压按比例相加，其中负号表示反相。若 $R_1=R_2=R_3=R_f$，则输出电压 $u_o = -(u_{i1}+u_{i2}+u_{i3})$。

2．减法运算电路

电路形式如图 7.10 所示。若取 $R_1=R_2$，$R_f=R_3$，则

$$u_- = \frac{R_f}{R_1+R_f}u_{i1} + \frac{R_1}{R_1+R_f}u_o$$

$$u_+ = \frac{R_3}{R_2+R_3}u_{i2} = \frac{R_f}{R_1+R_f}u_{i2}$$

由于 $u_- = u_+$，所以

$$u_o = \frac{R_f}{R_1}(u_{i2} - u_{i1}) \quad (7.6)$$

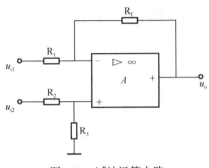

图 7.10　减法运算电路

若再取 $R_f=R_1$，则减法电路的表达式变为 $u_o = u_{i2}-u_{i1}$。

7.2.3　积分和微分运算电路的电路构成及输入/输出关系

1．积分运算电路

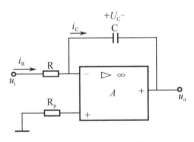

图 7.11　积分运算电路

把反相比例运算电路中的反馈电阻 R_f 用电容 C 代替，就构成了一个基本的积分电路，如图 7.11 所示。利用反相输入端是"虚地"的概念，由电路可得 $i_C=i_R$，而 $i_R=u_i/R$。

$$i_C = C\frac{du_C}{dt} = -C\frac{du_o}{dt}$$

所以有

$$u_o = -\frac{1}{C}\int i_C dt = -\frac{1}{RC}\int u_i dt \quad (7.7)$$

由式（7.7）可知，输出电压与输入电压的积分成正比并反相，所以该电路为反相积分器。

2．微分运算电路

微分是积分的逆运算，将基本积分运算电路中的电阻 R 与 C 互换位置，就构成了基本的微分运算电路，如图 7.12 所示。

根据"虚地"的概念，由电路可得 $i_C=i_R$，而 $i_C = C\frac{du_C}{dt} = C\frac{du_i}{dt}$，可得出输出电压如下：

$$u_o = -i_R R = -i_C R = -RC\frac{du_i}{dt} \quad (7.8)$$

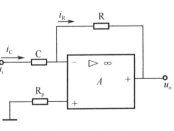

图 7.12　微分运算电路

显然，该电路可以实现微分运算。

> **提示**：上面的基本微分电路存在两个问题：一是由于输出对输入信号中的快速变化分量敏感，所以高频噪声和干扰所产生的影响比较严重；二是当输入电压发生突变时，可能使输出电压超过最大值，影响微分电路的正常工作。所以，实际的微分运算电路都是在基本微分电路的基础上改进而来的。

7.3 集成运算放大器的非线性应用

电压比较器中的集成运算放大器处于正反馈状态或开环状态，工作在非线性区，满足如下关系：

$$\begin{cases} u_+ > u_-, & u_o = +U_{om} \\ u_+ < u_-, & u_o = -U_{om} \end{cases}$$

7.3.1 单门限电压比较器的工作过程及应用

如图 7.13（a）所示，该电路是一个从反相端输入的单门限电压比较器，输入信号从反相端输入。和同相端电位进行比较，其输出与输入关系如图 7.13（b）所示。图中稳压二极管的作用是输出保护。

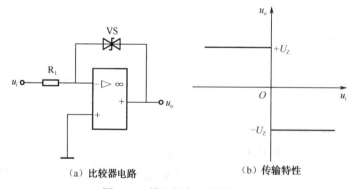

（a）比较器电路　　　　（b）传输特性

图 7.13　单门限电压比较器

单门限电压比较器非常灵敏，但抗干扰能力较差，当输入电压在参考电压附近时，输出会在正、负饱和输出间跳跃，易造成误动作。

7.3.2 滞回电压比较器的工作过程及应用

滞回电压比较器在电路中引入了正反馈，能克服单门限电压比较器抗干扰能力差的缺点，如图7.14所示，该电路是从反相端输入的电压比较器，其输出是正、负极限值。

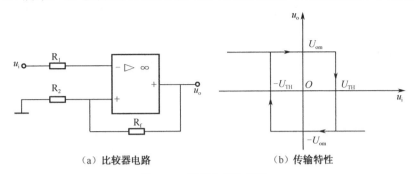

（a）比较器电路　　　　　　　　　（b）传输特性

图 7.14　滞回电压比较器

由集成运算放大器工作在非线性区的特点可知：

$$\begin{cases} 当\ u_0 = +U_{om}\ 时，u_+ = \dfrac{R_2}{R_2+R_f} = +U_{TH} \\ 当\ u_0 = -U_{om}\ 时，u_+ = -\dfrac{R_2}{R_2+R_f} = -U_{TH} \end{cases}$$

式中，$+U_{TH}$ 为上限阈值电压，$-U_{TH}$ 为下限阈值电压。

假设 u_i 是无穷小量，则反相端电位低于相端电位，因而输出电压是正极限值，同相端电位是 $+U_{TH}$。在输入继续增大的过程中，只要其小于 $+U_{TH}$，则输出就是正极限值。当 u_i 接近 $+U_{TH}$ 时，再增大一个无穷小量，则使反相端电位高于同相端电位，继而输出电压变为负极限值，随之，同相端电位变为 $-U_{TH}$，继续增大信号，该规律不再变化，该过程的工作原理如图 7.14（b）右行箭头所示。

假设 u_i 从大于 $+U_{TH}$ 的某值开始减小，则该过程的工作曲线如图 7.14（b）左行箭头所示。进一步分析得出，滞回电压比较器的抗干扰性决定于 $+U_{TH}$ 和 $-U_{TH}$，二者的差值称为回差电压，用 ΔU_{TH} 表示。

技能训练 14　集成运算放大器线性应用

1. 实训目的

（1）了解运算放大器的外形结构及各外引线功能。

（2）学习应用运算放大器组成加法、减法、积分和微分等基本运算电路的方法和技能。

2. 实训设备和器材

（1）LM324 集成运算放大器芯片。

（2）函数信号发生器。

（3）晶体管毫伏表。

（4）稳压电源。

3. 实训原理

本实训采用 LM324 集成运算放大器和外接反馈网络构成基本运算电路。LM324 内部包含了 4 个集成运算放大器,其外围引脚功能如图 7.15 所示,其中,IN_+、IN_- 为输入端,OUT 为输出端,V_+、V_- 为电源端,电源在 3~32V 范围内均可正常工作,额定电源电压为 ±15V。

若反馈网络为线性电路,则运算放大器可实现加、减、微分、积分运算。

4．实训内容和实训步骤

1）反相比例运算放大器

（1）调整稳压电源,使其输出±15V,接在 LM324 的 4 脚和 11 脚上。

（2）按如图 7.16 所示连接电路,调整低频信号发生器,使其输出 100mV、1kHz 的电压信号。

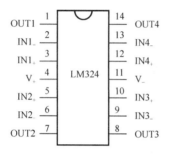

图 7.15 LM324 引脚功能图

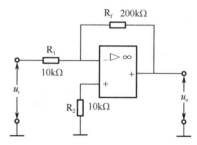

图 7.16 反相比例运算放大器

（3）用毫伏表分别测量 u_i 和 u_o,并填入表 7.1 中。

表 7.1 u_i 和 u_o 测量值及理论值

u_o(mV) / u_i(mV)	u_o（测量值）	$u_o = -\dfrac{R_f}{R_1} u_i$（理论值）

2）同相比例运算放大器

（1）调整稳压电源,使其输出±15V,接在 LM324 的 4 脚和 11 脚上。

（2）按如图 7.17 所示连接电路,调整低频信号发生器,使其输出 200mV、1kHz 的信号电压。

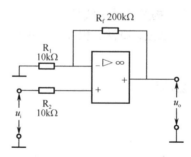

图 7.17 同相比例运算放大器

(3) 用毫伏表分别测量 u_i 和 u_o，并填入表 7.2 中。

表 7.2　u_i 和 u_o 测量值及理论值

	u_o(mV) / u_i(mV)	u_o（测量值）	$u_o=\left(1+\dfrac{R_f}{R_1}\right)u_i$（理论值）
同相比例运算放大器			
跟随器 $R_1 \to \infty$			
跟随器 $R_f = 0$			

3）加法运算放大电路

（1）调整稳压电源，使其输出±15V，接在 LM324 的 4 脚和 11 脚上。

（2）按如图 7.18 所示连接电路，调整低频信号发生器，使其输出 200mV、1kHz 的信号电压。

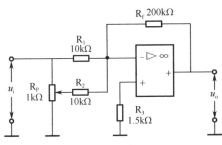

图 7.18　加法运算放大器

（3）调节 R_P，使 u_{i2}=50mV。

（4）用毫伏表分别测量 u_{i1}、u_{i2}、u_o，并填入表 7.3 中。

表 7.3　u_{i1}、u_{i2}、u_o 测量值及理论值

测　量　值			理　论　值
u_{i1}（mV）	u_{i2}（mV）	u_o（mV）	$u_o=-\left(\dfrac{R_f}{R_1}u_{i1}+\dfrac{R_f u_{i2}}{R_2}\right)$

知识梳理与总结

（1）集成运算放大器是利用集成电路工艺制成的高放大倍数的直接耦合放大器，一般由输入级、中间级、输出级和偏置电路组成。

（2）集成运算放大器的输入级是提高运算质量的关键一级。中间级主要用于提高放大倍数，通常采用有源负载的共射极或共基极放大电路。输出级的作用是向负载提供足够大的输出电压和电流，一般采用甲乙类放大的互补对称射极输出电路。

（3）集成运算放大器工作在线性区时，满足"虚断"和"虚短"；工作在非线性区时，

只满足"虚断",不满足"虚短"。

(4)集成运算放大器非线性应用是运算放大器工作在"开关"状态,即在正向饱和与反向饱和之间交替转换,如单门限电压比较器、滞回比较电路等。

思考与练习 7

7-1 电路如图 7.19 所示,集成运算放大器的开环增益 $A_{uo}=10^5$,正、负电源分别为+15V 和-15V,输入电压如各电路图所示,试写出各电路的输出电压。

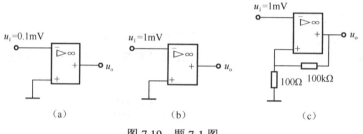

图 7.19 题 7-1 图

7-2 求如图 7.20 所示电路的输出电压与输入电压的关系式。

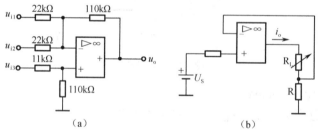

图 7.20 题 7-2 图

7-3 如图 7.21 所示电路是一比例系数可调的反相比例运算电路,设 $R_f \gg R_4$,试证:

$$u_o = -\frac{R_f}{R_1}\left(1+\frac{R_3}{R_4}\right)$$

7-4 图 7.22 中,已知 $R_f=2R_1$,$u_i=-2V$,求输出电压。

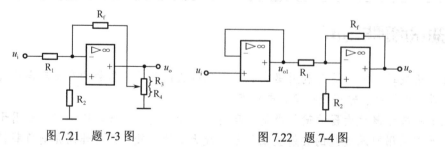

图 7.21 题 7-3 图   图 7.22 题 7-4 图

7-5 有一个铜和康铜热电偶温度传感器,它有两个端钮,可将温度变为电压。当在铜和康铜热电偶的两个端钮之间有 1℃的温度差时,便可产生 50μV 左右的电位差(即电压）。试画出一个温度差为 10℃时输出电压为 50mV 的反相比例运算电路，并求当 R_1=10kΩ 时 R_f 的电阻值。

7-6 有一硅光电池，当光照射到硅光电池时，它产生 0.5V 的电压；当无光照射时，电压为 0V。试画出一个用同相比例运算电路组成输出电压为 5V 的测量电路，并求当 R_f=91kΩ 时 R_1 的电阻值。

7-7 如图 7.23 所示，其中 R_1=10kΩ，R_f=30kΩ，试估算它的电压放大倍数和输入电阻。

7-8 如图 7.24 所示，已知 R_1=20kΩ，R_2=100kΩ，双向稳压管稳压值为 U_Z=6V，试画出 U_{REF}=6V 时的传输特性。

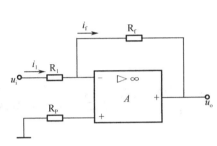
图 7.23 题 7-7 图

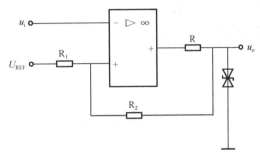
图 7.24 题 7-8 图

7-9 按照下列各运算关系式画出电路图，并计算各电阻值。反馈电阻 R_f 已在各题中标明。

（1）$u_o = -4u_i$ （R_f=30kΩ）

（2）$u_o = 5u_i$ （R_f=50kΩ）

（3）$u_o = -(u_{i1}+0.5u_{i2})$ （R_f=50kΩ）

（4）$u_o = 3(u_{i2}-u_{i1})$ （R_f=30kΩ）

单元 8

门电路与组合逻辑电路基础

教学导航

教	知识重点	1. 模拟信号和数字信号的特点　2. 数字电路数制转换及码制 3. 逻辑门电路的分析　　　　　4. 组合逻辑电路的分析与综合运用 5. 数字集成组合逻辑电路应用
	知识难点	1. 逻辑函数的化简　　　　　　2. 组合逻辑电路的分析与设计 3. 加法器、译码器的应用
	推荐教学方式	注重数字电路基本逻辑门有关知识的讲授，通过讲解实际电路并结合实训操作加深理论知识的运用，加强实践操作能力
	建议学时	16 学时
学	推荐学习方法	以小组讨论的学习方式为主，结合本单元内容掌握知识的运用
	必须掌握的理论知识	1. 模拟信号和数字信号的特点　2. 常用数制及其相互转换方法 3. 常用码制的编码规则 4. 与门、或门、非门、与或门、与非门的表示符号；逻辑关系；逻辑表达式；真值表 5. 逻辑函数的公式化简法和卡诺图化简法 6. 组合逻辑电路的分析和设计方法 7. 加法器、译码器的工作原理
	必须掌握的技能	数字电路的设计、组装与调试

单元 8　门电路与组合逻辑电路基础

电子技术中用于传递和处理信号的电子电路一般可分为两大类，即模拟电子电路（简称模拟电路）和数字电子电路（简称数字电路）。模拟电路的工作信号在大小和时间上是连续变化的信号，简称模拟信号。数字电路的工作信号在大小和时间上是离散的、不连续的脉冲信号，简称数字信号。前面几个单元研究的是模拟电路，从本单元开始主要介绍数字电路。

数字电路已广泛应用于人们生产、生活的各个领域，数字仪器仪表、机床及数字控制装置、工业逻辑系统等技术都是以数字电路为基础的，数字电路和模拟电路一样重要。因此，工程技术人员需要掌握数字技术基本理论和实用知识。

本单元主要介绍数字电路的基本知识、门电路和常用组合逻辑电路的工作原理等。

8.1　数字电路概述

8.1.1　模拟信号和数字信号的特点

人们在工作和生活中遇到的物理量，分为模拟量和数字量两种。

1．模拟量

这类物理量具有连续变化的特点，可以在一定范围内任意取实数值，如温度、压力、速度等。为了能用电信号的方法测量、传递、处理模拟量，可通过传感器将模拟量转换成与之成比例的电压或电流信号。这些与模拟量成比例的电压、电流信号，称为模拟信号。处理模拟信号的电路称为模拟电路。

2．数字量

这类物理量在时间上和数值上都是离散的，即它们只发生在一系列离散时刻，同时其数值的大小和每次增减变化，都是某一数量单位的整数倍，小于这个数量单位的数值将没有任何意义。例如，当计算某种产品的个数时，就是个数字量，每当有一个产品通过检测记录装置时，计数装置就加 1，因此与数字量对应的电信号，称为数字信号。处理数字信号的电路称为数字电路。

8.1.2　数字电路的应用举例

由于数字电路的信号与模拟电路的信号不同，因而数字电路的组成、工作特点及分析方法也与模拟电路有很大的区别。

图 8.1 为一个数字测速系统原理框图，用来测量旋转物体的转速。各被测物体的转轴上装有一个圆盘，圆盘上有一个小孔。光线可透过小孔照射到光电接收装置上，有光照时，

光电接收装置的输出电压增大。因此，被测物体每转动一周，光电装置上就输出一个电信号。这个信号具有短暂和突发的特点，这种信号称为脉冲信号。

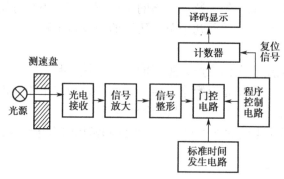

图 8.1 数字测速系统框图

由光电接收装置输出的脉冲信号，幅度与形状不规则。要对它进行放大且放大后的信号还要进行幅度与宽度的整齐划一，这种工作称为整形。整形后的信号通过门控电路过一段时间打开一次，每次开通有一定的时间，如 1s 或 0.1s。只有门控电路打开时，脉冲信号才能通过该电路进入计数器。因此，进入计数器的脉冲信号数就与被测物体的转速有关。计数器计数后通过译码电路和显示电路以十进制方式将测量值显示出来。

数字测速系统的工作由程序控制电路控制，当读数显示一定时间之后，控制电路发出命令，将计数器内的数据清除，使显示器读数回零。然后再将门控电路打开，再次输入脉冲，测量出该时段的脉冲数，主显示装置重新显示新测量的数据。数字测速装置不断地进行计数、显示、清除，将被测物体不同时段的转速值测量出来。

通过上述数字测速电路的工作可以看出，数字电路与模拟电路的工作方式有以下不同。

（1）数字电路中的信号是脉冲信号，模拟电路中的信号是随时间连续变化的信号。这两种电路因信号不同，使工作在这两种电路内的晶体管工作状态不同。模拟电路中的晶体管通常工作在线性放大区，数字电路中的晶体管经常工作在饱和区和截止区。

（2）数字电路是一个逻辑控制电路，这种电路主要研究电路输入、输出间的逻辑关系。例如，在图 8.1 中讨论的是该电路在什么条件下应当将哪一条通道打开，打开多长时间，完成什么任务等。模拟电路的工作则是研究电路输入、输出间信号的大小、相位、保真等问题。因此，数字电路的基本单元及分析方法与模拟电路有许多不同。

8.2 数字电路数制转换及码制

8.2.1 常用数制及其相互转换规律

1. 常用数制

数制就是计数方法。在日常生活中，人们习惯采用十进制，而在数字电路和计算机中广泛使用的是二进制、八进制和十六进制。

1）十进制

在十进制中，采用 0、1、2、3、4、5、6、7、8、9 十个数码，它的计数规则是"逢十进一"，十进制的基数是 10。在十进制中，数码所处的位置不同，其所代表的数值就不同，如

$$(345.25)_{10}=3\times10^2+4\times10^1+5\times10^0+2\times10^{-1}+5\times10^{-2}$$

等号右边的表示形式，称为十进制数的多项式表示法，也叫按权展开式。对于任意一个十进制数，都可以按权展开为

$$(N)_{10} = a_{n-1}\times10^{n-1} + a_{n-2}\times10^{n-2} + \cdots + a_1\times10^1 + a_0\times10^0 +$$
$$a_{-1}\times10^{-1} + a_{-2}\times10^{-2} + \cdots + a_{-m}\times10^{-m}$$
$$= \sum_{i=-m}^{n-1} a_i \times 10^i$$

式中，m 为小数位数；n 为整数位数；a_i 为十进制的任意一个数码；10^i 为十进制的位权值。

根据十进制数的特点，可以归纳出数制包含两个基本要素：基数和位权。

2）二进制

二进制数的基数是 2，只有 0 和 1 两个数码，计数规则是"逢二进一"。各位的权为 2^0、2^1、2^2、……。任何一个二进制数都可以表示成以基数 2 为底的幂的求和式，即按权展开式。如二进制数 1101.01 可表示为

$$(1101.01)_2=1\times2^3+1\times2^2+0\times2^1+1\times2^0+0\times2^{-1}+1\times2^{-2}$$

3）八进制

八进制数的基数是 8，采用 0、1、2、3、4、5、6、7 八个数码，计数规则是"逢八进一"。各位的权为 8^0、8^1、8^2、……。

4）十六进制

十六进制数的基数是 16，采用 0、1、2、3、4、5、6、7、8、9、A、B、C、D、E、F 十六个数码。其中，A~F 表示 10~15，计数规则是"逢十六进一"。各位的权为 16 的幂，十六进制数也可以表示为以基数 16 为底的幂的求和式。

在计算机应用系统中，二进制主要用于机器内部数据的处理，八进制和十六进制主要用于书写程序，十进制主要用于最终运算结果的输出。

2. 常用数制的相互转换

1）二进制数、八进制数、十六进制数转换为十进制数

将二进制数、八进制数、十六进制数转换为十进制数时，只要将它们按权展开，求出相加的和，便得到相应进制数对应的十进制数。

【例 8.1】 将下列数据转换为十进制数。

（1）$(11001.11)_2=1\times2^4+1\times2^3+0\times2^2+0\times2^1+1\times2^0+1\times2^{-1}+1\times2^{-2}=(25.75)_{10}$

（2）$(265.34)_8=2\times8^2+6\times8^1+5\times8^0+3\times8^{-1}+4\times8^{-2}=(181.4375)_{10}$

（3）$(AC.8)_{16}=A\times16^1+C\times16^0+8\times16^{-1}=(172.5)_{10}$

2）十进制数转换为二进制数、八进制数、十六进制数

将十进制数转换为其他进制数时，需将十进制数分成整数部分和小数部分分别进行转换。整数部分采用"除基数取余"法，小数部分采用"乘基数取整"法；最后将整数部分和小数部分组合到一起，就得到该十进制数转换的完整结果。

【例 8.2】 $(25.375)_{10}$ 转换为二进制数。

【解】 整数部分 25 用"除 2 取余"法，小数部分 0.375 用"乘 2 取整"法。

$$(25.375)_{10} = (11001.011)_2$$

同理，十进制数转换为八进制数、十六进制数的方法同上，请读者自行分析。

3）二进制数与八进制数、十六进制数的相互转换

由于二进制数和八进制数、十六进制数恰好满足 2^3、2^4 的关系，因此转换时将二进制数的整数部分从最低位开始，小数部分从最高位开始，每三位或四位为一组，按组将二进制数转换为相应的八进制数或十六进制数。

【例 8.3】 将二进制数 1110011010.0110101 分别转换成八进制数和十六进制数。

【解】 $(001/110/011/010.011/010/100)_2 = (1632.324)_8$

$(0011/1001/1010.0110/1010)_2 = (39A.6A)_{16}$

8.2.2 码制的类型及编码规则

在数字系统中，常将有特定意义的信息（如文字、数字、符号及指令等）用某一码制规定的代码来表示。下面介绍一些常用的码制。

二—十进制码就是用 4 位二进制数来表示 1 位十进制数中的 0～9 这 10 个数码，简称 BCD 码。4 位二进制数有 16 种不同的组合方式，即 16 种代码，根据不同的规则从中选择 10 种来表示十进制的 10 个数码，其编码方式很多，常用的 BCD 码分为有权码和无权码两种。表 8.1 中为几种常用的 BCD 码。

表 8.1 几种常用的 BCD 码

十进制	有 权 码			无 权 码	
	8421 码	2421 码	5421 码	余 3 码	格雷码
0	0000	0000	0000	0011	0000
1	0001	0001	0001	0100	0001
2	0010	0010	0010	0101	0011
3	0011	0011	0011	0110	0010

续表

十进制	有权码			无权码	
	8421码	2421码	5421码	余3码	格雷码
4	0100	0100	0100	0111	0110
5	0101	1011	1000	1000	0111
6	0110	1100	1001	1001	0101
7	0111	1101	1010	1010	0100
8	1000	1110	1011	1011	1100
9	1001	1111	1100	1100	1101

【例8.4】 完成下列转换：

$$(932.56)_{10}=(?)_{8421BCD}$$
$$(10000110.0111)_{8421BCD}=(?)_{10}$$

【解】 $(932.56)_{10}=(100100110010.01010110)_{8421BCD}$
$(10000110.0111)_{8421BCD}=(86.7)_{10}$

8.3 逻辑门电路的分析

"逻辑"指的是事物的前因和后果之间的关系，也称为逻辑关系。在事物只有"真"与"伪"、"是"与"否"、"有"与"无"等两种对立可能性的情况下，最基本的逻辑关系有三种："与"逻辑、"或"逻辑、"非"逻辑。如果用电路的输入表示条件、输出反映结果来实现一定的逻辑关系，则将这种电路称为逻辑电路。基本逻辑电路有三种：与门电路、或门电路和非门电路。

1. "与"逻辑和与门

"与"逻辑又称逻辑乘。用如图 8.2 所示的开关电路来说明"与"逻辑的规则。图中有两个串联的开关 A、B 及一个电灯 F，显然，只有开关 A、B 全部接通，灯才会亮，开关 A 和 B 中有一个不接通，灯就不亮。A、B 的接通（条件）和灯亮（结果）之间就是"与"逻辑，可用下式表示为

$$F=A \cdot B$$

为了分析上式的全部含义，假定开关接通为 1，断开为 0，灯亮为 1，灯灭为 0，前面两句话可用以下 4 个式子表述为

$$\left.\begin{array}{l}0\cdot0\\0\cdot1\\1\cdot0\\1\cdot1\end{array}\right\}\rightarrow F=A\cdot B$$

也可列表来表示，见表 8.2。表中把"条件"和"结果"的各种可能性对应表示出来，称为逻辑状态表。

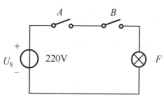

图 8.2 串联开关电路

表 8.2 "与"逻辑状态表

输	入	输 出
A	B	F
0	0	0
0	1	0
1	0	0
1	1	1

实际电路中，可以用如图 8.3（a）所示电路实现"与"逻辑，称为与门电路。图 8.3（b）是其逻辑符号。

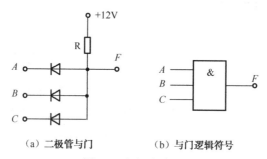

（a）二极管与门　　（b）与门逻辑符号

图 8.3 与门电路

电路工作时，二极管要导通。当 A、B、C 端均为高电位（输入均为 1）时，F 端自然具有高电位，输出为 1；当 A、B、C 端有一个（或一个以上）为低电位（输入为 0）时，该端所接二极管使 F 端被钳制于低电位（F 端电位只比输入端的低电位高出一个二极管的管压降，仍为低电位），输出也为 0，用下式表示输入/输出的"与"逻辑关系：

$$F=A\cdot B\cdot C$$

它的逻辑状态表读者可以自己列出。

提示： 与门的逻辑功能可以概括为：全 1 出 1，有 0 出 0。

2. "或"逻辑和或门

"或"逻辑又称逻辑加，用如图 8.4 所示的开关电路来说明。两个开关 A、B 并联，只要有一个开关接通，灯 F 就会亮，只有 A、B 都不接通，灯才不亮。开关 A、B 的接通与灯亮之间的关系，就是"或"逻辑，用下式表示为

$$F=A+B$$

逻辑状态表见表8.3。

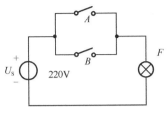

图8.4 并联开关电路

表8.3 "或"逻辑状态表

输 入		输 出
A	B	F
0	0	0
0	1	1
1	0	1
1	1	1

如图 8.5（a）所示为二极管或门电路，图 8.5（b）是其逻辑符号。当输入端 A、B、C 有一个（或一个以上）加有高电位（输入为 1）时，该端所接二极管导通，使 F 端为高电位，输出为 1，其他加低电位的输入端因所接二极管承受反向电压而处于截止状态，不会影响输出端的电位；当 A、B、C 均为低电位（输入均为 0）时，三个二极管均导通，使输出 F 为低电位，输出为 0。

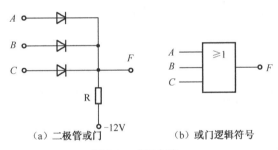

（a）二极管或门　　　　（b）或门逻辑符号

图8.5 或门电路

提示：或门的逻辑功能可以概括为：有1出1，全0出0。

3. "非"逻辑和非门

"非"逻辑又称逻辑否定，在如图 8.6 所示电路中，当开关 A 断开（0）时，灯 F 亮（1），当 A 接通（1）时，灯灭（0），这就是"非"逻辑，表达式为

$$F = \overline{A}$$

逻辑状态表见表8.4。

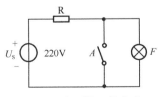

图8.6 非逻辑开关电路

表8.4 "非"逻辑状态表

输 入	输 出
A	F
0	1
1	0

晶体管非门电路如图 8.7（a）所示，当 A 端加高电位、输入为 1 时，晶体管饱和导通，输出为 0。当 A 端为低电位、输入为 0 时，晶体管截止，输出为 1。图 8.7（b）是其逻辑符号。

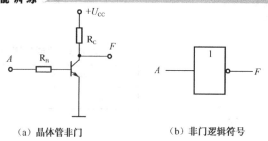

(a) 晶体管非门　　　　　(b) 非门逻辑符号

图 8.7　非门电路

4. 复合门电路

实际应用中，经常把三种基本逻辑门电路组合成复合门电路，以丰富逻辑电路的功能。

把与门和非门串联起来就组成了与非门，如图 8.8 所示，可以用下式表示

$$F = \overline{A \cdot B \cdot C}$$

提示：与非门的逻辑功能可以概括为：全 1 出 0，全 0 出 1。

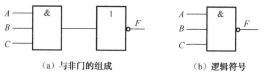

(a) 与非门的组成　　　　　(b) 逻辑符号

图 8.8　与非门

把或门和非门串联起来就组成了或非门，如图 8.9 所示，逻辑表达式为

$$F = \overline{A + B + C}$$

提示：或非门的逻辑功能可以概括为：有 1 出 0，全 0 出 1。

(a) 或非门的组成　　　　　(b) 逻辑符号

图 8.9　或非门

除以上两种复合门以外，常用的还有与或非门、异或门、同或门等，其具体实现方法可查阅相关资料。

8.4　组合逻辑电路的分析与综合运用

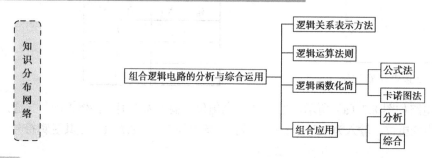

用几种基本门电路可以实现基本逻辑关系，将这些逻辑门电路组合起来，构成组合逻辑电路，可以实现各种逻辑功能。

8.4.1 逻辑关系的表示方法及逻辑运算法则

逻辑代数又称布尔代数，是研究二值逻辑问题的主要数学工具，也是分析和设计各种逻辑电路的主要数学工具。与普通代数一样，用字母（A，B，C，…）表示变量，但变量的取值只有 0 和 1 两种。

 提示：注意，这里 0 和 1 不是指数值的大小，而是代表逻辑上对立的两个方面。

逻辑运算的基本运算法则和定律如下：

定律名称	逻辑与	逻辑或
0-1 律	$0 \cdot A = 0$	$0 + A = A$
	$1 \cdot A = A$	$1 + A = 1$
交换律	$A \cdot B = B \cdot A$	$A + B = B + A$
结合律	$A \cdot (B \cdot C) = (A \cdot B) \cdot C$	$A + (B + C) = (A + B) \cdot (A + C)$
分配律	$A + (B \cdot C) = A \cdot B + A \cdot C$	$A + BC = A \cdot B + A \cdot C$
互补律	$A \cdot \overline{A} = 0$	$A + \overline{A} = 1$
重叠律	$A \cdot A = A$	$A + A = A$
还原律	$\overline{\overline{A}} = A$	
反演律（摩根定律）	$\overline{A \cdot B \cdot C \cdot \cdots} = \overline{A} + \overline{B} + \overline{C} + \cdots$	$\overline{A + B + C + \cdots} = \overline{A} \cdot \overline{B} \cdot \overline{C} \cdot \cdots$
吸收律	$A \cdot (A + B) = A$	$A + AB = A$
	$(A + B)(A + \overline{B}) = A$	$AB + A\overline{B} = A$
	$A(\overline{A} + B) = AB$	$A + \overline{A}B = A + B$
隐含律	$(\overline{A} + B)(A + C)(B + C) = (\overline{A} + B)(A + C)$	$AB + \overline{A}C + BC = AB + \overline{A}C$
	$(\overline{A} + B)(A + C)(B + C + D) = (\overline{A} + B)(A + C)$	$AB + \overline{A}C + BCD = AB + \overline{A}C$

8.4.2 逻辑函数式的化简

一个逻辑式可以由不同的表达式表达，相应的可以画出不同的逻辑符号表示的逻辑图。逻辑表达式越简单，相应的逻辑图越简单，因此为了使设计的逻辑电路元器件使用少、电路合理、工作可靠，必须对逻辑函数进行化简，以求得到最简化的逻辑表达式。

化简的方法包括公式化简法和卡诺图化简法等。

1. 公式化简法

应用逻辑代数的基本运算法则和定理，可以对任何一个逻辑函数进行化简，化简的过程就是消去函数表达式中多余字母和多余项的过程。通过下面几个例题介绍化简的方法。

【例 8.5】 化简下列逻辑函数：

（1）$Y_1 = AB + \overline{A}C + \overline{B}C$；

(2) $Y_2 = A\bar{B} + B\bar{C} + \bar{B}C + \bar{A}B$。

【解】 (1) $Y_1 = AB + \bar{A}C + \bar{B}C$

$= AB + (\bar{A} + \bar{B})C$

$= AB + \overline{AB}C$（反演律）

$= AB + C$（吸收律）

(2) $Y_2 = A\bar{B} + B\bar{C} + \bar{B}C + \bar{A}B$

$= A\bar{B} + B\bar{C} + \bar{B}C(A + \bar{A}) + \bar{A}B(C + \bar{C})$

$= A\bar{B} + A\bar{B}C + B\bar{C} + \bar{A}\bar{B}C + \bar{A}BC + \bar{A}B\bar{C}$（分配律）

$= A\bar{B}(1+C) + B\bar{C}(1+\bar{A}) + \bar{A}C(\bar{B}+B)$

$= A\bar{B} + B\bar{C} + \bar{A}C$

2. 卡诺图化简法

1）最小项

为了介绍卡诺图化简法，首先要介绍最小项的概念。

最小项是指所有输入变量各种组合的乘积（与项），这里的输入变量包括原变量和反变量。

例如，对于两个变量 A、B 来说，最小项有 $\bar{A}\bar{B}$、$\bar{A}B$、$A\bar{B}$、AB 四项；三变量 A、B、C 的最小项有 $\bar{A}\bar{B}\bar{C}$、$\bar{A}\bar{B}C$、$\bar{A}B\bar{C}$、$\bar{A}BC$、$A\bar{B}\bar{C}$、$A\bar{B}C$、$AB\bar{C}$、ABC 八项。一般来说，对于 n 个逻辑变量，有 2^n 个最小项。

任何一个逻辑函数，都可以用若干个最小项的逻辑或来表示，即用其最小项表达式表示，这个表达式是唯一的。

【例 8.6】 已知逻辑表达式 $F_1 = \bar{A}B + A\bar{C}$，$F_2 = \overline{(AB + \bar{A}\bar{B} + \bar{C})\bar{A}B}$，写出它们的最小项表达式。

【解】 $F_1 = \bar{A}B + A\bar{C}$

$= \bar{A}B(C + \bar{C}) + A\bar{C}(B + \bar{B})$

$= \bar{A}BC + \bar{A}B\bar{C} + AB\bar{C} + A\bar{B}\bar{C}$

$F_2 = \overline{(AB + \bar{A}\bar{B} + \bar{C})\bar{A}B}$

$= \overline{AB + \bar{A}\bar{B} + \bar{C}} + \bar{A}B$

$= \overline{AB} \cdot \overline{\bar{A}\bar{B}} \cdot C + \bar{A}B$

$= (\bar{A} + \bar{B})(A + B)C + \bar{A}B$

$= \bar{A}BC + A\bar{B}C + \bar{A}B(C + \bar{C})$

$= \bar{A}BC + A\bar{B}C + \bar{A}B\bar{C}$

【例 8.7】 已知逻辑状态表 8.5，求最小项表达式。

【解】 将逻辑状态表中 $F=1$ 的各项输入变量组合进行逻辑或，得

$F = \bar{A}\bar{B}\bar{C} + \bar{A}BC + A\bar{B}\bar{C} + ABC$

表 8.5 例 8.7 的逻辑状态表

输	入		输 出
A	B	C	F
0	0	0	1
0	0	1	0
0	1	0	0
0	1	1	1
1	0	0	1
1	0	1	0
1	1	0	0
1	1	1	1

2）卡诺图的构成

卡诺图是在逻辑状态表的基础上，把输入变量的各种组合及对应的输出值按一定规则画出的阵列图。构图规则如下：

(1) 卡诺图是方格图，图中每个小方块仅与一个确定的最小项相对应，既不重复，又不遗漏。因此，n 变量的卡诺图，小方块总数等于最小项总数，即 2^n 个。

(2) 任何"相邻"小方块对应的最小项，其变量组合只允许有一个变量的取值不同。

1～4 变量卡诺图中最小项的排列位置如图 8.10 所示。

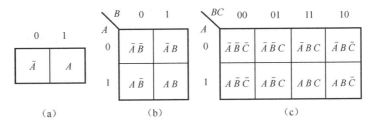

图 8.10　1～4 变量卡诺图构成

为方便起见，可将卡诺图中的小方块加以编号。其方法是：将每一小方块所代表的输入变量组合的二进制码所对应的十进制数作为该方块的编号。如图 8.10（c）所示的三变量卡诺图中的小方块的编号如图 8.11 所示。

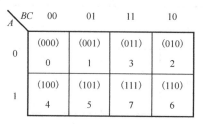

图8.11 三变量卡诺图编号

(3) 逻辑函数在卡诺图上的表示。如果已知逻辑函数表达式，则必须将它化成最小项表达式后，再读入卡诺图。如例 8.6 中函数的卡诺图如图 8.12 所示。读入的方法是将逻辑函数式中的各最小项对应的方块填入 1，其他方块填入 0。

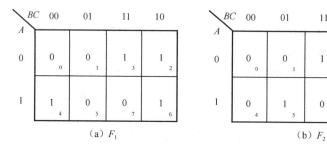

图8.12 例8.6的卡诺图

如果已知逻辑状态表，则将状态表中的最小项对应的 F 值读入卡诺图。例 8.7 的逻辑状态表所对应的卡诺图如图 8.13 所示。

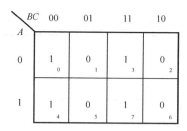

图8.13 例8.7的卡诺图

(4) 用卡诺图化简逻辑函数。卡诺图中代表一个最小项的小方块通常称为"0 维块"，任意两个相邻的 0 维块组成一个"1 维块"，两个相邻的 1 维块又组成一个"2 维块"，以此类推。当相邻维块合并时，由于相邻性（即存在同名但相反的变量），合并的结果因 $A+\overline{A}=1$ 而减少一个变量，维数越高的维块中变量数越少，由此达到化简的目的。

【例8.8】 用卡诺图化简例 8.6 中的 Y_1。

【解】 将 Y_1 的卡诺图重新画出，如图 8.14 所示，从图中可以看出，0 维块方格 2 和方格 3 相邻，组成一个 1 维块（用虚方框框出），可消去变量 C，得到与项 $\overline{A}B$；方格 4 和方格 6 同样相邻（只有变量 B 不同），消去 B（用虚方框框出），得到与项 $A\overline{C}$。全部能合并的 0 维块已合并，将各个虚方框框出的与项相或，得到最简与或式为

单元 8　门电路与组合逻辑电路基础

$$Y_1 = \overline{A}B + A\overline{C}$$

【例 8.9】　化简函数 $F = AB\overline{C}\overline{D} + A\overline{B}\overline{C}\overline{D} + AC\overline{D} + A\overline{B}D + \overline{A}\overline{B}D$。

【解】　将 F 表示为最小项表达式

$$F = AB\overline{C}\overline{D} + A\overline{B}\overline{C}\overline{D} + ABC\overline{D} + A\overline{B}C\overline{D} + A\overline{B}CD + \overline{A}B\overline{C}D + \overline{A}\overline{B}\overline{C}D$$

卡诺图如图 8.15 所示。从图中可以看出，方格 8、9、12、13 相邻，组成一个 2 维块，可消去变量 B、D。方块 0、2、8、10 也相邻，可消去变量 C、A。得出最简与或式为

$$F = A\overline{C} + \overline{B}\overline{D}$$

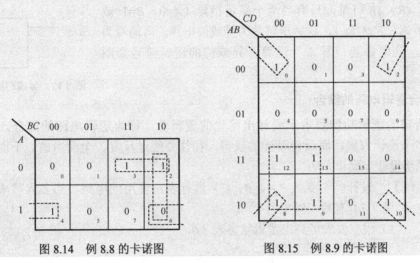

图 8.14　例 8.8 的卡诺图　　　图 8.15　例 8.9 的卡诺图

用卡诺图表示逻辑函数较为直观，在函数化简中也比较方便。但对多于 5 个变量的逻辑函数，用卡诺图化简便显得较为复杂。

8.4.3　逻辑门电路的组合应用

> 提示：逻辑门电路的共同特点是电路某一时刻的输出状态，只取决于该时刻的输入信号，而与此时刻之前的输入信号无关，称为组合逻辑电路。

1. 组合逻辑电路的分析

根据已知逻辑电路，列出逻辑表达式，再用逻辑运算的方法，明确电路的逻辑功能，称为逻辑电路的分析。

【例 8.10】　分析如图 8.16 所示的逻辑图的逻辑功能。

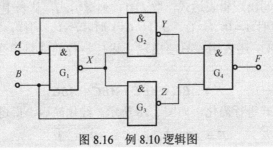

图 8.16　例 8.10 逻辑图

【解】 根据逻辑图可得

$$F = \overline{\overline{A \cdot \overline{AB}} \cdot \overline{B \cdot \overline{AB}}}$$

进一步化简，可得

$$F = A \cdot \overline{AB} + B \cdot \overline{AB}$$
$$= (A+B)(\overline{AB})$$
$$= (A+B)(\overline{A}+\overline{B})$$
$$= \overline{A}B + A\overline{B}$$

由 $F = \overline{A}B + A\overline{B}$ 可见，只有当两个变量相异（$A=0$、$B=1$ 或 $A=1$、$B=0$）时，F 才为 1，这种电路称为异或门电路，可简写为 $F = A \oplus B$，其中 $\oplus$ 为"异或"运算。异或门的逻辑符号如图 8.17 所示。

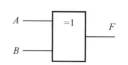

图 8.17 异或门的逻辑符号

2. 组合逻辑电路的综合

根据给定的逻辑功能要求，设计出简化的逻辑图，称为逻辑电路的综合。一般情况下，总有多个设计方案，而最佳设计的获得，往往要经过反复、全面考虑。下面通过简单的例子，说明设计步骤和方法。

【例 8.11】 设计一个三人（A、B、C）进行表决使用的电路，当多人赞成（输入为 1）时，表决结果（F）有效（输出为 1）。

【解】 （1）根据要求可列出逻辑状态表 8.6。

表 8.6 例 8.11 的逻辑状态表

输	入		输	出
A	B	C	F
0	0	0	0
0	0	1	0
0	1	0	0
0	1	1	1
1	0	0	0
1	0	1	1
1	1	0	1
1	1	1	1

（2）由逻辑状态表写出逻辑表达式，取 $F=1$，列逻辑式。从表中第 4 行可以写出最小项 $F = \overline{A}BC$，这个与项表明 $A=0(\overline{A}=1)$、$B=1$、$C=1$ 时，$F=1$。同样，第 6、7、8 行也可以写出对应的最小项。表 8.6 还表明，只要出现上述任一行的变量组合，F 均为 1，这又是"或"逻辑。因此

$$F = \overline{A}BC + A\overline{B}C + AB\overline{C} + ABC$$

（3）用卡诺图对上式进行简化，如图 8.18 所示。经化简后，得逻辑函数为

$$F = AB + BC + AC = \overline{\overline{AB}\,\overline{BC}\,\overline{AC}}$$

单元 8　门电路与组合逻辑电路基础

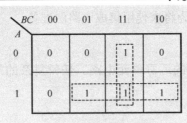

图 8.18　例 8.11 的卡诺图

（4）画出与非门实现的逻辑图，如图 8.19 所示。

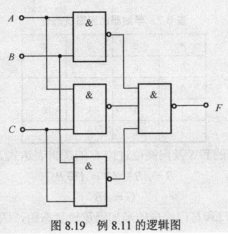

图 8.19　例 8.11 的逻辑图

8.5　数字集成组合逻辑电路应用

8.5.1　组合逻辑电路的分析与综合方法

分析组合逻辑电路的目的是确定已知电路的逻辑功能。分析步骤：写出各输出端的逻辑函数表达式，化简和变换逻辑函数表达式，列出真值表，确定逻辑功能。

设计组合逻辑电路的目的是根据提出的实际问题，设计出逻辑电路。设计步骤：明确逻辑功能，列出真值表，写出逻辑函数表达式，逻辑化简和变换，画出逻辑图。

8.5.2　常用组合逻辑电路的功能分析

数字组合逻辑电路是数字集成电路中的一种，常用的中、小规模组合逻辑集成电路有加法器、译码器等。

对于数字集成电路，学习时应用重点了解它们的逻辑符号、集成电路的功能表、特殊

211

引出端的控制作用等，目的是为将来使用集成电路做准备。

1．加法器

加法器是计算机中最基本的运算单元电路。任何复杂的加法器电路中，最基本的单元都是半加器和全加器。

1）半加器

半加器只能对一位二进制数做算术加法运算，可向高位进位，但不能输入低位的进位值。按照两数相加的概念，可得出半加器的逻辑状态表，见表8.7。

表8.7 半加器的逻辑状态表

A	B	S	C
0	0	0	0
0	1	1	0
1	0	1	0
1	1	0	1

由表8.7可写出半加器的和 S 及向高位进位 C 的逻辑表达式。

$$S = \overline{A}B + A\overline{B} = A \oplus B$$
$$C = AB$$

图8.20（a）为用异或门和与门构成的半加器逻辑状态图，图8.20（b）为半加器的逻辑符号。

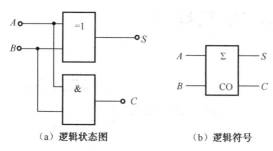

（a）逻辑状态图　　　　（b）逻辑符号

图8.20 半加器

2）全加器

全加器是能输入低位进位值的1位二进制数加法运算逻辑电路。表8.8是全加器的逻辑状态表，A_i、B_i 为本位的加数和被加数，C_{i-1} 表示从低位输入的进位数，S_i 是本位的和数，C_i 为本位输出到高位的进位数。

表8.8 全加器的逻辑状态表

A_i	B_i	C_{i-1}	S_i	C_i
0	0	0	0	0
0	0	1	1	0
0	1	0	1	0
0	1	1	0	1

续表

A_i	B_i	C_{i-1}	S_i	C_i
1	0	0	1	0
1	0	1	0	1
1	1	0	0	1
1	1	1	1	1

根据表 8.8 可画出全加器的卡诺图，如图 8.21 所示，并可由此求出与或式。S_i 可做进一步的推导化简为

$$S_i = \overline{A_i}\overline{B_i}C_{i-1} + \overline{A_i}B_i\overline{C_{i-1}} + A_i\overline{B_i}\overline{C_{i-1}} + A_iB_iC_{i-1}$$
$$= C_{i-1}(\overline{A_i}\overline{B} + A_iB_i) + \overline{C}_{i-1}(\overline{A_i}B_i + A_i\overline{B_i})$$
$$= C_{i-1}\overline{(A_i \oplus B_i)} + \overline{C}_{i-1}(A_i \oplus B_i)$$
$$= A_i \oplus B_i \oplus C_{i-1}$$
$$C_i = A_iB_i + B_iC_{i-1} + A_iC_{i-1}$$

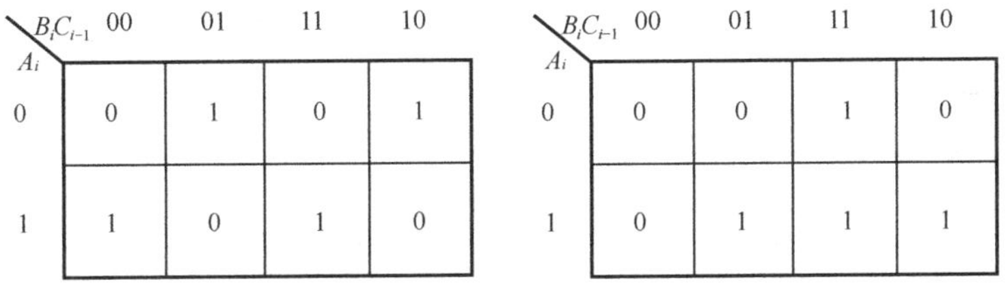

B_iC_{i-1} \ A_i	00	01	11	10
0	0	1	0	1
1	1	0	1	0

(a)

B_iC_{i-1} \ A_i	00	01	11	10
0	0	0	1	0
1	0	1	1	1

(b)

图 8.21 全加器的卡诺图

为了利用输出 S_i，将 C_i 适当变换为

$$C_i = \overline{A_i}B_iC_{i-1} + A_i\overline{B_i}C_{i-1} + A_iB_i$$
$$= (A_i \oplus B_i)C_{i-1} + A_iB_i$$

令 $S'_i = A_i \oplus B_i$，则 S'_i 是 A_i 和 B_i 的半加和，而 S_i 又是 S'_i 与 C_{i-1} 的半加和，因此一个全加器可以用两个半加器和一个或门来实现，如图 8.22（a）所示。图 8.22（b）是全加器的逻辑符号。

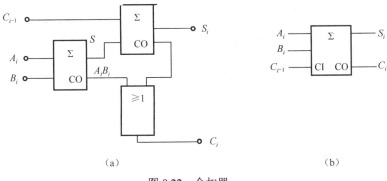

(a)　　　　　　　　　　　　　　(b)

图 8.22 全加器

2. 译码器与数码显示

译码是将输入的每个二进制代码赋予的含义"翻译"过来,给出相应的输出信号。译码器就是完成译码功能的逻辑部件。它是多输入、多输出的组合逻辑电路。数字电路中,译码器的输入常为二进制或 BCD 代码。

1) 二进制译码器

假定输入代码是三位二进制,输出为 1 时,相当于接通一个用户。所以表 8.9 的输出为 $F_0 \sim F_7$。对于任意输入代码组合,输出中有一个而且仅有一个为 1,其他输出均为 0。可见,译码器实质上是一种可以输出全部最小项的电路。根据表 8.9,写出逻辑式如下:

$$F_0 = \overline{A_2}\,\overline{A_1}\,\overline{A_0} \quad F_1 = \overline{A_2}\,\overline{A_1}\,A_0$$
$$F_2 = \overline{A_2}\,A_1\,\overline{A_0} \quad F_3 = \overline{A_2}\,A_1\,A_0$$
$$F_4 = A_2\,\overline{A_1}\,\overline{A_0} \quad F_5 = A_2\,\overline{A_1}\,A_0$$
$$F_6 = A_2\,A_1\,\overline{A_0} \quad F_7 = A_2\,A_1\,A_0$$

表 8.9　三位二进制译码器的状态表

输入			输出							
A_2	A_1	A_0	F_7	F_6	F_5	F_4	F_3	F_2	F_1	F_0
0	0	0	0	0	0	0	0	0	0	1
0	0	1	0	0	0	0	0	0	1	0
0	1	0	0	0	0	0	0	1	0	0
0	1	1	0	0	0	0	1	0	0	0
1	0	0	0	0	0	1	0	0	0	0
1	0	1	0	0	1	0	0	0	0	0
1	1	0	0	1	0	0	0	0	0	0
1	1	1	1	0	0	0	0	0	0	0

由逻辑式可画出逻辑图,如图 8.23 所示。

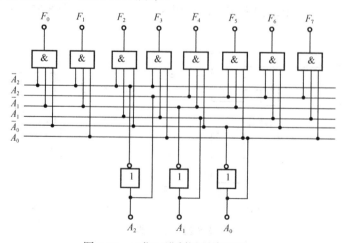

图 8.23　三位二进制译码编码器

2）二—十进制译码器

对于一位 BCD 代码而言，共有 4 位二进制数。BCD 代码的译码器为 4 输入 10 输出的电路。由于 4 位二进制数共有 2^4=16 种组合，而 BCD 代码只使用 10 种组合，其他 6 种组合称为伪码。8421BCD 译码器的状态表见表 8.10，当出现伪码时（出现 1010～1111 六种情况时），输出可全为 0（称拒绝伪码（拒伪）译码器）；也可不全为 0，出现不仅一个输出端为 1 的情况（非拒伪译码器），使用哪种译码器，可视具体要求而定。设计两种译码器的卡诺图如图 8.24 所示（仅以 F_0 为例）。

表 8.10 8421BCD 码译码器的状态表

输	入			输				出					
A_3	A_2	A_1	A_0	F_9	F_8	F_7	F_6	F_5	F_4	F_3	F_2	F_1	F_0
0	0	0	0	0	0	0	0	0	0	0	0	0	1
0	0	0	1	0	0	0	0	0	0	0	0	1	0
0	0	1	0	0	0	0	0	0	0	0	1	0	0
0	0	1	1	0	0	0	0	0	0	1	0	0	0
0	1	0	0	0	0	0	0	0	1	0	0	0	0
0	1	0	1	0	0	0	0	1	0	0	0	0	0
0	1	1	0	0	0	0	1	0	0	0	0	0	0
0	1	1	1	0	0	1	0	0	0	0	0	0	0
1	0	0	0	0	1	0	0	0	0	0	0	0	0
1	0	0	1	1	0	0	0	0	0	0	0	0	0

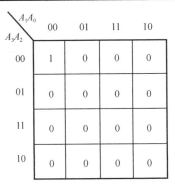
（a）拒伪码

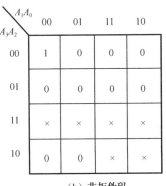
（b）非拒伪码

图 8.24 F_0 的卡诺图

3）译码器在数字显示方面的应用

（1）辉光数码管数字显示。辉光数码管的结构示意图如图 8.25 所示。管内共有 10 个阴极（$k_0 \sim k_9$）和 1 个阳极 A。10 个阴极分别做成数码 0～9 的开关。在电路中，阳极 A 通过限流电阻 R_A 接高压（+180V 左右）。如果某个阴极接地，则该阴极附近产生辉光放电而发光，显示出该阴极的字形。其他阴极在此时如果对地处于断开状态，则不会发光。

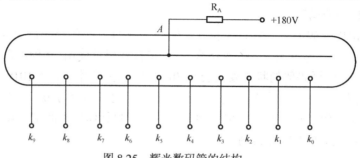

图8.25 辉光数码管的结构

将 BCD 代码代表的十进制数显示出来，可接二—十进制译码器和耐高压电子开关（晶体管），原理图如图 8.26 所示。输入代码确定后，译码器的输出端有一个为 1，其他均为 0。相应的，在 $VT_0 \sim VT_9$ 中只有一个管子饱和导通，使相应的阴极接地而发光，其他阴极均处于对地断开状态。

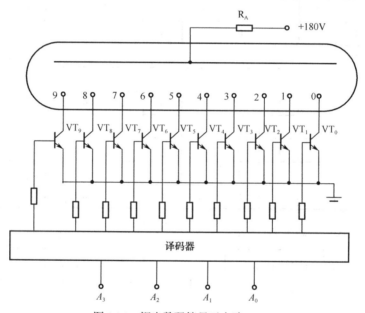

图8.26 辉光数码管显示电路

辉光数码管的优点是字形清晰、美观、亮度大。缺点是需要高压及高压电子开关。

（2）半导体数码管显示。半导体数码管的结构如图 8.27 所示。由 $a \sim g$ 七个条形发光二极管组成，h 为小数点。当 $a \sim h$ 中某一段发光二极管加有正向电压时，产生一定电流后，便会发光，因此可显示多种图形。通常这种显示器用来显示 $0 \sim 9$ 十个数码。

发光二极管有共阴极和共阳极两种接法，如图 8.28 所示。共阴极时某段接高电平发光；共阳极时，某段接低电平发光。

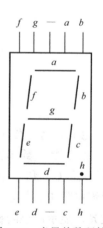

图8.27 半导体数码管

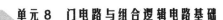

单元 8　门电路与组合逻辑电路基础

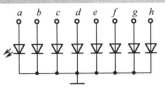
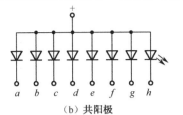

（a）共阴极　　　　　　　　　　（b）共阳极

图 8.28　半导体数码管的两种接法

由于二极管导通只需要小于 1V 的电压，所以可由能输出一定电流的 TTL 集成电路直接驱动。为使对应的 BCD 码显示正确，需要专门的七段显示译码器。图 8.29 是七段显示译码器 T337 的外引线排列图。图中 $\overline{I_B}$ 为熄灭端，当 $\overline{I_B}$ 输入为 0 时，输出均为 0，数码管熄灭。正常工作时，$\overline{I_B}$ 接高电平。

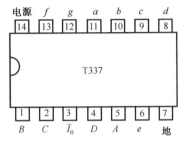

图 8.29　T337 外引线排列图

表 8.11 为数码管共阴极接法时七段显示译码器的状态表。图 8.30 是 T337 和共阴极半导体数码管的连接示意图。改变电阻 R 的大小可以调节数码管的工作电流和显示亮度。

表 8.11　七段显示译码器的状态表

输入				输出							数码显示
A_3	A_2	A_1	A_0	a	b	c	d	e	f	g	
0	0	0	0	1	1	1	1	1	1	0	0
0	0	0	1	0	1	1	0	0	0	0	1
0	0	1	0	1	1	0	1	1	0	1	2
0	0	1	1	1	1	1	1	0	0	1	3
0	1	0	0	0	1	1	0	0	1	1	4
0	1	0	1	1	0	1	1	0	1	1	5
0	1	1	0	1	0	1	1	1	1	1	6
0	1	1	1	1	1	1	0	0	0	0	7
1	0	0	0	1	1	1	1	1	1	1	8
1	0	0	1	1	1	1	1	0	1	1	9

译码器还有其他应用：可用做函数发生器，在存储电路中可用来寻找存储地址，在控制设备中可输出控制信号或作为节拍脉冲发生器等。

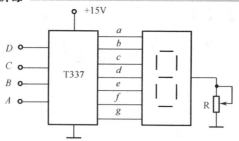

图 8.30 T337 和半导体数码管连接示意图

技能训练 15 四路智力竞赛抢答器的组装与调试

1. 实训目的
（1）掌握四路智力竞赛抢答器电路的组装和调试方法。
（2）提高检查故障和排除故障的能力。

2. 实训设备和器材
直流稳压电源 1 台；数字万用表 1 个；常用电子装配工具 1 套。

3. 实训内容和实训步骤
1）知识准备

四路智力竞赛抢答器电路将涉及一些在前面没有介绍的元器件，在此主要将其检测方法做简单介绍。

（1）双 JK 触发器 CD4027 的检测。双 JK 触发器 CD4027 是具有两个上升沿触发有效的，互相独立的 JK 触发器，其引脚排列和逻辑符号如图 8.31 所示。CD4027 可直接代换的型号有 CD4027、CH4027、MC4027、F4027、TC4027 等。

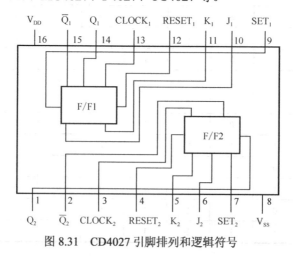

图 8.31 CD4027 引脚排列和逻辑符号

测试方法：利用数字电子技术实训装置，将被测 CD4027 插入相应的芯座上，按 CD4027 的逻辑功能表接入相应的输入电平，将被测 CD4027 触发器输出端接至逻辑电平显示器上，验证其输出电平。

（2）双路四输入与非门 CD4012 的检测。双路四输入与非门 CD4012 的功能测试方法同 CD4027，利用数字电子技术实训装置，验证其输出电平是否符合与非门"有 0 出 1，全 1 出 0"的逻辑功能。其引脚排列和逻辑符号如图 8.32 所示。

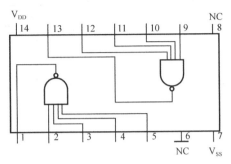

图 8.32　CD4012 引脚排列和逻辑符号

（3）语音芯片 KD9561 的检测。语音芯片 KD9561 封闭形式如图 8.33 所示。具体操作如下：按如图 8.34 所示电路接好后，只要接通电源就会发出模拟声报警。两个选择端 SEL_1、SEL_2 通过选择电平的高低，即得到 4 种不同的模拟声电信号，模拟声见表 8.12。

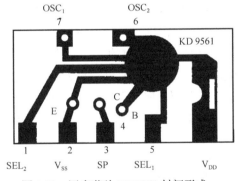

图 8.33　语音芯片 KD9561 封闭形式

表 8.12　SEL_1、SEL_2 的 4 种不同模拟声

SEL_1	SEL_2	输 出 声 音
不接	不接	警车声
V_{DD}	不接	火警声
V_{SS}	不接	救护车声
任意接	V_{DD}	机关枪声

2）实训内容

（1）四路智力竞赛抢答器电路原理图及工作原理分析。

① 电路原理图如图 8.34 所示。

② 电路逻辑功能分析。

a. 抢答控制电路。该部分由开关 S_1、S_2、S_3、S_4 组成，分别接 FF_0、FF_1、FF_2、FF_3 的 CP 端，由 4 名参赛者控制。常态时开关接地，比赛开始时，按下开关，使该端为高电平，也就是使该触发器的 CP 端出现一个上升沿。

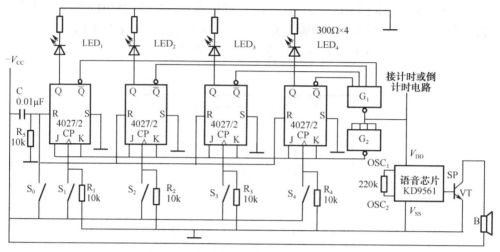

图 8.34　四路智力竞赛抢答器电路图

b. 清零装置。为了保证电路正常工作，比赛开始前，主持人按下开关 S_0，JK 触发器的异步输入 R 端都为高电平，JK 触发器异步清零，Q 端都为低电平，4 个发光二极管都不亮。

c. 抢答器。由图 8.34 看出，抢答器是由 4 个 JK 触发器和两个输入与非门 G_1、G_2 构成。工作原理如下：比赛开始前，4 个 JK 触发器的 Q 端都为低电平，$\overline{Q}$ 端都为高电平，则 G_1 输出为低电平，G_2 输出为高电平，即所有的 JK 端为高电平。此时，若参赛者首先按下开关 S_1，则 FF_0 的 CP 端出现一个上升沿，使 FF_0 翻转，Q_0 为高电平，发光二极管亮，同时 $\overline{Q}_0$ 为低电平，使 G_1 输出为高电平，G_2 输出为低电平，该低电平送到所有的 JK 端。当其他参赛者也按下开关时，由于 JK 端都为低电平，所以相应的触发器只能保持原来的低电平状态，也就是只有 S_1 抢答成功。

d. 声响电路。一旦有人抢答，就会使 G_1 输出高电平，该高电平送到语音芯片触发端，使语音芯片工作，扬声器发出声响，表示抢答成功。G_1 的输出端也可送到其他计时电路，当某参赛者抢答成功时，这个高电平使计时电路开始计时，或倒计时，以限定参赛者的回答时间。

③ 四路智力竞赛抢答器配套明细表如表 8.13 所示。

表 8.13　四路智力竞赛抢答器配套明细表

元器件代号	型号及参数	数量	功　能
JK 触发器	CD4027	1	触发抢答信号
G_1、G_2 二四与非门	CD4012	1	抢答成功后封锁其他抢答信号
R_1、R_2、R_3、R_4	RJ11-10k-0.25W	4	限流
R_5	RJ11-10k-0.25W	1	微分电路，上电清零
C	103	1	
S_0	按钮开关	1	清零按钮
S_1、S_2、S_3、S_4	按钮开关	4	抢答按钮开关

单元 8　门电路与组合逻辑电路基础

续表

元器件代号	型号及参数	数量	功　能
VD_1、VD_2、VD_3、VD_4	发光二极管	4	显示
KD9561	语音芯片	1	输出声音信号
扬声器 B	0.5W8Ω	2	发出声响
三极管 VT	9014	1	功率放大
电阻	300 Ω	4	
电阻	220 Ω	1	
万能电路板		1	

（2）组装。

① 元器件检测。

② 元器件预加工。

③ 万能电路板装配。

（3）调试。

① 仔细检查、核对电路与元器件，确认无误后加入规定的+5V 直流电压。

② 上电复位功能测试。通电后，4 个发光二极管应该都不亮。

③ 抢答功能测试。按下任一按钮开关，对应的发光二极管亮，再按其他任一按钮，均不会发生改变。

④ 清零功能测试。按下按钮开关 S_0，4 个发光二极管应该都灭。

⑤ 声响电路功能测试。按下按钮开关 $S_1 \sim S_4$ 中的一个，观察扬声器是否发声。

知识梳理与总结

（1）数字电路是传递和处理脉冲信号的电路，工作信号是一种突变的离散信号。电路中的晶体管工作在开关状态。

（2）数字电路中主要采用二进制数。二进制数不仅可以表示数值的大小，还可以表示文字和符号。

（3）逻辑函数通常有 4 种表示方式，即真值表、逻辑函数表达式、卡诺图和逻辑图，知道其中任何一种形式，都能将它转换为其他形式。

（4）逻辑函数的化简方法有公式法和卡诺图法。公式法适用于任何复杂的逻辑函数，卡诺图法在化简时比较直观、简便，也容易掌握。

（5）逻辑门是组成数字电路的基本单元。与门、或门和非门分别实现与逻辑、或逻辑和非逻辑。

（6）组合逻辑电路的特点：电路任一时刻的输出状态只取决于同一时刻的输入状态，而与电路的原状态无关。它由逻辑门电路组成，电路中没有记忆单元。

（7）分析组合逻辑电路的目的是确定已知电路的逻辑功能。分析步骤：写出各输出端的逻辑函数表达式，化简和变换逻辑函数表达式，列出真值表，确定逻辑功能。

（8）设计组合逻辑电路的目的是根据提出的实际问题，设计出逻辑电路。设计步骤：

明确逻辑功能，列出真值表，写出逻辑函数表达式，逻辑化简和变换，画出逻辑图。

（9）加法器、译码器等都是广泛应用的组合逻辑电路，学习时应重点掌握它们的功能，以便熟练使用。

思考与练习 8

一、填空题

8-1 组合逻辑电路的基本单元是_____。

8-2 能够实现 $F = \overline{A+B}$ 关系的电路称为_____门。

8-3 能够实现 $F = \overline{A}B + A\overline{B}$ 关系的电路称为_____门。

8-4 组合逻辑电路的输出只取决于_____。

8-5 编码器输入的是_____，输出的是_____。

8-6 译码器输入的是_____，输出的是_____。译码器又分有_____译码器和_____译码器两类。

二、判断对错

8-7 数字电路是处理数字信号的电路。（　　）

8-8 数字电路中的 0 和 1 有时表示逻辑进制数，有时表示状态。（　　）

8-9 二进制数的进位关系是逢二进一，所以 1+1=2。（　　）

8-10 门电路是一种具有一定逻辑关系的开关电路。（　　）

8-11 决定某事件的全部条件同时具备时结果才会发生，这种因果关系称为或逻辑。（　　）

8-12 由三个开关并联起来控制一盏电灯，电灯的亮灭同三个开关的闭合、断开之间的对应关系属于"与"逻辑关系。（　　）

8-13 在决定某事件的条件中，只要任一条件具备，事件就会发生时，这种因果关系叫做"与"逻辑关系。（　　）

8-14 由三个开关串联起来控制一盏电灯，电灯的亮灭同三个开关的闭合、断开之间的对应关系属于"或"逻辑关系。（　　）

8-15 非门电路有多个输入端，一个输出端。（　　）

8-16 与非门和或非门都是复合门。（　　）

8-17 逻辑门电路在任一时刻的输出只取决于该时刻这个门电路的输入信号。（　　）

8-18 逻辑函数表达式的化简结果是唯一的。（　　）

8-19 逻辑函数的化简是为了使表达式简化而与硬件电路无关。（　　）

三、计算题

8-20 将下列十进制数转换为二进制数、八进制数和十六进制数。
（1）43　　　（2）125　　　（3）23.25

8-21 将下列二进制数转换为十进制数。
（1）$(10110110)_2$　　（2）$(110101)_2$　　（3）$(100110.11)_2$

8-22 将下列二进制数转换为八进制数和十六进制数。
（1）$(101001)_2$ （2）$(11.01101)_2$ （3）$(1101101)_2$

8-23 将下列八进制数转换成二进制数。
（1）$(1267)_8$ （2）$(426)_8$ （3）$(174.26)_8$

8-24 将下列十六进制数转换为二进制数。
（1）$(A4.3B)_{16}$ （2）$(7D.01)_{16}$ （3）$(2C.8)_{16}$

8-25 将下列 8421BCD 码和十进制数互相转换。
（1）$(19.7)_{10}$ （2）$(326)_{10}$ （3）$(100101111000)_{8421BCD}$

8-26 用公式法化简下列逻辑表达式。
（1）$F=AB(BC+A)$
（2）$F=\overline{\overline{A\overline{B}+ABC+A(B+A\overline{B})}}$
（3）$F=\overline{A}\overline{B}\overline{C}+A\overline{B}C+ABC+A+B\overline{C}$
（4）$F=\overline{\overline{AC}+B\cdot\overline{CD}+\overline{C}D}$

8-27 用卡诺图化简下列逻辑表达式。
（1）$F=A\overline{B}+\overline{B}\overline{C}D+ABD+\overline{A}\overline{B}\overline{C}D$
（2）$F=A\overline{B}+\overline{A}C+BC+\overline{C}D$
（3）$F(A,B,C)=\sum m(0,2,4,5,6)$
（4）$F(A,B,C,D)=\sum m(0,1,4,5,6,7,9,10,13,14,15)$
（5）$F(A,B,C,D)=\sum m(2,6,7,8,9,10,11,13,14,15)$
（6）$F(A,B,C,D)=\sum m(4,5,6,13,14,15)$

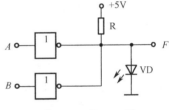

图 8.35 题 8-28 图

8-28 如图 8.35 所示电路的逻辑功能是什么？

8-29 写出如图 8.36 所示两图的逻辑式。

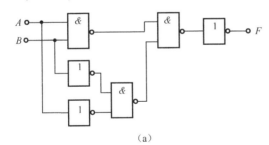

(a)

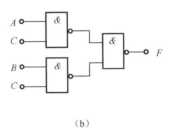

(b)

图 8.36 题 8-29 图

8-30 用与非门实现以下逻辑关系，并画出逻辑图。
（1）$F=AB+A\overline{C}$
（2）$F=A+B+\overline{C}$
（3）$F=\overline{AB}+(\overline{A}+B)\overline{C}$
（4）$F=AB+A\overline{C}+\overline{A}BC$

8-31 分析如图 8.37 所示的组合逻辑电路的功能，写出输出函数表达式，列出真值表，说明电路的逻辑功能。

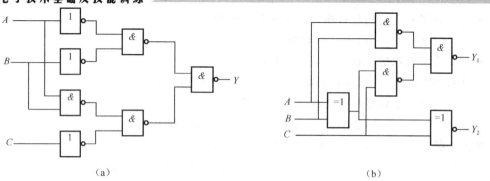

图 8.37 题 8-31 图

8-32 某产品有 A、B、C、D 四项质量指标。规定：A 必须满足要求，其他三项中只要有任意两项满足要求，产品算合格，否则为不合格。试设计组合逻辑电路以实现上述功能。

8-33 分别用与非门设计能实现下列功能的组合逻辑电路。

（1）三变量判奇电路；

（2）四变量多数表决电路；

（3）三变量一致电路（变量取值相同时输出为 1，否则输出为 0）。

8-34 旅客列车分特快、直快、慢车等三种，它们的优先顺序由高到低依次是特快、直快、慢车，试设计一个控制列车从车站开出的逻辑电路。

8-35 设计一个组合逻辑电路，其输入 ABCD 表示一位 8421 码十进制数，输出为 Z。当输入的十进制数能被 3 整除时，Z 为 1，否则为 0。

8-36 试用 3 线—8 线译码器 74LS138 和门电路实现如下逻辑函数。

（1）$F_1(A,B,C) = \sum m(1,3,5,7)$

（2）$F_2 = AC$

单元 9

触发器与时序逻辑电路基础

教学导航

教	知识重点	1. RS、JK、D、T、T′各触发器的功能及其相互转换 2. 数码寄存器和移位寄存器的功能及组成 3. 二进制和十进制计数器的逻辑功能 4. 555 定时器的电路结构及功能　　5. 555 定时器的应用
	知识难点	1. 各触发器的状态分析　　2. 数码寄存器和移位寄存器的工作原理 3. 二进制和十进制计数器的计数原理　4. 555 定时器的应用
	推荐教学方法	注重触发器功能的讲授,通过讲解实际电路并结合实训操作加深理论知识的运用,加强实践操作能力
	建议学时	12 学时
学	推荐学习方法	以小组讨论的学习方式为主,结合实践操作及本单元内容掌握知识的运用
	必须掌握的理论知识	1. 触发器的分类　　　　　　2. 各种触发器的逻辑符号、状态表及功能 3. 寄存器的功能及两种寄存器的寄存数码原理 4. 555 定时器的电路结构及组成
	必须掌握的技能	1. 主要触发器的逻辑功能测试方法 2. 计数译码显示电路的组装与调试方法

电工电子技术基础及技能训练

数字电路按其逻辑功能的不同可分为两大类：一类即前一单元所讲述的组合逻辑电路，简称组合电路。组合电路的特点是，任一时刻的输出信号，只取决于当时的输入信号，而与电路原来所处的状态无关。另一类是时序逻辑电路，简称时序电路。在时序电路中，任一时刻的输出信号，不仅与当时的输入信号有关，还与电路原来的状态有关。也就是说，时序电路能够保留原来的输入信号对其造成的影响，即具有记忆功能。

本单元首先讨论几种由集成与非门构成的双稳态触发器，然后讨论双稳态触发器组成的各种寄存器、计数器，接着介绍单稳态触发器、多谐振荡器和 555 定时器，最后举出几个时序电路的应用实例。

 提示：门电路是组合电路的基本单元，而触发器是时序电路的基本单元。

9.1 触发器的分类与功能

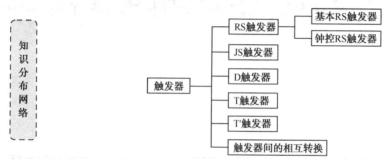

触发器按其稳定工作状态可分为双稳态触发器、单稳态触发器和无稳态触发器（多谐振荡器）等。双稳态触发器又可分为 RS 触发器、JK 触发器和 D 触发器等。

9.1.1 RS 触发器逻辑功能的描述方法

1. 基本 RS 触发器

基本 RS 触发器是由两个与非门交叉连接而成的，如图 9.1（a）所示。输入端 $\bar{R}_D$ 称为直接复位端或直接置 0 端，另一输入端 $\bar{S}_D$ 称为直接置位端或直接置 1 端。触发器有两个互补的输出信号 Q 和 $\bar{Q}$。如果 $Q=1$，$\bar{Q}=0$，则称触发器处于 1 态或置位状态；反之，如果 $Q=0$，$\bar{Q}=1$，则称触发器处于 0 态或复位状态。可见，触发器的状态用其 Q 端的状态来表示。

现在分析基本 RS 触发器输出与输入的逻辑关系。根据输入信号的不同取值，可分为以下 4 种情况。

1）$\bar{S}_D=1$，$\bar{R}_D=0$

所谓 $\bar{S}_D=1$，就是将 $\bar{S}_D$ 端接高电平；而 $\bar{R}_D=0$，就是在 $\bar{R}_D$ 端加一负脉冲或将其接低电平。设触发器的初始状态为 1 态，即 $Q=1$，$\bar{Q}=0$。这时与非门 G_B 有一个输入端为 0，其输出端 $\bar{Q}$ 变为 1；而与非门 G_A 的两个输入端全为 1，其输出端 Q 变为 0。因此，在 $\bar{R}_D$ 端加负脉冲后，触发器就由 1 态翻转（触发器状态的变化称为翻转）为 0 态。如果它的初始状态为 0 态，则触发器将不会翻转，仍保持 0 态不变。

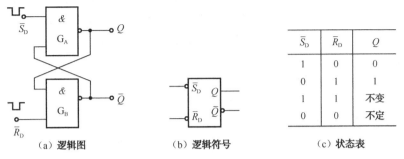

图 9.1　基本 RS 触发器

2）$\overline{S}_D=0$，$\overline{R}_D=1$

设触发器的初始状态为 0 态，即 $Q=0$，$\overline{Q}=1$。此时与非门 G_A 有一个输入端为 0，其输出端变为 1；而与非门 G_B 的两个输入端全为 1，其输出端 $\overline{Q}$ 变为 0。因此，在 $\overline{S}_D$ 端加负脉冲后，触发器就由 0 态翻转为 1 态。如果它的初始状态为 1 态，则触发器仍保持 1 态不变。

3）$\overline{S}_D=1$，$\overline{R}_D=1$

如果在 1）中 $\overline{R}_D$ 由 0 变为 1（除去负脉冲），则两个输入信号 $\overline{S}_D$ 和 $\overline{R}_D$ 都变为 1。由于原来 $\overline{R}_D=0$ 时触发器为 0 态，即 $Q=0$，$\overline{Q}=1$，G_B 门的两个输入端全为 0，其输出端 $\overline{Q}=1$。$\overline{Q}$ 端的这个 1 又反馈到 G_A 门的输入端，使它的两个输入端都为 1，因而保证了在 $\overline{R}_D=0$ 时，G_A 门的输出端 Q 为 0。当输入端 $\overline{R}_D$ 由 0 变为 1 时，G_B 门的另一个输入端仍为 0，所以触发器仍保持其原来的 0 态不变。

同理，如果在 2）中 $\overline{S}_D$ 由 0 变为 1，不难得出结论：触发器仍将保持其原来的 1 态不变。

总之，不论触发器原来是 1 态还是 0 态，当 $\overline{S}_D$ 端或 $\overline{R}_D$ 端的负脉冲除去后，$\overline{S}_D=\overline{R}_D=1$。此时，触发器仍将保持其原来的状态不变，这就是它所具有的记忆或存储功能。

4）$\overline{S}_D=0$，$\overline{R}_D=0$

如果 $\overline{S}_D$ 和 $\overline{R}_D$ 都为 0，即同时加负脉冲时，两个与非门输出端都为 1，这就达不到 Q 和 $\overline{Q}$ 的状态应该相反的逻辑要求。当 $\overline{S}_D$ 和 $\overline{R}_D$ 端的负脉冲过去后（$\overline{S}_D$ 和 $\overline{R}_D$ 都变为 1），Q 和 $\overline{Q}$ 都变成 0。但由于门的延时不完全相同或由于两个负脉冲除去的时刻稍有差异，总有一个门的输出端先变 0，结果使输出状态不能确定，这种现象称为竞争。一般来讲，不允许出现此种输入状态。若在使用中无法避免这种输入状态时，应改用其他类型的触发器。

以上分析表明，基本 RS 触发器有两个稳定状态，如果在直接置位端加负脉冲就可使它置位；在直接复位端加负脉冲就可使它复位。负脉冲过去后，两个输入端都处于 1 态（平时固定接高电平），此时触发器保持原状态不变，实现记忆或存储功能。但是，禁止负脉冲同时加在直接置位端或直接复位端。基本 RS 触发器的状态表如图 9.1（c）所示。图 9.1（b）是它的逻辑符号，图中输入端引线上靠近方框的小圆圈表示触发器用负脉冲（低电平）来置位或复位。

2. 钟控RS触发器

基本 RS 触发器的输出状态直接受触发信号 $\bar{R}_D$ 和 $\bar{S}_D$ 的控制,只要输入端的直接置位或直接复位信号一出现,相应的输出状态就随之产生。但在实际应用中,往往还需要给触发器增设一个控制端,该端上所加的控制脉冲称为时钟脉冲,用其英文缩写 *CP* 表示,简写为 *C*。由它控制触发器的翻转时刻,只有当时钟脉冲上升到高电平,即 *C*=1 时,触发器输入信号的值才会影响到输出端的状态。也就是说,触发器的翻转是与时钟脉冲同步的。所以,这种用时钟脉冲控制的触发器称为钟控 RS 触发器,又称为同步 RS 触发器或可控 RS 触发器。

钟控 RS 触发器的逻辑图如图 9.2(a)所示。它在基本 RS 触发器的基础上增加了两个与非门 G_C 和 G_D,并用正脉冲 *C* 控制 G_C 和 G_D 的开与关。时钟脉冲来到之前,即 *C*=0 时,无论输入端 *R* 和 *S* 的电平如何,G_C 和 G_D 两个门的输出均为 1,触发器状态不变。只有当 *C*=1 即时钟脉冲来到之后,触发器的输出状态才随 *R* 和 *S* 端的状态而变。时钟脉冲过去后,输出状态不再变化。

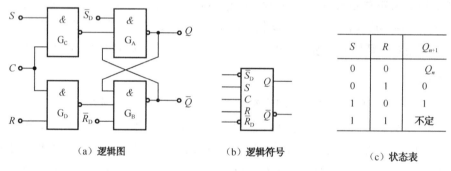

图 9.2 钟控 RS 触发器

$\bar{R}_D$ 和 $\bar{S}_D$ 是直接复位端和直接置位端,即不经过时钟脉冲 *C* 的控制而直接将触发器复位和置位的输入端。一般用在工作之初,预先使触发器处于某种给定状态,在工作过程中不用它们,使它们处于高电平。

钟控 RS 触发器的逻辑符号如图 9.2(b)所示,图 9.2(c)是它的状态表。表中 Q_n 与 Q_{n+1} 分别代表时钟脉冲作用前、后触发器 *Q* 端的状态。

设触发器的初始状态为 *Q*=0,$\bar{Q}$=1,输入端 *R* 和 *S* 的波形如图 9.3 所示。依据时钟脉冲的节拍可以画出触发器输出端的波形,如图 9.3 所示。例如,当第一个时钟脉冲到来时,由于 *S*=1,*R*=0,则 *Q* 由 0 变为 1,$\bar{Q}$ 由 1 变为 0,即触发器由 0 态翻转为 1 态。当第二个时钟脉冲作用时,由于 *R* 和 *S* 未变,触发器保持 1 态不变。当第三个时钟脉冲到来时,由于 *R*=1,*S*=0,使触发器又翻转为 0 态。其他情况读者可自行分析。

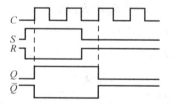

图 9.3 钟控 RS 触发器的波形图

由以上分析可见,这种触发器是当 *C*=1,即时钟脉冲到来时才会翻转,翻转后的状态取决于 *R* 和 *S* 信号的状态。当 *C*=0,即时钟脉冲未到来时,原状态保存在触发器之中。

【例 9.1】 钟控 RS 触发器输入信号 R 与 S 的波形如图 9.4 所示。画出在时钟脉冲 C 作用下触发器输出端 Q 的波形（设 Q 的初始状态为 0 态）。

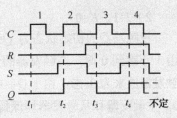

图 9.4　例 9.1 波形图

【解】 在 t_1 时刻，C 从 0 变为 1，此时因 $R=0$，$S=0$，触发器保持原状态不变，即 Q 仍为 0。在 t_2 时刻，C 又从 0 变为 1，此时 $S=1$，$R=0$，于是 Q 由 0 变为 1。在 t_3 时刻，$S=0$，$R=1$，所以 Q 又从 1 变为 0。在 t_4 时刻，也就是第 4 个时钟脉冲的上升沿到来时，C 又从 0 到 1，此时 $R=S=1$，使在 $C=1$ 整个期间，触发器的两个输出端 Q 和 $\bar{Q}$ 都被强制为高电平 1。当 C 从 1 变为 0 后，其输出状态无法事先确定，即 Q 端的值可能是 0，也可能是 1，$\bar{Q}$ 端的值也同样无法事先确定。

由以上分析可得出 Q 的波形如图 9.4 所示。

钟控 RS 触发器的功能尚不够强，特别是 R 和 S 同时为 1 的输入状态不允许出现，所以实际应用中普遍采用的是 JK 触发器和 D 触发器。

9.1.2　边沿 JK 触发器逻辑功能的描述方法

JK 触发器的逻辑图如图 9.5 所示，它由两个钟控 RS 触发器组成。F_1 称为主触发器，F_2 称为从触发器，组合起来称为主从触发器，另外还附加两个与门和一个非门。J 和 K 是整个主从触发器的输入端。它利用 Q 和 $\bar{Q}$ 不可能同时为 1 的特点，将输出状态反馈到两个与门的输入端。当 $C=1$ 时，两个与门的输出不可能同时为 1，这就避免了输出状态不定的情况。触发器工作原理分析如下。

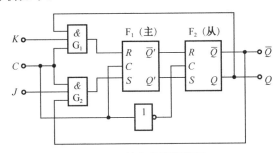

图 9.5　JK 触发器的逻辑图

1）$J=1$，$K=1$

当 $C=1$ 时，主触发器的状态由触发器的反馈信号 Q 和 $\bar{Q}$ 决定。若触发器的初始状态为 $Q=0$，$\bar{Q}=1$，则与门 G_1 被封锁，使主触发器的输入端 $R=0$；而与门 G_2 被打开，$S=1$，使 $Q'=1$，$\bar{Q}'=0$。但由于从触发器被封锁（因为它的 C 端为 0），输出状态不变。当 C 由 1 下跳到 0 时，主触发器被封锁，从触发器打开，输出状态由 F_1 的输出端 Q' 的状态决定，即 Q 由 0 变为 1，$\bar{Q}$ 由 1 变为 0。若初始状态为 $Q=1$，$\bar{Q}=0$，分析方法同上，但分析结果与上述情况相反，即 Q 将由 1 变为 0，$\bar{Q}$ 由 0 变为 1。因此，在 J 和 K 都为 1 的情况下，当时钟脉冲下降沿到来时，触发器必定要翻转一次，转换到与原始状态相反的状态，即 $Q_{n+1}=\bar{Q}_n$。

2) $J=1$,$K=0$

设触发器的初始状态为 $Q=0$,$\bar{Q}=1$,当 $C=1$ 时,G_1 门输出为 0,G_2 门输出为 1。当 C 由 1 下跳到 0 时,主触发器的信号被送到从触发器中,Q 由 0 变为 1,$\bar{Q}$ 由 1 变为 0。如果触发器原来为 1 态,由于 $\bar{Q}=0$,封锁了 G_2 门,而 $K=0$,封锁了 G_1 门,则不论 C 为 1 还是 0,主触发器和从触发器均保持原有的 1 态不变。这说明只要 $J=1$,$K=0$,不论初始状态如何,触发器均为 1 态。

3) $J=0$,$K=1$

分析方法同上,结论是无论触发器初始状态如何,当 $J=0$,$K=1$ 时,在 C 由 1 下跳到 0 后,触发器必然为 0 态。

4) $J=0$,$K=0$

在这种情况下,由于主触发器被封锁,电路输出端保持原来状态不变。

综上所述,JK 触发器的状态表如图 9.6(a)所示。

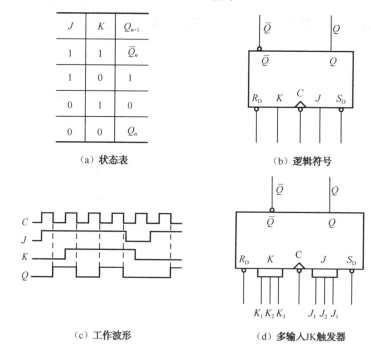

(a) 状态表   (b) 逻辑符号

(c) 工作波形   (d) 多输入JK触发器

图 9.6 JK 触发器

由以上分析可知,这种 JK 触发器分两步工作:第一步,在 C 为高电平期间,输入信号(J、K 端的状态)被保存在主触发器 F_1 中,从触发器 F_2 由于被封锁而维持原状态不变;第二步,当 C 的下降沿到来时,F_1 的输出控制 F_2 翻转后的状态,而 F_1 被封锁,使输出状态稳定,免受输入信号的影响。

值得注意的是,这种主从结构的 JK 触发器,在 $C=1$ 期间,主触发器需要保持 C 上升沿作用后的状态不变。因此,在 $C=1$ 期间,J 与 K 的状态必须保持不变。此外,主从型触发器具有在 C 从 1 下跳到 0 时翻转的特点,也就是具有在时钟脉冲下降沿触发的特点。这一特点反映在如图 9.6（b）所示的逻辑符号中，就是在 C 输入端靠近方框处有一小圆圈"○"。

JK 触发器的波形如图 9.6（c）所示。由于 JK 触发器逻辑功能强，工作可靠，所以应用十分广泛。为了扩大使用范围，JK 触发器常常做成多输入结构，如图 9.6（d）所示，各输入端之间是"与"逻辑关系，即 $J=J_1J_2J_3$，$K=K_1K_2K_3$。

【例 9.2】 主从型 JK 触发器输入波形如图 9.7 所示，设触发器初始状态为 0 态，试画出输出端 Q 的波形。

【解】 根据 JK 触发器的状态表，在 t_1 时刻（第一个时钟脉冲的下降沿），$J=1$，$K=0$，使触发器的状态翻转为 1。在 t_2 时刻，$J=K=1$，又使触发器的状态翻转为 0。以此类推，即可得出 Q 端波形图，如图 9.7 所示。

常用的集成 JK 触发器的产品为 74LS73，如图 9.8 所示。它把两个 JK 触发器制作在同一块芯片中，所以有双 JK 触发器之称。

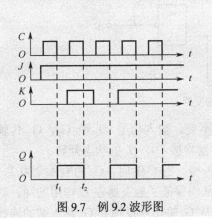

图 9.7　例 9.2 波形图

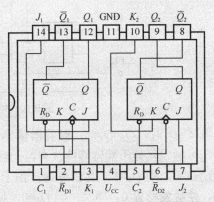

图 9.8　74LS73 双 JK 触发器的外引线排列图

9.1.3　维持阻塞 D 触发器逻辑功能的描述方法

JK 触发器有 J、K 两个数据输入端。实际应用中，有时只需要一个输入端。这时可将 JK 触发器的 J 端输入信号经非门接到 K 端，并将 J 端改为 D，这时就将 JK 触发器转换为 D 触发器了，如图 9.9（a）所示。

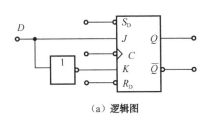　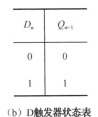

（a）逻辑图　　　　　　　　　（b）D 触发器状态表

图 9.9　用 JK 触发器构成的 D 触发器

D 触发器也是经常使用的一种集成触发器，其逻辑功能可由 JK 触发器的工作原理推出。

当 $D=1$（$J=1$，$K=0$）时，根据 JK 触发器的逻辑功能，在 C 下降沿作用下，JK 触发器置 1。

当 $D=0$（$J=0$，$K=1$）时，在 C 下降沿作用下，JK 触发器置 0。

可见，在 C 下降沿作用下，触发器的输出状态完全取决于时钟脉冲作用前 D 端的状态。因此，D 触发器的逻辑关系最简单，如图 9.9（b）所示是它的状态表，其中 D_n 表示时钟脉冲作用前 D 端的状态。

D 触发器除了可用上述主从型触发器构成外，还可以由维持阻塞型触发器构成。如图 9.10 所示是维持阻塞型 D 触发器逻辑图，其工作原理分析如下。

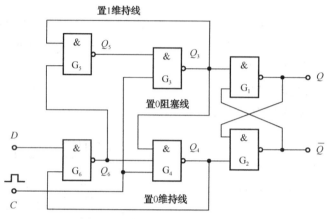

图 9.10 维持阻塞型 D 触发器

当 $C=0$ 时，$Q_3=Q_4=1$，触发器输出维持原状态不变。输入信号 D 经 G_6、G_5 传输到 G_4、G_3，触发器处于翻转等待状态。一旦 $C=1$，触发器将按 Q_3、Q_4 的状态翻转。

设 $D=0$，则 $Q_6=1$。当 $C=0$ 时，由于 $Q_3=1$，使 $Q_5=0$。当 $C=1$ 时，G_4 的输入全为 1，则 $Q_4=0$，使触发器置 0。同时，因 $Q_4=0$，使 G_6 封锁，从而保证了触发器在 C 作用期间，即使 D 端状态发生变化，触发器的状态仍维持 0 态，因此从 G_4 输出端反馈到 G_6 输入端的连线，称为置 0 维持线。同理，为了维持触发器为 1 态，对应的有从 G_3 输出端反馈到 G_5 输入端的连线，称为置 1 维持线。

设 $D=1$，当 $C=0$ 时，因 $Q_4=1$，$Q_3=1$，所以 $Q_6=0$，$Q_5=1$。当 $C=1$ 时，由于 $Q_6=0$，Q_4 仍为 1。G_3 的输入全为 1，使 $Q_3=0$，因而使触发器置 1。Q_3 的 0 状态使 G_5 封锁，使触发器输出的 1 态不因 D 状态的变化而改变；同时 Q_3 的 0 状态经置 0 阻塞线（从 G_3 输出到 G_4 输入的连线）阻止触发器置 0。

由以上的分析可知，在这种维持阻塞型触发器中，输出状态的变化发生在 C 由 0 变为 1 的时刻，为上升沿触发翻转，这是与主从型触发器（下降沿触发）的不同之处。图 9.11 列出了这两种 D 触发器的逻辑符号。其中维持阻塞型的符号中 C 端靠近方框处未加小圆圈，表示它为上升沿触发，以区别于主从型 D 触发器。与 JK 触发器一样，D 触发器也可以有多个输入端，其逻辑符号如图 9.11（c）所示。当 C 端受触发时，只有 D_1 与 D_2 同时为 1，才能使 $Q=1$，即 $Q_{n+1}=D_{1n}D_{2n}$。

由于维持阻塞型 D 触发器避免了在 $C=1$ 期间，触发器状态随输入信号而变化，因而使触发器的工作更加可靠，所以在集成电路产品中 D 触发器大多采用维持阻塞型，常用型号为 74LS74 双 D 触发器，其外引线排列如图 9.12 所示。

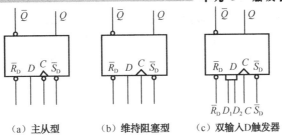

(a) 主从型　　(b) 维持阻塞型　　(c) 双输入D触发器

图 9.11　D 触发器的逻辑符号

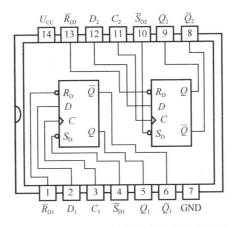

图 9.12　74LS74 双 D 触发器的外引线排列图

9.1.4　T 触发器和 T′ 触发器逻辑功能的描述方法

如果将 JK 触发器的 J 端和 K 端直接连接在一起，输入端符号改用 T 表示，就构成了 T 触发器，如图 9.13（a）所示。当 $T=0$ 时，相当于 JK 触发器 $J=K=0$ 的情况，时钟脉冲到来后触发器状态保持不变；当 $T=1$ 时，相当于 JK 触发器 $J=K=1$ 的情况，每来一个时钟脉冲触发器就翻转一次，所以 T 触发器的状态表如图 9.13（b）所示。在逻辑电路中，触发器也可用如图 9.13（c）所示的逻辑符号来表示。

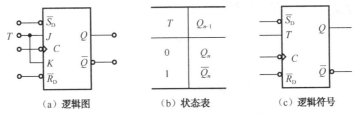

(a) 逻辑图　　　　　(b) 状态表　　　　　(c) 逻辑符号

图 9.13　T 触发器

如果把 T 触发器的 T 端固定接高电平，使 T 恒等于 1，就成为 T′ 触发器，其逻辑功能是每来一个时钟脉冲就翻转一次，即 $Q_{n+1}=\bar{Q}_n$，具有计数功能，所以 T′ 触发器又称为计数触发器。

9.1.5　触发器间的相互转换

在本单元中，共介绍了 5 种逻辑功能不同的触发器，在各种功能的触发器中，最常见的是 JK 触发器和 D 触发器。根据实际需要，可以将某种逻辑功能的触发器，经适当的改接外部引线或附加一些逻辑门电路后转换为另一种触发器。如前面介绍了将 JK 触发器转换为 D 触发器,将 JK 触发器转换为 T 触发器或 T′触发器的方法。如果需要将 D 触发器转换成 T′触发器,可将其 $\bar{Q}$ 端反馈回来与 D 端相连接,如图 9.14 所示。

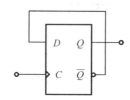

图 9.14　D 触发器转换成 T′触发器

9.2　常用寄存器及功能

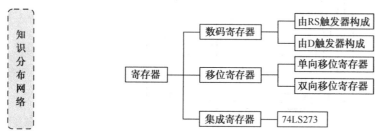

数字系统通常是由一些基本的逻辑部件组成的。这些部件一般包括:数码寄存器、移位寄存器、计数器、译码器和显示器等。寄存器用来暂存参与运算的数据,所以它具有记忆功能。它的基本组成单元是双稳态触发器(通常简称为触发器)。因为触发器有 0 和 1 两个稳定状态,所以一个触发器可以寄存一位二进制数。也就是说,一个触发器就是一个一位寄存器。那么,N 位二进制数的寄存器可由 N 个触发器构成。通常寄存器的位数和触发器的个数是相等的。寄存器又可分为数码寄存器和移位寄存器。两者的区别是,后者不仅有寄存数码的功能,而且有使数码移位(左移或右移)的功能。

9.2.1　数码寄存器逻辑功能的描述方法

数码寄存器除了用触发器作为主要部件外,为了控制数码的输入和输出,还需要在触发器的基础上附加一些逻辑门,才能构成完整的数码寄存器。

1. 用 RS 触发器构成的数码寄存器

如图 9.15 所示是四位数码寄存器的逻辑图,它由基本 RS 触发器和 4 个与非门构成。其工作过程如下。

寄存器在接收数码之前,先在每个触发器的复位端($\bar{R}_D$)加一个负脉冲,使每位触发器都处于 0 态,称为清零。设输入数码 $A_3A_2A_1A_0$ 为 "1011",它加在寄存器的数码输入端上。当寄存器收到寄存指令(正脉冲信号)时,由于 A_0、A_1、A_3 为 1,则与非门 G_0、G_1、G_3 有负脉冲输出,使触发器 F_0、F_1、F_3 置 1。因 A_2 为 0,所以 G_2 输出为 1,使 F_2 保持为 0 态。这样就将输入数码存入寄存器中了。

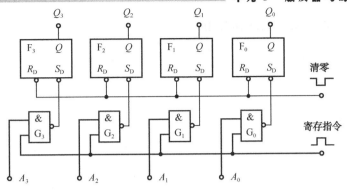

图 9.15 双拍四位数码寄存器

值得注意的是，这种寄存器的结构虽然简单，但操作过程必须分两步进行。接收数码前的清零操作必不可少，否则接收会出现错误。这种需要分两步才能完成存数过程的寄存器又称为双拍寄存器。如果在每一位触发器的输入端再增加一个控制门，如图 9.16 所示，则可省去清零操作。不论输入端数码 A 是 0 还是 1，当接收到寄存命令后，触发器的状态始终反映输入数码，这种一步就能完成存数过程的寄存器，称为单拍寄存器。

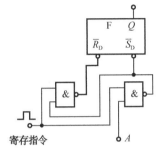

图 9.16 单拍一位数码寄存器

2. 用 D 触发器构成的数码寄存器

如前所述，D 触发器的输入端除了时钟脉冲端外，还有一个信号输入端。当时钟脉冲有效时，触发器的输出状态 Q 就能反映输入状态 D。因此，用 D 触发器来组成数码寄存器是十分简单的，而且只需一步就能完成存数过程。

如图 9.17 所示是一个四位数码寄存器的逻辑图。它由 4 个维持阻塞型 D 触发器组成。寄存指令从每位触发器的时钟脉冲端加入。每位触发器的复位端 $\overline{R}_D$ 并接在一起，以便在需要时将寄存器清零。

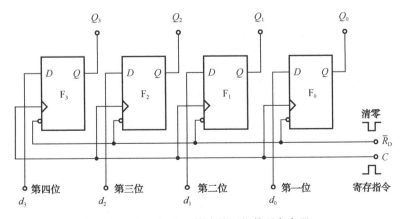

图 9.17 由 D 触发器构成的四位数码寄存器

9.2.2 移位寄存器逻辑功能的描述方法

移位寄存器不但可以存放数据,而且在时钟脉冲的控制下,寄存器的全部数码将可以移动一位。

移位寄存器按移位功能不同,可分为两大类:单向移位寄存器和双向移位寄存器。

1. 单向移位寄存器

单向移位寄存器是指具有右移(数码由高位移向低位)或左移(数码由低位移向高位)功能的移位寄存器。图 9.18 是由 D 触发器组成的四位右移移位寄存器,其中每个触发器的输出端接到相邻右边触发器的 D 输入端。数据 A 从最左边一位触发器的 D 端依次串行输入,移位脉冲并接于各 D 触发器的 C 端。其工作过程如下。

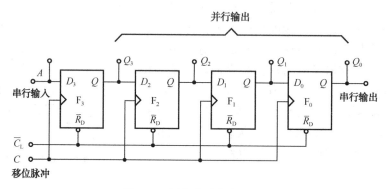

图9.18 四位右移寄存器

(1)清零:在 $\overline{R}_D$ 端加一负脉冲,将各触发器的输出 Q_3、Q_2、Q_1、Q_0 置 0。

(2)将数码移位输入:将数码 A(如 0101)从低位开始依次串行从 D_3 端输入,此时各位触发器的输入状态为 $D_3D_2D_1D_0=1000$。

在第一个 C 脉冲作用下,各触发器翻转成 $Q_3Q_2Q_1Q_0=1000$,最低位数码 1 移入 F_3,次低位的数码 0 送到 D_3,这时的输入状态为 $D_3D_2D_1D_0=0100$。

第二个 C 作用后,各触发器的输出状态为 $Q_3Q_2Q_1Q_0=0100$。这时,最低位数码 1 送到 D_3 端。

以此类推,每来一个 C 脉冲,数码就右移一位,经过 4 个 C 作用后,0101 恰好全部移入寄存器中。其右移波形如图 9.19 所示,右移过程列于表 9.1 中。

表9.1 移位寄存器中数码的右移过程

串行输入数码	移位寄存器中的数码				移 位 脉 冲
$A=D_3$	Q_3	Q_2	Q_1	Q_0	C
1	0	0	0	0	0
0	1	0	0	0	1
1	0	1	0	0	2
0	1	0	1	0	3
0	0	1	0	1	4

（3）输出：移位寄存器中已经串行存放的数码可以采用两种方式输出。从四位触发器的 $Q_3Q_2Q_1Q_0$ 端同时将四位数码 0101 输出，称为并行数码输出；也可以从最右边的一个触发器的输出端 Q_0 串行输出，即来一个 C 脉冲，就输出一位数码，四个移位脉冲作用后，四位数码 0101 从低位依次由 Q_0 端串行移出。

总之，这是一个串行输入、串行或并行输出的右移移位寄存器。

串行左移寄存器和串行右移寄存器的工作原理相同，只是连接顺序颠倒，如图 9.20 所示。该电路还可由 D'_3、D'_2、D'_1、D'_0 端并行输入数据。

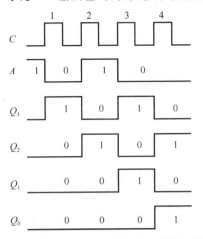

图 9.19 如图 9.18 所示的寄存器的波形图

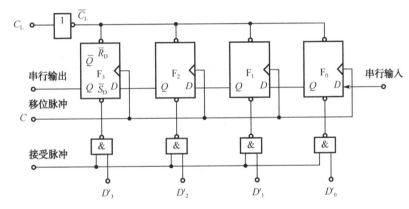

图 9.20 四位左移寄存器

2. 双向移位寄存器

图 9.21 是双向移位寄存器的逻辑图，它由四个 D 触发器和若干个起控制作用的逻辑门组成。其中，触发器用以实现数码寄存，逻辑门用以控制信号输入和移位。图 9.21 中 B 为左、右移位控制信号。

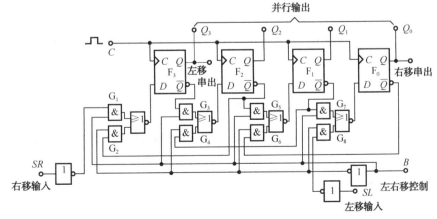

图 9.21 双向移位寄存器

当 $B=1$ 时，与门 G_1、G_3、G_5、G_7 被打开，使高位触发器的输出端 $\bar{Q}$ 的信号经相应与门及或非门反相后，送入低位触发器的输入端 D。而最高位触发器 F_3 从右移输入端 SR 接收新的输入信号，F_3 中原来所存的数码移入 F_2 中，而 F_2 所存的数码移入 F_1 中，F_1 所存的数码移入 F_0 中，从而实现了右移位。

当 $B=0$ 时，与门 G_2、G_4、G_6、G_8 被打开，使低位触发器输出端 $\bar{Q}$ 的信号经相应与门或非门反相后，送入高位触发器的输入端 D。而最低位触发器 F_0 从左移输入端 SL 接收新的输入信号，F_0 中原来所存的数码移入 F_1 中，F_1 所存的数码移入 F_2 中，F_2 所存的数码移入 F_3 中，从而实现了左移位。这说明该电路具有双向移位功能。这种寄存器还具有多种输出方式：从 $Q_3 \sim Q_0$ 并行输出；从 Q_0 右移串行输出；从 Q_3 左移串行输出等。

【例 9.3】 某移位寄存器的逻辑图如图 9.22 所示。试分析该寄存器的工作原理，并说明是左移位还是右移位？

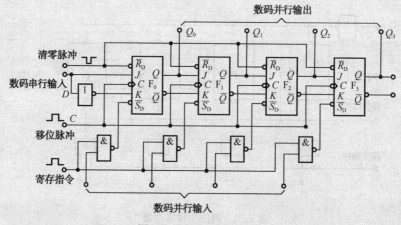

图 9.22 例 9.3 的逻辑图

【解】 此寄存器由四位 JK 触发器组成，待寄存数码可以并行输入，也可以串行输入。当寄存器清零后，一旦寄存指令（正脉冲）到达，即可将并行输入的数码经四个与非门从每位触发器的 $\bar{S}_D$ 端送到 $Q_0 \sim Q_3$ 端。以后，每来一个移位脉冲，各位数码同时从低位触发器向高位触发器移动一位，所以它是左移位寄存器。寄存的数码可从最高位 Q_3 端串行输出，也可同时从 $Q_0 \sim Q_3$ 端并行输出。

如果待寄存的数码从 F_0 的 J 端（D）串行输入，那么在移位脉冲作用下，数码将从低位触发器向高位触发器逐位移动，同样可以串行输出或并行输出。

9.2.3 集成寄存器逻辑功能的描述方法

在实际应用中，通常不必用单个的触发器和逻辑门做成寄存器电路，而可直接选用具有各种功能的集成电路寄存器芯片。如图 9.23 所示的 74LS273 就是常用的 8 位数码寄存器，它由 8 个 D 触发器组成。$1D \sim 8D$ 分别为 8 个 D 触发器的输入信号端；$1Q \sim 8Q$ 分别为相应的输出信号端；$\bar{C}_L$ 为清零信号端；C 为时钟脉冲输入信号端，即存数控制信号。其工作过程如下：

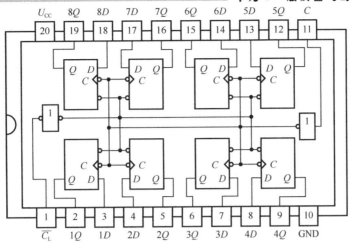

图 9.23　74LS273 外引线排列图

（1）清零：无论触发器处于何种状态，只要清零信号 $\overline{C}_L$ 为低电平，输出 $1Q\sim 8Q$ 全为 0。

（2）存数：当 $\overline{C}_L=1$、C 上升为 1 时，输入 $1D\sim 8D$ 的数码并行送入相应 8 个触发器中。输出 $1Q\sim 8Q$ 的内容取决于 D 的状态。

（3）保持：当 $\overline{C}_L=1$，$C=0$ 时，各输出端 Q 的状态与 D 端输入无关。各触发器保持原先的状态。显然，用 D 触发器组成的寄存器，具有很强的抗干扰能力。

在实际应用中要求寄存器具有多种功能，中规模集成电路 74SL194 就是一种具有左移、右移、清零、数据并入、并出、串入、串出等多种功能的双向移位寄存器，其外引线排列和功能如图 9.24 所示，逻辑功能见表 9.2。表中的"×"表示任意状态，"↑"表示所加的计数脉冲（上升沿触发）。

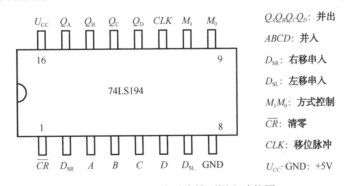

图 9.24　74LS194 外引线排列图和功能图

表 9.2　74SL194 逻辑功能

$\overline{CR}$	CLK	M_1	M_0	功　能
0	×	×	×	Q_A、Q_B、Q_C、Q_D 清零
1	↑	0	0	保持
1	↑	0	1	右移：$D_{SR}\to Q_A\to Q_B\to Q_C\to Q_D$

$\overline{CR}$	CLK	M_1	M_0	功　能
1	↑	1	0	左移：$D_{SL} \to Q_D \to Q_C \to Q_B \to Q_A$
1	↑	1	1	并入：Q_A，Q_B，Q_C，$Q_D=ABCD$

【例 9.4】 用 74SL194 构成的四位脉冲分配器（又称环形计数器）如图 9.25 所示。试分析工作原理，并画出其工作波形。

【解】 工作前首先在 M_1 端加预置正脉冲，使 $M_1M_0=11$，寄存器处于并入状态，$ABCD$ 的数码 1000 在 CLK 移位脉冲作用下并行存入 $Q_AQ_BQ_CQ_D$。预置脉冲过后，$M_1M_0=01$，寄存器处于右移状态。然后每来一个移位脉冲，$Q_A \sim Q_D$ 循环右移一位，右移工作波形如图 9.26 所示。从 $Q_A \sim Q_D$ 端均可输出脉冲，但彼此相隔 CLK 移位脉冲的一个周期时间。

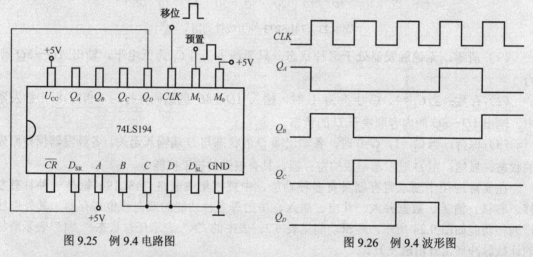

图 9.25　例 9.4 电路图　　　　　图 9.26　例 9.4 波形图

另一种称自启动脉冲分配器（扭环形计数器）的电路如图 9.27 所示，工作时首先用 $\overline{CR}$ 端清零，然后在 CLK 移位脉冲的作用下，从 $Q_A \sim Q_D$ 依次输出系列脉冲，工作波形如图 9.28 所示。

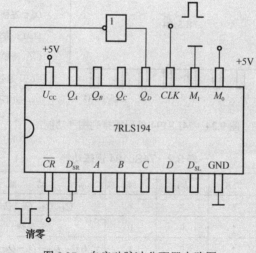

图 9.27　自启动脉冲分配器电路图

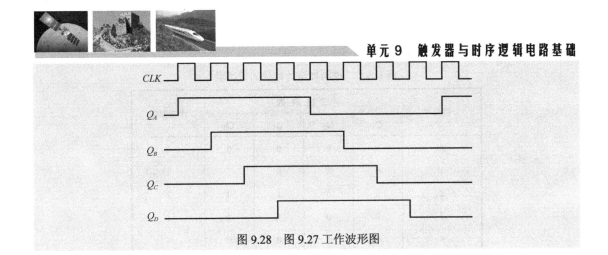

图9.28 图9.27工作波形图

9.3 计数器的分类与功能

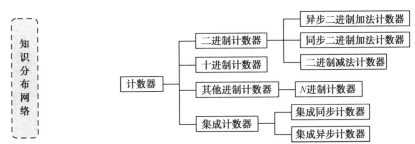

计数器是数字电路中广泛应用的一种部件。所谓"计数"，就是累计（累加或累减）输入脉冲的个数。除了"计数"这一功能外，计数器还可用于分频、时序控制等其他方面。

计数器有多种分类方法。按照计数制来分，有二进制（模二）、十进制（模十）和 N 进制（模 N）计数器等几种。N 进制计数器的模为 N，即每经过 N 次计数，计数器的变化循环一周。按计数器功能的不同可分为加法计数器（累加）、减法计数器（累减）和可逆计数器（既可累加又可累减）。由于计数器是由若干触发器组成的，它工作时各触发器都要不断翻转，所以还可按其中各触发器翻转的时刻是否一致将计数器分为同步计数器和异步计数器两类。同步计数器工作时需要翻转的触发器都在同一时刻翻转，而异步计数器工作时，首先是低位触发器翻转，然后依次传向高位。因此，各位触发器的翻转时刻都不相同。还可以把同步和异步两种结构结合起来，构成混合式计数器。混合式计数器在工作时，其中一部分触发器同步翻转，但全部触发器的翻转并不同步。

9.3.1 二进制计数器逻辑功能的描述方法

二进制计数器是最常用的计数器，也是构成其他进制计数器的基础，它按二进制加减运算的规律累计输入脉冲的数目。

1. 异步二进制加法计数器

二进制加法运算的规则是"逢二进一"，即 0+1=1，1+1=10。也就是每当本位是 1，再加 1 时，本位变为 0，向高位进位，使高位加 1。由于稳态触发器有 1 和 0 两个状态，所以一个双稳态触发器可以表示一位二进制数，若要表示 n 位二进制数就得用 n 个触发器。例如，欲设计一个四位二进制加法计数器，必须用 4 个触发器，并且应使它们的状态按表 9.3 所示来变化。

表9.3 二进制加法计数器的状态表

计数脉冲	二 进 制 数				十进制数
	Q_3	Q_2	Q_1	Q_0	
0	0	0	0	0	0
1	0	0	0	1	1
2	0	0	1	0	2
3	0	0	1	1	3
4	0	1	0	0	4
5	0	1	0	1	5
6	0	1	1	0	6
7	0	1	1	1	7
8	1	0	0	0	8
9	1	0	0	1	9
10	1	0	1	0	10
11	1	0	1	1	11
12	1	1	0	0	12
13	1	1	0	1	13
14	1	1	1	0	14
15	1	1	1	1	15
16	0	0	0	0	0

为实现二进制加法计数所要求的"逢二进一",应当使用 T' 触发器,即计数触发器来构成计数器,因为 T' 触发器每输入一个脉冲,其输出端状态就改变一次,每输入两个脉冲循环一次,正好可作为一位二进制计数器。因此,将 n 个 T' 触发器串联起来就能构成一个 n 位二进制加法计数器。

用 n 个 T' 触发器串联构成 n 位异步二进制计数器时,由于后级(高位)触发器的翻转晚于前级(低级)触发器的翻转,所以可以用前级触发器输出端 Q 或 $\bar{Q}$ 在翻转时电平的变化(低变高或高变低)作为后级触发器的时钟脉冲。然而,该时钟脉冲取自前级触发器的 Q 端还是 $\bar{Q}$ 端,则取决于异步二进制计数器的功能(是加法计数还是减法计数)及所使用触发器的触发方式(是上升沿触发还是下降沿触发)。

因为 JK 触发器在 $J=K=1$ 时具有计数功能,即为 T' 触发器,所以一个四位异步二进制加法计数器也可由四个主从型 JK 触发器组成,如图9.29所示。后级触发器的时钟脉冲由前级触发器的 Q 端提供。电路的工作原理如下。

开始计数前,先将计数器清零,使各触发器的 Q 端处于 0 态(低电平)。第一个时钟脉冲(计数脉冲)C 到来后,最低位触发器 F_0 的 Q 端,即 Q_0 由 0 变 1,但这一正跳变(上升沿)不会令触发器 F_1 的时钟脉冲将 F_1 翻转。所以,第一个计数脉冲到来后,计数器的各触发器状态变为 $Q_3Q_2Q_1Q_0=0001$,即表示计入了一个脉冲。第二个计数脉冲到来后,Q_0 翻转，Q_0 由 1 又变为 0，这一负跳变（下降沿）作为触发器 F_1 的时钟脉冲使 F_1 翻转，其 Q 端，即 Q_1 端，由 0 变为 1，但 F_1 翻转并不会引起 F_2 翻转，因为作为 F_2 时钟脉冲的 Q_1 产生的不是下降沿而是上升沿。因此，第二个计数脉冲到来之后，计数器的各状态变为 $Q_3Q_2Q_1Q_0=0010$，表示累计输入了两个脉冲。第三个计数脉冲到达后，F_0 又翻转，Q_0 由 0 变为 1，F_1 不翻转，所以计数器状态变为 $Q_3Q_2Q_1Q_0=0011$。随着计数脉冲不断输入，计数器的各位触发器 Q 端状态将按二进制加法计数的规律做相应变化，变化的波形如图 9.30 所示。

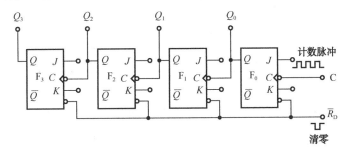

图 9.29 由主从型 JK 触发器组成的四位异步二进制加法计数器

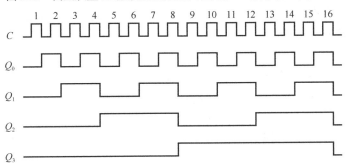

图 9.30 如图 9.29 所示的二进制加法计数器的波形图

如图 9.29 所示的计数器中各触发器的 Q 端为 1 时，代表的脉冲数是不同的。$Q_0=1$ 表示有 1 个脉冲，$Q_1=1$ 表示有 2 个脉冲，$Q_2=1$ 表示有 4 个脉冲，$Q_3=1$ 表示有 8 个脉冲。所以，四位二进制计数器共可计入 8+4+2+1=15 个脉冲（$Q_3Q_2Q_1Q_0=1111$），当第 16 个计数脉冲到来后，各触发器 Q 端状态全变为 0，同时由 Q_3 端向第五位触发器（如果有的话）输出一个进位脉冲。由于现在只有 4 个触发器，这一进位脉冲将丢失，称为计数器的溢出。n 位二进制加法计数器所能记录的最大二进制数为 2^n-1，当第 2^n 个计数脉冲到来时，它将产生溢出，它的各位触发器也将全部翻转成 0 态。

由以上分析可知，如图 9.29 所示计数器的 Q 端状态变化情况符合表 9.3，所以它实现了四位二进制加法计数功能。

2. 同步二进制加法计数器

异步二进制计数电路连接简单，但它的工作速度较慢。若要提高工作速度，可采用同步计数器。同步计数器工作时，计数脉冲同时供给各位触发器，作为每个触发器的时钟脉冲。但是，触发器在时钟脉冲作用下能否翻转，则取决于该触发器输入控制端的状态。显然，除最低位触发器以外，其他各位触发器都不能像异步计数器那样接成 T′ 触发器。因此，同步计数器的逻辑电路要比异步计数器复杂。

同步二进制加法计数器中各位触发器输入控制的规律可以从表 9.3 中查找。由此表可以看出，计数器中最低位触发器每接收到一个计数脉冲就翻转一次，而其他各触发器则要在比它低的各位触发器输出端 Q 全都为 1 时才能翻转。因此，用 4 个主从型 JK 触发器构成四位同步二进制计数器时，可用低位触发器输出端 Q 来控制高位触发器，如图 9.31 所示。

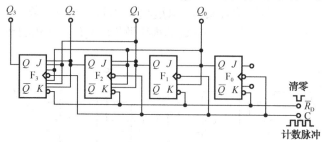

图 9.31 由主从型 JK 触发器组成的四位同步二进制加法计数器

当某位触发器的各低位触发器 Q 端全部为 1 时，该触发器的所有 J、K 端都为 1，时钟脉冲（计数脉冲）到来后它便翻转。相反，只要有一个低位触发器的 Q 端不为 1，则该触发器的 J、K 端就会有一对为 0，因而它就不会翻转。因此，各触发器的翻转条件可用逻辑函数式（也称触发器的驱动方程）表示如下。

F_0：每来一个数字脉冲就翻转一次，$J_0=K_0=1$。

F_1：在 $Q_0=1$ 时再来一个脉冲才翻转，$J_1=K_1=Q_0$。

F_3：在 $Q_1=Q_0=1$ 时再来一个脉冲才翻转，$J_2=K_2=Q_1Q_0$。

F_3：在 $Q_2=Q_1=Q_0=1$ 时再来一个脉冲才翻转，$J_3=K_3=Q_2Q_1Q_0$。

如图 9.31 所示的同步二进制加法计数器各触发器 Q 端状态变化情况及其波形图与异步计数器的相同。

从图 9.30 可以看出二进制计数器每输入两个计数脉冲，最低位触发器 F_0 的 Q 端输出一个脉冲，即 Q_0 的脉冲数为输入计数脉冲数目的一半，而 Q_3 的脉冲数只有输入计数脉冲数目的 1/16。计数器输出脉冲数目低于其输入脉冲数目，这种情况称为分频，在许多数字电路中需要这种功能。实现这种分频功能的电路称为分频器。分频器输出脉冲频率是输入脉冲频率的几分之一，就称为几分频器。例如，一位二进制计数器可作为二分频器，四位二进制计数器可作为十六分频器，后面将要介绍的十进制计数器也可作为十分频器。

3．二进制减法计数器

二进制加法运算的规则是 1+1=10，本位由 1→0，并且向高位进一位，在异步计数器中，此进位脉冲使高位触发器翻转。而二进制减法运算的规则是 10-1=01，本位由 0→1，并且从高位借一位，在异步计数器中，此借位脉冲使高位触发器翻转。

由于减法和加法使高位触发器发生翻转的条件正好相反，因此异步加法计数器和异步减法计数器中各触发器级间的连接方式就应相反。方法是：若下降沿触发的触发器构成计数器，在加法计数器中将前级（低位）触发器的 Q 端接至后级（高位）触发器的 C 端；在减法计数器中将前级触发器的 $\overline{Q}$ 端接至后级触发器的 C 端。若用上升沿触发的触发器构成计数器，级间连接方式恰好相反：构成加法计数器时，要将前级触发器的 $\overline{Q}$ 端接到后级触发器的 C 端；构成减法计数器时，要将前级触发器的 Q 端接到后级触发器的 C 端。

表 9.4 是四位二进制减法计数器的状态表。从表中可以看出，随着输入计数脉冲数的递增，计数器的数值依次递减。另外还要注意的是，减法计数器开始计数前不是先清零，而是先置数。

表9.4 四位二进制减法计数器的状态表

计数脉冲数	Q_3	Q_2	Q_1	Q_0	十 进 制 数
0	1	1	1	1	15
1	1	1	1	0	14
2	1	1	0	1	13
3	1	1	0	0	12
4	1	0	1	1	11
5	1	0	1	0	10
6	1	0	0	1	9
7	1	0	0	0	8
8	0	1	1	1	7
9	0	1	1	0	6
10	0	1	0	1	5
11	0	1	0	0	4
12	0	0	1	1	3
13	0	0	1	0	2
14	0	0	0	1	1
15	0	0	0	0	0
16	1	1	1	1	15

表 9.4 中是将各位全置 1，使计数器的初始状态为"1111"，即所能表示的最大数值是 15。第 15 计数脉冲来到后，计数器减至 0，此时若再来第 16 个计数脉冲，计数器将恢复成"1111"状态。在同步二进制减法计数器中，各触发器输入端的规律可从表 9.4 中得出，最低位触发器的 Q 端全都为 0（$\bar{Q}$ 全为 1）时才能翻转。因此，只要将前述同步二进制加法计数器中各触发器的翻转条件中的 Q 改成 $\bar{Q}$，便可得到相对应的减法计数器的翻转条件，即

F_0：$J_0=K_0=1$。

F_1：$J_1=K_1=\bar{Q}_0$。

F_2：$J_2=K_2=\bar{Q}_1\bar{Q}_0$。

F_3：$J_3=K_3=\bar{Q}_2\bar{Q}_1\bar{Q}_0$。

根据上述条件，只要将图 9.31 中各 J、K 端从接前级的 Q 端改为接 $\bar{Q}$ 端，即可得到一个与之对应的减法计数器。当然，为了能在计数开始前将各触发器全置 1，需将各个 $\bar{S}_\text{D}$ 端连在一起，并且在计数脉冲到来之前在 $\bar{S}_\text{D}$ 端加一个"置 1"负脉冲。

9.3.2 十进制计数器逻辑功能的描述方法

十进制计数器是在二进制计数器的基础上得出的,用四位二进制数来代表十进制的每一位数,所以也称为二—十进制计数器。

前面已经介绍过的最常用的 8421 编码方式,它是取四位二进制数"0000"～"1001"来表示十进制 0~9 的 10 个数码,而去掉"1010"～"1111"这 6 个数。采用 8421BCD 码的十进制计数器在结构上与二进制计数器基本相同,每一位十进制计数器由 4 个触发器组成。但在十进制加法计数器中,当计数到 9,即 4 个触发器的状态为"1001"时,再来一个计数脉冲,这 4 个触发器不能像二进制加法计数器那样翻转成"1010",而是必须翻转成为"0000",这就是十进制加法计数器与四位二进制加法计数器的不同之处。表 9.5 是十进制加法计数器的状态表。

表 9.5 十进制加法计数器的状态表

计数脉冲数	二 进 制 数				十进制数
	Q_3	Q_2	Q_1	Q_0	
0	0	0	0	0	0
1	0	0	0	1	1
2	0	0	1	0	2
3	0	0	1	1	3
4	0	1	0	0	4
5	0	1	0	1	5
6	0	1	1	0	6
7	0	1	1	1	7
8	1	0	0	0	8
9	1	0	0	1	9
10	0	0	0	0	进位

对于十进制加法计数器而言,为了实现上述第 10 个脉冲到来时由"1001"变为"0000",而不是变为"1010",则要求第二位触发器 F_1 不得翻转,仍保持"0"态,第四位触发器 F_3 必须由"1"态翻转为"0"态。如果二进制加法计数器仍由 4 个主从型 JK 触发器组成,则应将 F_1 和 F_3 两个触发器 J、K 端的逻辑关系修改如下。

F_1:在 $Q_0=1$ 且 $Q_3=0$ 时再来一个脉冲翻转,在 $Q_3=1$ 时不得翻转,所以驱动方程为 $J_1=Q_0\bar{Q}_3$,$K_3=Q_0$。

F_3:在 $Q_2=Q_1=Q_0=1$ 时再来一个脉冲翻转,并在第 10 个脉冲到来时应由 1 翻转为 0,所以驱动方程为 $J_3=Q_2Q_1Q_0$,$K_3=Q_0$。

F_0 和 F_2 两个触发器 J、K 端的逻辑关系仍与四位二进制加法计数器相同,即

F_0:$J_0=K_0=1$。

F_2:$J_2=K_2=Q_1Q_0$。

可见,只有 F_1 的 J 端和 F_3 的 K 端的逻辑关系与四位二进制加法计数器不同。

采用 8421BCD 码的十进制减法计数器与四位二进制减法计数器的不同之处在于：当计数到 0，即 4 个触发器的状态为"0000"时，再来一个计数脉冲，这 4 个触发器应翻转成"1001"，而不像二进制减法计数器那样翻转成"1111"。

9.3.3 其他进制计数器与集成计数器逻辑功能的描述方法

除了上述二进制和十进制计数器外，有时也需要其他进制计数器。N 进制计数器，即每来 N 个计数脉冲，计数器的状态循环一次。这些计数器若采用 8421BCD 码方式，则其构成方法与十进制计数器类似，即通过改变各触发器的连线或附加一些控制门，使计数器跳过二进制计数器的某些状态。

> **提示**：分析的方法是：对于同步计数器，由于计数脉冲连接到每个触发器的 C 端，触发器的状态翻转与否应由驱动方程判断；对于异步计数器，还应同时考虑各触发器的 C 脉冲是否出现。

随着电子技术的发展，已出现不少性能好、功能多的中规模集成计数器，其应用已很广泛。

1. 集成同步计数器

1）74LS161 介绍

图 9.32 是 74LS161 同步四位二进制加法计数器的逻辑功能示意图，CP 为计数脉冲输入端；$\overline{CR}$ 为清零输入端，低电平有效；$\overline{LD}$ 为预置数控制输入端，低电平有效；D_3、D_2、D_1、D_0 为数据输入端；CT_P、CT_T 为选择输入端；Q_3、Q_2、Q_1、Q_0 为状态输出端，CO 为进位输出端，有 $CO=CT_T \cdot Q_3 \cdot Q_2 \cdot Q_1 \cdot Q_0$。74LS161 的功能表见表 9.6，表中凡打"×"处，表示该信号为任意状态。

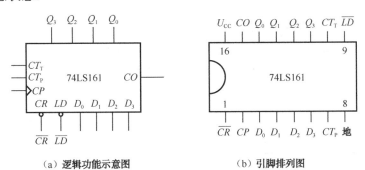

(a) 逻辑功能示意图　　　　(b) 引脚排列图

图 9.32　集成同步计数器

表 9.6　74LS161 的功能表

清零	预置	使	能	时钟	预置数据输入				输		出		工作模式
$\overline{CR}$	$\overline{LD}$	CT_T	CT_P	CP	D_3	D_2	D_1	D_0	Q_3	Q_2	Q_1	Q_0	
0	×	×	×	×	×	×	×	×	0	0	0	0	异步清零
1	0	×	×	↑	d_3	d_2	d_1	d_0	d_3	d_2	d_1	d_0	同步置数

续表

清零	预置	使	能	时钟	预置数据输入				输	出			工作模式
$\overline{CR}$	$\overline{LD}$	CT_T	CT_P	CP	D_3	D_2	D_1	D_0	Q_3	Q_2	Q_1	Q_0	
1	1	0	×	×	×	×	×	×	保持				数据保持
1	1	×	0	×	×	×	×	×	保持				数据保持
1	1	1	1	↑	×	×	×	×	计数				加法计数

2）集成计数器的应用

在数字集成电路中有许多型号的计数器产品，可以用这些数字集成电路来实现所需要的计数功能和时序逻辑功能。在设计时序逻辑电路时有两种方法：一种为反馈清零法；另一种为反馈置数法。

反馈清零法是利用反馈电路产生一个给集成计数器的复位信号，使计数器各输出端为零（清零）。反馈电路一般是组合逻辑电路，将计数器的部分或全部输出作为其输入，在计数器一定的输出状态下即时产生复位信号，使计数电路同步或异步复位。

反馈置数法将反馈逻辑电路产生的信号送到计数电路的置位端，在满足条件时，计数电路输出状态为给定的二进制码。下面通过举例说明它们的具体使用方法。

【例9.5】 试用一片 74LS161 组成一位十二进制同步加法计数器。

【解】 分别用反馈清零法和反馈置数法来实现。

（1）反馈清零法。十二进制同步加法计数器应该有 12 种计数状态，即 74LS161 从 $Q_3Q_2Q_1Q_0$=0000 开始到 $Q_3Q_2Q_1Q_0$=1011 共 12 种状态。在下一个 CP 脉冲作用后，计数器输出变为 0000。因为 74LS161 是异步清零，只要 $\overline{CR}$=0，输出即变为 0000，这个过程不受时钟 CP 的控制，所以计数要计到 $Q_3Q_2Q_1Q_0$=1100 状态再通过门电路控制 $\overline{CR}$ 端，即 $\overline{CR}=\overline{Q_3Q_2}$，电路连接如图 9.33 所示。

（2）反馈置数法。反馈置数法是通过反馈产生置数信号 $\overline{LD}$，将预置数 $D_3D_2D_1D_0$ 预置到输出端。74LS161 是同步置数的，需 $\overline{LD}$ 和 CP 都有效才能置数，因此 $\overline{LD}$ 应先于 CP 出现。在本例中，输出为 1011（即十进制中的 11）时就应反馈控制 $\overline{LD}$，所以 $\overline{LD}=\overline{Q_3Q_1Q_0}$。此时连接电路如图 9.34 所示。

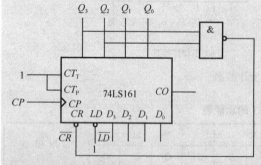
图 9.33 用反馈清零法实现十二进制同步加法计数器

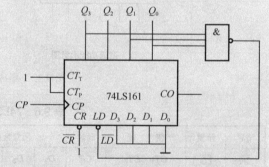
图 9.34 用反馈置数法实现十二进制计数器

2. 集成异步计数器

如图9.35（a）所示为集成异步二—五—十进制计数器CT74LS290的电路结构框图（未画出置0和置9输入端）。由该图可看出，CT74LS290由一个一位二进制计数器和一个五进制计数器组成。如图9.35（b）所示为CT74LS290的逻辑功能示意图，图中R_{0A}和R_{0B}为置0输入端，S_{9A}和S_{9B}为置9输入端，表9.7为其功能表。

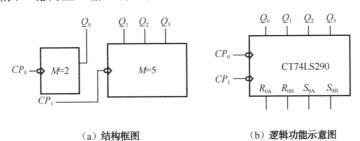

（a）结构框图　　　　　　　　（b）逻辑功能示意图

图9.35　CT74LS290的结构框图和逻辑功能示意图

表9.7　CT74LS290的功能表

S_{9A}	S_{9B}	R_{0A}	R_{0B}	CP_0	CP_1	Q_3	Q_2	Q_1	Q_0
1	1	×	×	×	×	1	0	0	1
0	×	1	1	×	×	0	0	0	0
×	0	1	1	×	×	0	0	0	0
				CP	0	二进制			
				0	CP	五进制			
	$S_{9A} \cdot S_{9B}=0$			CP	Q_0	8421　十进制			
	$R_{0A} \cdot R_{0B}=0$			Q_3	CP	5421　十进制			

利用异步计数器的异步置0功能可方便地获得N进制计数器。只要异步置0输入端出现置0信号，计数器便立刻被置0。因此，利用异步置0输入端获得N进制计数器时，应在输入第N个计数脉冲CP后，通过控制电路（或反馈电线）产生一个置0信号加到置0输入端上，使计数器置0，从而可实现N进制计数。具体方法如下。

用S_1，S_2，…，S_N表示输入1，2，…，N个计数脉冲时计数器的状态。

（1）写出N进制计数器状态S_N的二进制代码。

（2）写出反馈清零函数。这实际上是根据S_N写出置0端的逻辑表达式。

（3）画连线图。可以先画出8421码十进制计数器连线图，再根据反馈清零函数画反馈复位连线图。

【例9.6】　试用CT74LS290构成8421码六进制计数器。

【解】　（1）写出S_6二进制代码：S_6=0110。

（2）写出反馈归零函数，即

$$R_0 = R_{0A} \cdot R_{0B} = Q_2 \cdot Q_1$$

(3) 画连线图，如图 9.36 所示。

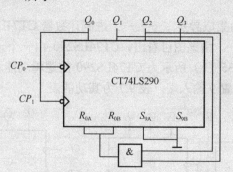

图 9.36　用 CT74LS290 构成的 8421 码六进制计数器

9.4　555 定时器及其应用

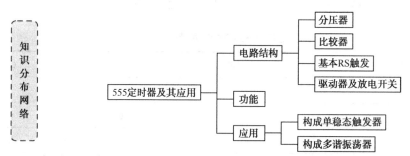

555 定时器又称 555 时基电路，是一种多用途的数字/模拟混合集成电路。该电路只需外接少量阻容元器件，就可以构成各种功能电路，因而在波形产生与变换、控制与检测及家用电路等领域都有着广泛的应用。

9.4.1　555 定时器的电路结构

1. 电路结构

555 定时器内部原理电路如图 9.37（a）所示，图 9.37（b）为引脚排列图。

555 定时器一般由分压器、比较器、触发器和驱动器及放电开关等组成。

（1）分压器。分压器由 3 个 5kΩ 电阻组成，串联在电源电压 U_{CC} 与地之间，它的作用是为两个比较器提供基准电压。

（2）比较器。比较器 A_1、A_2 由两个结构相同的集成运算放大器构成，A_1 的反相输入端 TH 为高电平触发端，A_2 的同相端 $\overline{TR}$ 为低电平触发端。

（3）基本 RS 触发器。它由两个与非门组成，其输出状态 Q 取决于两个比较器的输出。$\overline{R}_D$ 为直接复位端。若 $\overline{R}_D=0$，则无论触发器是什么状态，都将强行复位，使 $Q=0$。

（4）驱动器及放电开关。驱动器即反相器 D_3，用来提高定时器的负载能力并隔离负载对定时器的影响。放电开关晶体管 VT，其基极受 D_1 控制。当 $Q=0$，$\overline{Q}=1$ 时，VT 导通，放电端 D 通过导通的晶体管为外电路提供放电的通路；当 $Q=1$，$\overline{Q}=0$ 时，VT 截止，放电通路阻断。

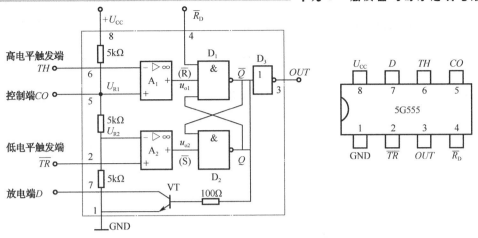

(a) 内部原理框图　　　　　　　　　　（b) 引脚排列图

图9.37　555定时器

2. 功能

555定时器的功能表见表9.8，其中"×"表示任意状态。

表9.8　555功能表

TH(6)	$\overline{TR}$(2)	$\overline{R}_D$(4)	OUT(3)	放电管VT
×	×	0	0	导通
$>\frac{2}{3}U_{CC}$	$>\frac{1}{3}U_{CC}$	1	0	导通
$<\frac{2}{3}U_{CC}$	$>\frac{1}{3}U_{CC}$	1	不变	不变
$<\frac{2}{3}U_{CC}$	$<\frac{1}{3}U_{CC}$	1	1	截止

9.4.2　555定时器构成的单稳态触发器及其应用

单稳态触发器具有一个稳态和一个暂稳态，无外加触发脉冲时，电路处于稳态；在外加触发脉冲作用下，电路由稳态进入暂稳态。暂稳态维持一段时间后，电路又自动返回稳态，其中暂稳态维持时间的长短取决于电路中所用的定时元器件的参数，而与外加触发脉冲无关。

1. 电路组成

电路如图9.38（a）所示，555定时器的6脚和7脚相连并与定时元器件R、C相连，2脚接输入触发信号。

2. 工作原理

1）稳态阶段

输入端未加负向脉冲时，u_i为高电平U_{CC}，即$U_{\overline{TR}}>\frac{1}{3}U_{CC}$。接通电源瞬间，电路有一个

稳定过程,即电源通过电阻 R 对电容 C 充电,当 u_C 上升至 $\frac{2}{3}U_{CC}$ 时,输出为"0",VT 导通,C 又通过其快速放电,即 $U_{TH} = u_C = 0 < \frac{2}{3}U_{CC}$,使电路保持原态"0"不变。所以,接通电源后,电路经过一段过渡时间后,输出稳定在"0"态。

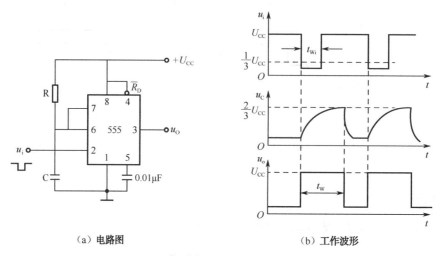

图 9.38 555 定时器构成的单稳态触发器

2)触发翻转阶段

当输入端加入负脉冲 u_i 时,$U_{\overline{TR}} = u_i < \frac{1}{3}U_{CC}$,并且 $U_{TH} = u_C < \frac{2}{3}U_{CC}$,则输出由"0"翻转为"1",VT 截止,定时开始。

3)暂稳态维持阶段

电路翻转为"1"后,此时触发脉冲已消失,u_i 恢复为高电平。因 VT 截止,电源经 R 对 C 充电,$\tau_充 = RC$,$U_{TH} = u_C$ 按指数规律上升,$U_{TH} = u_C < \frac{2}{3}U_{CC}$,维持"1"态不变。

4)自动返回阶段

当 $U_{TH} = u_C$ 上升到 $\frac{2}{3}U_{CC}$ 时,电路由暂稳态"1"自动返回到稳态"0",VT 由截止变为导通,电容 C 经放电晶体管 VT 对地快速放电,定时结束,电路由暂稳态重新转入稳态。

下一个触发脉冲到来时,电路重复上述过程。工作波形如图 9.38(b)所示。

电路暂稳态持续时间又称输出脉冲宽度,也就是电容 C 充电的时间,由电路可得

$$t_W \approx 1.1RC \quad (9.1)$$

可见输出脉冲宽度与 R、C 有关,而与输入信号无关,调节 R 和 C 可改变输出脉冲宽度。单稳态触发器广泛用于整形、定时、延时电路中。

9.4.3 555 定时器构成的多谐振荡器及其应用

多谐振荡器又称方波振荡器,是一种无稳态电路,只有两个暂稳态。该电路接通电源

后，无须外加触发信号，就在两个暂稳态之间来回跳变，产生一定频率和幅值的矩形脉冲。由于矩形脉冲波形是由基波和许多高次谐波组成，所以称为多谐振荡器。

1. 电路组成

如图 9.39（a）所示，555 定时器的 6 脚和 2 脚直接相连，放电端 D 接在两个电阻之间，无外加信号，R_1、R_2、C 为定时元器件。

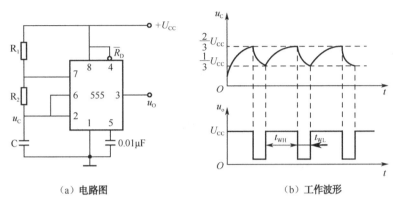

(a) 电路图　　　　　　　　　　(b) 工作波形

图 9.39　555 定时器构成的多谐振荡器

2. 工作原理

假设接通电源瞬间，电容 C 没有电压，$U_{TH} = U_{\overline{TR}} = u_C = 0V$，则 $OUT = 1$，VT 截止。电源 U_{CC} 以 R_1、R_2 对电容 C 充电，$\tau_充 = (R_1+R_2)C$，电容电压逐渐上升，当 u_C 达到 $\frac{2}{3}U_{CC}$ 时，输出由"1"跳变为"0"，同时 VT 导通。充电电流从放电端入地，使电容 C 通过 R_2 及 VT 放电，$\tau_放 = R_2C$。当 u_C 下降至 $\frac{1}{3}U_{CC}$ 时，输出由"0"跳变为"1"，同时 VT 截止，C 又重新充电。以后重复上述过程，获得如图 9.39（b）所示的波形。

电容充电时间　　　　　　$t_{WH} = (R_1 + R_2)C\ln 2 \approx 0.7(R_1 + R_2)C$ 　　　　（9.2）

电容放电时间　　　　　　$t_{WL} = R_2 C \ln 2 \approx 0.7 R_2 C$ 　　　　　　　　　　（9.3）

振荡周期　　　　　　　　$T = t_{WH} + t_{WL} = 0.7(R_1 + 2R_2)C$ 　　　　　　（9.4）

振荡频率　　　　　　　　$f = \dfrac{1}{T} = \dfrac{1.43}{(R_1 + 2R_2)C}$ 　　　　　　　　　（9.5）

占空比　　　　　　　　　$q = \dfrac{t_{WH}}{T} = \dfrac{R_1 + R_2}{R_1 + 2R_2}$ 　　　　　　　　　（9.6）

技能训练 16　主要触发器的逻辑功能测试

1. 实训目的

（1）掌握基本 RS 触发器的连接与测试。
（2）掌握集成 JK 触发器、集成 D 触发器的逻辑功能测试。

2．实训设备和器材

（1）数字实验台、万用表、直流稳压电源等。

（2）CC4011 四输入二与非门、CC4027 双 JK 触发器、CC4013 双 D 触发器等。

3．实训内容和实训步骤

集成块引脚如图 9.40 所示。

1）基本 RS 触发器的连接及逻辑功能测试

将 1/2 片 CC4011（两个与非门）按图 9.41 连接成基本 RS 触发器，按表 9.9 的要求给输入端加上逻辑电平信号，将输出 Q 及 $\overline{Q}$ 状态填入表 9.9 中。

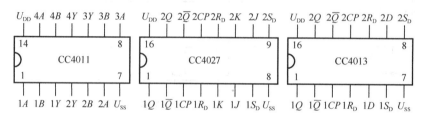

图 9.40　CC4011、CC4027、CC4013 集成块引脚图　　　图 9.41　基本 RS 触发器

表 9.9　基本 RS 触发器逻辑功能测试表

输入		输出		
$\overline{R}$	$\overline{S}$	Q	$\overline{Q}$	输出状态
0	1			
1	0			
1	1			
0	0			

2）JK 触发器逻辑功能测试

将 CC4027 其中一个触发器的输入端接逻辑电平开关，输出端接逻辑电平显示器，按表 9.10 的要求输入信号，记录输出状态。

表 9.10　JK 触发器逻辑功能测试表

	复位	置位	CP	0	↑	↓	0	↑	↓	0	↑	↓	0	↑	↓
R			J	0			0			1			1		
S			K	0			1			0			1		
Q	0	1	Q	0			0			0			0		
				1			1			1			1		

3）D 触发器逻辑功能测试

将 CC4013 其中一个触发器的输入端接逻辑电平开关，输出端接逻辑电平显示器，按表 9.11 的要求输入信号，记录输出状态。

表 9.11　D 触发器逻辑功能测试表

复	位	置	位	CP	0	↑	↓	0	↑	↓
R				D		0			1	
S										
Q	0		1	Q		0			0	
						1			1	

4）逻辑触发器的功能转换

将 D 触发器转换成 JK 触发器，以及将 D 触发器转换成 T 触发器。请按实训内容自拟记录表格。

技能训练 17　六十进制计数译码显示电路的组装与调试

1．实训目的

（1）掌握集成计数器的级联方法。

（2）熟悉计数器、译码器和数码显示器的应用。

（3）能根据给定的设备和主要元器件，制作完成一个六十进制的计数、译码、显示电路。

2．实训设备与器材

（1）函数信号发生器、直流电源和万用表等。

（2）74LS00 集成器 1 块，74LS161、74LS248、数码显示管各 2 块，电阻、导线若干。

3．实训原理

（1）若使六十进制能够显示出来，必须构成 6×10，即个位片是十进制、十位片是六进制的计数器间的级联形式。

（2）计数器的输出要连接译码器的输入，译码器的输出要和显示器的输入一一对应连接，数码管使用时要注意串联限流电阻。

（3）原理电路如图 9.42 所示，若计数脉冲的频率是 1Hz，则该电路可作为电子钟的秒和分使用。

4．实训步骤

（1）参照图 9.42，按照顺序将各单元电路逐个接线和调试。

（2）待各单元电路工作正常后，再将电路逐级连接起来进行调试，直到六十进制的显示电路能正常工作。

5．实训注意事项

（1）由于电路中的器件较多，安装前必须合理安排各器件在实验装置中的位置，能保证电路逻辑清楚，接线整齐。

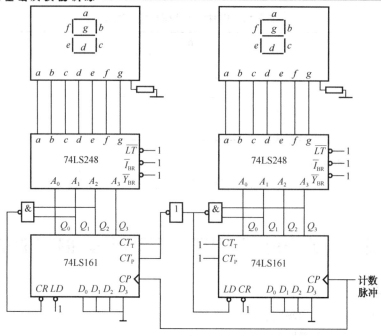

图 9.42 由 74LS161 构成的六十进制显示计数器

（2）如果实际采用的器件是 COMS 集成电路，则多余输入端不能悬空，必须按要求接电源或接地。

（3）译码器和显示器要配套使用，若译码器采用 74LS247，则配共阳极的七段数码管；若用 74LS248，则配共阴极的七段数码管。

6．实训思考

（1）若集成计数器采用 74LS163，则电路液压如何变化？

（2）集成计数器采用 74LS290，要构成 99 倒计时显示电路，请自行设计电路。

知识梳理与总结

（1）时序逻辑电路在任一时刻的输出状态不仅取决于当时的输入信号，还与电路的原状态有关。因此，时序逻辑电路中必须含有具有记忆功能的存储器件，触发器是最常用的存储器件，是时序电路的基本单元。

（2）触发器按其稳定工作状态可分为双稳态触发器、单稳态触发器和无稳态触发器（多谐振荡器），其中双稳态触发器应用最广泛。

（3）寄存器是暂存数码的数字器件，主要由具有记忆功能的双稳态触发器构成。寄存器分为数码寄存器和移位寄存器。

（4）计数器是累计输入脉冲数目的器件，主要由双稳态触发器构成。计数器按计数制可分为二进制、十进制和其他进制的计数器；按其功能可分为加法计数器、减法计数器等。

思考与练习 9

一、填空题

9-1 时序逻辑电路的输出不仅取决于现时的_____，还取决于_____。

9-2 _____触发器具有置 0 和置 1 功能。

9-3 JK 触发器具有_____、_____、_____和_____功能。

9-4 计数器由初始时的任意状态自行进入有效循环状态的现象称为_____能力。

9-5 寄存器分为_____寄存器和_____寄存器两种。

二、判断对错

9-6 JK 触发器不但可以避免不确定的状态而且增强了触发器的逻辑功能。（　　）

9-7 JK 触发器在 $J=K=1$ 时，每来一个 CP 脉冲，触发器就翻转一次，故知 JK 触发器具有计数功能。（　　）

9-8 D 触发器只能在上升沿翻转。（　　）

9-9 构成计数器电路的器件必须具有记忆功能。（　　）

9-10 寄存器只能用边沿触发的 D 触发器构成。（　　）

9-11 当 $CR=0$，$CP=0$ 时，寄存器的各 D 触发器处于存入数据状态。（　　）

9-12 时序电路具有记忆功能。（　　）

三、计算题

9-13 当基本 RS 触发器的 R_D 和 S_D 端加上如图 9.43 所示波形时，试画出 Q 端的输出波形。设初始状态为 0 和 1 两种情况。

9-14 当钟控 RS 触发器的 C、S 和 R 端加上如图 9.44 所示波形时，试画出 Q 端的输出波形。设初始状态为 0 和 1 两种情况。

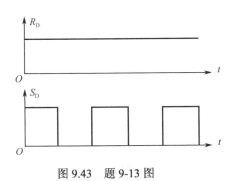

图 9.43 题 9-13 图

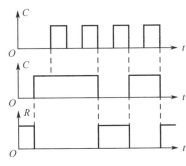

图 9.44 题 9-14 图

9-15 试用 4 个维持阻塞型 D 触发器组成一个四位右移移位寄存器。设原存数为 "1101"，待输入数为 "1001"，试说明移位寄存器的工作原理。

9-16 试用 4 个 D 触发器（上升沿触发）组成一个四位二进制加法计数器。

9-17 已知初始状态为 0 的主从型 JK 触发器，当其中 J、K 及 C 端加上如图 9.45 所示波形时，试画出 Q 端的输出波形。

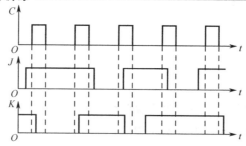

图 9.45 题 9-17 图

9-18 已知时钟脉冲 C 端的波形如图 9.44 所示，试分别画出图 9.46 中各触发器输出端 Q 的波形。设它们的初始状态均为 0。

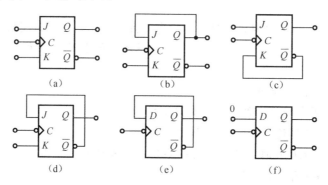

图 9.46 题 9-18 图

9-19 已知初始状态为 0 的 D 触发器，当其 D 端和 C 端加上如图 9.47 所示波形时，试分别画出主从型 D 触发器和维持阻塞型 D 触发器 Q 端的输出波形。

9-20 在如图 9.48 所示的逻辑图中，时钟脉冲 C 的波形如图 9.44 所示，试画出 Q_1 和 Q_2 端的波形。若 C 的频率为 400Hz，那么 Q_1 和 Q_2 端波形的频率各为多少？设初始状态 $Q_1=Q_2=0$。

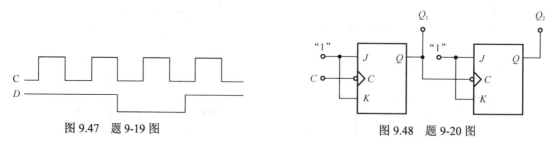

图 9.47 题 9-19 图   图 9.48 题 9-20 图

9-21 根据如图 9.49 所示的逻辑图及相应的 C、R_D 和 D 端的波形，试画出 Q_1 端和 Q_2 端的输出波形。设初始状态 $Q_1=Q_2=0$。

9-22 由 JK 触发器组成的移位寄存器，如图 9.50 所示，试列出输入数码 1001 的状态表，并画出各 Q 端的波形图。设各触发器的初始状态为 0。

9-23 设如图 9.51 所示电路中各触发器的初态为 $Q_0Q_1Q_2Q_3=0001$，已知 C 脉冲，试列出各触发器 Q 的状态表，并画出波形图。

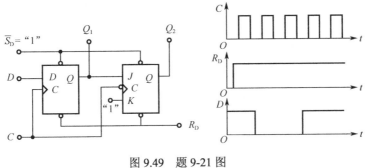

图 9.49 题 9-21 图

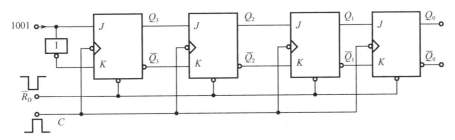

图 9.50 题 9-22 图

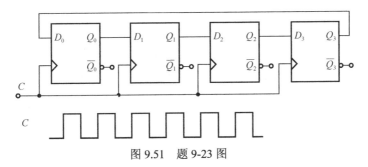

图 9.51 题 9-23 图

9-24 设如图 9.52 所示电路各触发器的初态为 0，已知 C 脉冲，试列出状态表，并画出各 Q 端的波形图。

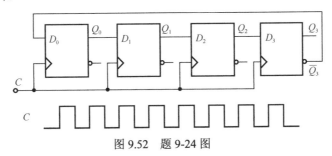

图 9.52 题 9-24 图

9-25 试列出如图 9.53 所示计数器的状态表，从而说明它是一个几进制计数器。

9-26 图 9.54 是一个简易触摸开关电路，当手摸金属片时，555 定时器的 2 端得到一个负脉冲，发光二极管亮，经过一定时间，发光二极管熄灭。试说明其工作原理，并问发光二极管能亮多长时间？

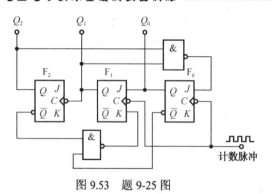

图 9.53 题 9-25 图

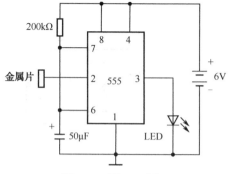

图 9.54 题 9-26 图

9-27 图 9.55 是一个防盗报警电路，a、b 两端被一细铜丝接通，此铜丝置于认为盗窃者必经之处。当盗窃者闯入室内将铜丝碰断后，扬声器即发出报警声（扬声器电压为 1.2V，通过电流为 40mA）。

（1）指出 555 定时器组成的是何种电路？

（2）说明本报警电路的工作原理。

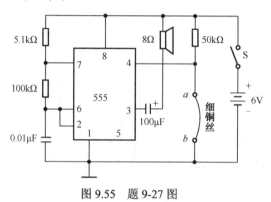

图 9.55 题 9-27 图

单元 10

模拟量与数字量的转换

教学导航

教	知识重点	1. 两种数模转换器的电路组成及工作原理 2. DAC 的主要参数 3. 模数转换器的电路组成及工作原理
	知识难点	1. 数模转换器的工作原理 2. 模数转换器的工作原理
	推荐教学方法	通过讲解电路组成及功能加深理论知识的运用能力
	建议学时	8 学时
学	推荐学习方法	以小组讨论的学习方式为主,结合实践操作及本单元内容掌握知识的运用
	必须掌握的理论知识	1. 数模转换器的功能及工作原理 2. 模数转换器的功能及工作原理
	必须掌握的技能	选择集成 DAC 和 ADC 芯片的方法

当计算机用于过程控制、数据采集等系统中,如图 10.1 所示,被控对象的参数往往是连续变化的物理量,如温度、压力、流量、位移量等。通常连续量也称为模拟量,为了能够用计算机处理模拟量,就必须把模拟量转换成相应的数字量才能送到计算机中进行算术和逻辑运算。同时,只有把处理后得到的数字量再转换成相应的模拟量才能实现对参数的测量和控制。将前一种从模拟量到数字量的转换称为模数转换,简写成 A/D 转换。完成这种功能的电路称为模数转换器,简称 ADC。将后一种从数字量到模拟量的转换称为数模转换,简写成 D/A 转换。相应的电路称为数模转换器,简称 DAC。

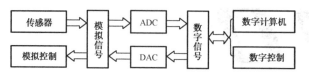

图 10.1 DAC 和 ADC 转换系统框图

转换器的种类很多,仅对 DAC 和 ADC 的转换原理、集成电路转换器的结构和使用方法等做简单介绍,使读者对此有初步的了解,为今后进一步学习打下基础。

10.1 数模转换器(DAC)概述及应用

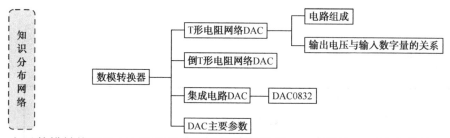

由于数模转换器 DAC 的工作原理比模数转换器 ADC 简单,而且在某些 ADC 中需要用到 DAC 作为内部的反馈部件,所以首先介绍 DAC。DAC 是将输入的数字量转换为模拟量的电路。DAC 有多种形式,如权电阻 DAC、T 形电阻网络 DAC、权电流 DAC 和倒 T 形电阻 DAC 等。本节主要介绍用得较多的 T 形电阻网络 DAC。

10.1.1 T 形电阻网络 DAC

下面以 4 位转换器的电路为例说明其工作原理,电路如图 10.2 所示。

1. 电路组成

R-2RT 形电阻网络数模转换器是由模拟开关、R-2R 电阻网络、运算放大器、基准电压等组成。图 10.2 中 U_R 是基准电压;S_3、S_2、S_1、S_0 是各位的电子开关;d_3、d_2、d_1、d_0 是输入的数字量,分别控制电子开关 S_3、S_2、S_1、S_0,当某一位数字量 d_i=1 时,对应的电子开关 S_i 接到 U_R 电源上。当 d_i=0 时,S_i 接"地"。

T 形电阻网络的作用是将数字量的信号电压转换成模拟量的信号电流,它的输出端接到运算放大器的反相输入端。运算放大器接成反相比例运算电路,它将模拟信号电流变换为模拟信号电压输出。基准电压(或称参考电压)作为模拟量的最大输出电压,即转换器的最大输出电压通常以 U_R 为极限。

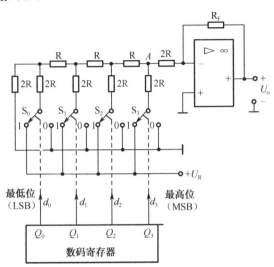

图 10.2 T 形电阻网络 DAC

2．输出电压与输入二进制数字量的关系

T 形电阻网络的输出电压是利用戴维南定理和叠加原理进行计算的，即分别算出每个电子开关单独接基准电压时的输出电压，然后利用叠加原理求得总的输出电压。

当只有 $d_0=1$ 时，即 $d_3d_2d_1d_0=0001$，其电路如图 10.3（a）所示。应用戴维南定理将 00′左边部分等效成电压为 $U_R/2$ 的电源与电阻 R 串联的电路。然后再分别在 11′、22′、33′处计算它们左边部分的等效电路，其等效电源的电压依次被除以 2，即 $U_R/4$、$U_R/8$、$U_R/16$，而等效电源的内阻均为 R。由此可得出最后的等效电路，如图 10.3（b）所示。可见，只有 $d_0=1$ 时的网络开路电压为等效电源电压 $\dfrac{U_R}{2^4}d_0$。同理，再分别对 $d_1=1$、$d_2=1$、$d_3=1$，其余为 0 时重复上述计算过程，得出的网络开路电压各为 $\dfrac{U_R}{2^3}d_1$、$\dfrac{U_R}{2^2}d_2$、$\dfrac{U_R}{2^1}d_3$。

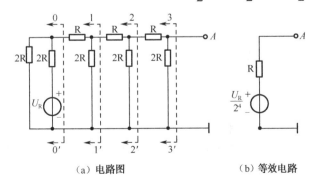

（a）电路图　　　　（b）等效电路

图 10.3 计算 T 形网络的输出电压

应用叠加原理将这 4 个电压分量叠加，得出 T 形电阻网络开路时的输出电压 U_A，即等效电源电压 U_E：

电工电子技术基础及技能训练

$$U_A = U_E = \frac{U_R}{2^1}d_3 + \frac{U_R}{2^2}d_2 + \frac{U_R}{2^3}d_1 + \frac{U_R}{2^4}d_0$$
$$= \frac{U_R}{2^4}(d_3 \times 2^3 + d_2 \times 2^2 + d_1 \times 2^1 + d_0 \times 2^0)$$
（10.1）

其等效电路如图 10.4 所示。

在图 10.2 中，T 形电阻网络的输出端经 2R 接到运算放大器的反相输入端，其等效电路如图 10.5 所示。

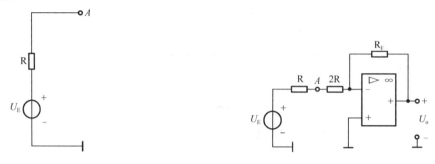

图 10.4　T 形电阻网络的等效电路　　图 10.5　T 形电阻网络与运算放大器连接的等效电路

运算放大器输出的模拟电压为

$$U_o = -\frac{R_F}{3R}U_E$$
$$= -\frac{R_F U_R}{3R \times 2^4}(d_3 \times 2^3 + d_2 \times 2^2 + d_1 \times 2^1 + d_0 \times 2^0)$$
（10.2）

如果输入的是 n 位二进制数，则

$$U_o = -\frac{R_F U_R}{3R \times 2^n}(d_{n-1} \times 2^{n-1} + d_{n-2} \times 2^{n-2} + \cdots + d_0 \times 2^0)$$
（10.3）

式中，$\frac{R_F U_R}{3R \times 2^n}$ 为常数量，由电路本身决定。

> **提示：** 每位二进制数码在输出端产生的电压与该位的权成正比，因而输出电压 U_o 正比于输入的数字量，可以实现数字量到模拟量的转换。

10.1.2　倒 T 形电阻网络 DAC

T 形电阻网络数模转换器虽然转换速度较快，电阻值只有 R 和 2R 两种，并且对电阻的精度要求也不很高，但由于在动态过程中，开关的通断会产生尖脉冲，特别是当输入信号的频率很高时，T 形网络的传输损耗增大，输入数字信号传到运算放大器的时间不同（低位传输时间长），这会在运算放大器输出端产生很大的尖峰。这些都将影响电路的转换精度和转换速度。为了进一步提高电路的转换速度，可采用如图 10.6 所示的倒 T 形电阻网络 DAC。

由图 10.6 可见，倒 T 形电阻网络 DAC 与 T 形网络 DAC 相比，不同之处在于两者电子开关接入的位置不一样。倒 T 形电阻网络 DAC 是将电子开关与电阻网络的位置对调，把电子开关 S_K 接在运算放大器的输入端。开关仍由一组二进制数码来控制。当 $d_K=1$ 时，S_K 接到运算放大器的输入端。当 $d_K=0$ 时，S_K 接"地"。由于运算放大器的虚"地"特性，a 点与地等电位，这样不管电子开关 S_K 是否接通，电阻网络中各处的电流都是恒定的，即电阻网络中的电流与开关的状态无关，从而消除了尖脉冲。数字信号各位同时到达运算放大器，因而也不存在传输时间差的问题，克服了 T 形网络 DAC 的缺点。

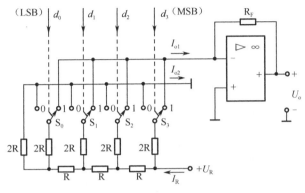

图 10.6　倒 T 形电阻网络 DAC

根据电阻网络中各支路电流恒定不变这一特点，可以画出其等效电路如图 10.7 所示。从等效电路图可以看出，不论从哪一个节点往左看，其等效电阻都是 R。从参考电压端输入的电流为

$$I_R = \frac{U_R}{R}$$

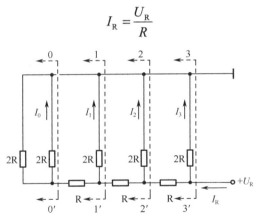

图 10.7　计算倒 T 形电阻网络输出电阻

然后根据分流公式得出各支路电流分别为

$$I_3 = \frac{1}{2}I_R = \frac{U_R}{R \times 2^1}$$

$$I_2 = \frac{1}{4}I_R = \frac{U_R}{R \times 2^2}$$

$$I_1 = \frac{1}{8}I_R = \frac{U_R}{R \times 2^3}$$

$$I_0 = \frac{1}{16}I_R = \frac{U_R}{R \times 2^4}$$

由此可得出电阻网络的输出电流为

$$I_o = \frac{U_R}{R \times 2^4}(d_3 \times 2^3 + d_2 \times 2^2 + d_1 \times 2^1 + d_0 \times 2^0)$$

运算放大器输出的模拟电压 U_o 为

$$U_o = -R_F I_o$$

$$= -\frac{R_F U_R}{R \times 2^4}(d_3 \times 2^3 + d_2 \times 2^2 + d_1 \times 2^1 + d_0 \times 2^0)$$

如果输入的是 n 位二进制数，则

$$U_o = -\frac{R_F U_R}{R \times 2^n}(d_{n-1} \times 2^{n-1} + d_{n-2} \times 2^{n-2} + \cdots + d_0 \times 2^0)$$

10.1.3 集成电路 DAC

DAC0832 是由两个 8 位寄存器（输入寄存器和 DAC 寄存器）、8 位 D/A 转换电路组成的，使用时需外接运算放大器。采用两级寄存器，可使 D/A 转换电路在进行 D/A 转换和输出的同时，采集下一数据，从而提高转换速度。DAC0832 的结构框图和引脚如图 10.8 所示，各引脚功能如下。

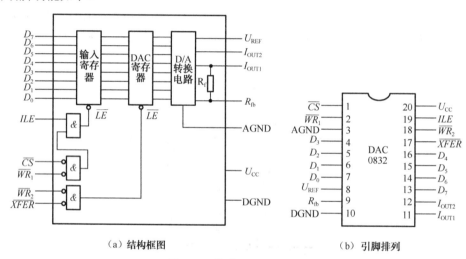

图 10.8 集成 DAC0832

$D_0 \sim D_7$：8 位输入数据信号。

I_{OUT1}：模拟电流输出端，此输出信号一般作为运算放大器的一个差分输入信号（一般接反相端）。

I_{OUT2}：模拟电流输出端，它是运算放大器的另一个差分输入信号（一般接地）。

U_{REF}：参考电压接线端，其电压范围为-10～+10V。

U_{CC}：电路电源电压，可在+5～+15V 范围内选取。

DGND：数字电路地。

AGND：模拟电路地。

$\overline{CS}$：片选信号，输入低电平有效。当 $\overline{CS}$ =1 时（即输入寄存器 $\overline{LE}$ =0），输入寄存器处于锁在状态，输出保持不变；当 $\overline{CS}$ =0，并且 ILE=1、$\overline{WR}_1$ =0 时（即输入寄存器 $\overline{LE}$ =1），输入寄存器打开，这时它的输出随输入数据的变化而变化。

ILE：输入锁存允许信号，高电平有效，与 $\overline{CS}$、$\overline{WR_1}$ 共同控制选通输入寄存器。

$\overline{WR_1}$：输入数据选通信号，低电平有效。

$\overline{XFER}$：数据传送控制信号，低电平有效，用来控制 DAC 寄存器，当 $\overline{XFER}=0$，$\overline{WR_2}=0$ 时，DAC 寄存器才处于接收信号、准备锁存状态，这时 DAC 寄存器的输出随输入而变。

$\overline{WR_2}$：数据传送选能信号，低电平有效。

R_{fb}：反馈电阻输入引脚，反馈电阻在芯片内部，可与运算放大器的输出直接相连。

DAC0832 由于采用两个寄存器，使应用具有很大的灵活性，具有三种工作方式：双缓冲器型、单缓冲器型和直通型。

10.1.4 主要参数

使用各种型号的 DAC 时，应注意各种主要的技术参数。

1．分辨率

分辨率是用来描述对输出量微小变化的敏感程度，指最小输出电压（对应的输入进制数为 1）与最大输出电压（对应的输入进制数的所有位全为 1）之比。例如，10 位 DAC 的分辨率为

$$\frac{1}{2^{10}-1} = \frac{1}{1023} \approx 0.001$$

2．线性度

通常用非线性误差的大小表示 DAC 的线性度。产生非线性误差有两种原因，主要是各位模拟开关导通压降、电阻网络各电阻 R 的阻值不完全相等。

3．输出电压（或电流）的建立时间

从输入数字信号起，到输出电压（或电流）到达稳定值所需的时间称为建立时间。如果是电流（电流型 DAC），其建立时间主要取决于运算放大器所需的时间。

4．电源抑制比

在高质量 DAC 中，要求模拟开关电路和运算放大器的电源电压发生变化时，对输出电压的影响非常小。输出电压的变化与相对应的电源电压变化之比，称为电源的抑制比。除以上主要参数外，还有精度、温度系数、功率消耗等技术指标，使用时可以查阅有关技术手册，这里不再一一介绍。

10.2 模数转换器（ADC）概述及应用

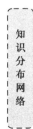

模数转换器 ADC 按其工作原理可分为直接和间接两大类。直接 ADC 是将输入的模拟量直接转换为数字量，间接 ADC 是将输入的模拟量先转换成为某种中间量（如时间、频率等），然后再将中间量转换为所需的数字量。目前，用得较多的是逐次逼近 ADC 和双积分 ADC，前者属于直接 ADC，后者属于间接 ADC。下面将介绍逐次逼近 ADC。

逐次逼近 ADC 是一种常用的模数转换方式，其转换速度比双积分式要快得多，每分钟采样高达几十万次。

逐次逼近 ADC 的转换过程与天平称重的过程相似。假设砝码质量依次为 16g、8g、4g、2g、1g，并假设物体质量为 30g，称重过程如下。

（1）先在天平上加 16g 砝码，经天平比较结果，30g>16g，16g 砝码保留；

（2）再加上 8g，8g+16g<30g，8g 砝码保留；

（3）再加上 4g，8g+4g+16g<30g，4g 砝码保留；

（4）再加上 2g，8g+4g +16g+2g=30g，2g 砝码保留，称重完成。

逐次逼近 ADC 被转换的电压相当于天平所称的物体质量，而所转换的数字量相当于在天平上逐次添加砝码所保留下来的砝码质量。

下面结合如图 10.9 所示的具体电路图来说明逐次逼近的过程，电路由下列几部分组成。

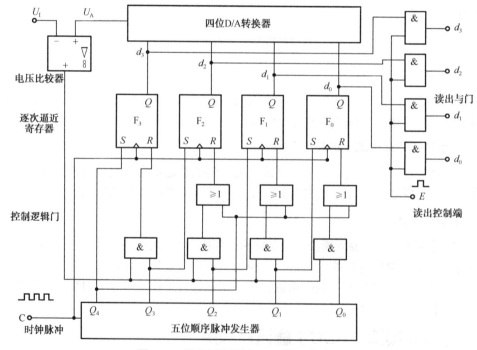

图 10.9　四位逐次逼近 ADC 原理电路

1. 逐次逼近寄存器

它由四个 RS 触发器 F_3、F_2、F_1、F_0 组成，其输出是四位二进制数 $d_3d_2d_1d_0$。

2. 顺序脉冲发生器

它输出的是 Q_4、Q_3、Q_2、Q_1、Q_0 这五个在时间上有一定先后顺序的顺序脉冲。依次右移位，Q_4 端接 F_3 的 S 端及三个或门的输入端，Q_3、Q_2、Q_1、Q_0 分别接四个控制与门的输入

端，其中 Q_3、Q_2、Q_1 还分别接 F_2、F_1、F_0 的 S 端。

3. ADC

其输入来自逐次逼近寄存器，输出电压 U_A 是正值，送到电压比较器的同相输入端。

4. 电压比较器

它用来比较输入电压 U_I（加在反相输入端）与 U_A 的大小，以确定输出端电位的高低。若 $U_I<U_A$，则输出为 1，若 $U_I \geq U_A$，则输出为 0，输出端接四个控制与门的输入端。

5. 控制逻辑门

四个与门和三个或门用来控制逐次逼近寄存器的输出。

6. 读出与门

当读出控制端 $E=0$ 时，与门封闭；当 $E=1$ 时，四个与门打开，输出 $d_3d_2d_1d_0$ 即为转换器的二进制数。

现分析输入模拟电压 $U_I=5.52V$，ADC 参考电压 $U_R=+8V$ 的转化过程。

（1）转换开始前，将 F_3、F_2、F_1、F_0 清零，并使顺序脉冲为 $Q_4Q_3Q_2Q_1Q_0=10000$ 状态。

（2）当第一个转换时钟脉冲 C 的上升沿到来时，使逐次逼近寄存器的输出为 $d_3d_2d_1d_0=1000$，加在 ADC 上，此时 ADC 的输出电压为

$$U_A = \frac{U_R}{2^4}(d_3 \times 2^3 + d_2 \times 2^2 + d_1 \times 2^1 + d_0 \times 2^0)$$
$$= \frac{8}{16} \times 8 = 4 \text{（V）}$$

因为 $U_A<U_I$，所以比较器的输出为 0，同时顺序脉冲右移一位，变为 $Q_4Q_3Q_2Q_1Q_0=01000$ 状态。

（3）当第二个转换时钟脉冲 C 的上升沿到来时，使逐次逼近寄存器的输出为 $d_3d_2d_1d_0=1100$，ADC 的输出电压为 $U_A=\frac{8}{16}\times 12 = 6$（V），$U_A>U_I$，所以比较器的输出为 1，同时顺序脉冲右移一位，变为 $Q_4Q_3Q_2Q_1Q_0=00100$ 状态。

（4）当第三个转换时钟脉冲 C 的上升沿到来时，使逐次逼近寄存器的输出为 $d_3d_2d_1d_0=1010$，ADC 输出电压为 $U_A=\frac{8}{16}\times 10 = 5$（V），$U_A<U_I$，比较器的输出为 0。同时顺序脉冲右移一位，变为 $Q_4Q_3Q_2Q_1Q_0=00010$ 状态。

（5）当第四个转换时钟脉冲 C 的上升沿到来时，使逐次逼近寄存器的输出为 $d_3d_2d_1d_0=1011$，ADC 输出电压为 $U_A=\frac{8}{16}\times 11 = 5.5$（V），$U_A \approx U_I$，比较器的输出为 0。同时顺序脉冲右移一位，变为 $Q_4Q_3Q_2Q_1Q_0=00001$ 状态。

（6）当第五个转换时钟脉冲 C 的上升沿到来时，使逐次逼近寄存器的输出为 $d_3d_2d_1d_0=1011$，保持不变，此即为转化结果。此时，若在 E 端输入一个 E 脉冲，即 $E=1$，则四个与门同时打开，$d_3d_2d_1d_0$ 得以输出，同时 $Q_4Q_3Q_2Q_1Q_0=10000$，返回原始状态。

这样就完成了一次转换，转换过程如表 10.1 和图 10.10 所示。

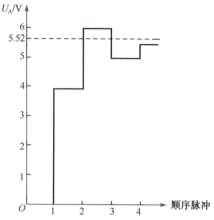

图 10.10 U_A 逼近 U_I 的波形

表 10.1 4 位逐次逼近 ADC 的转换过程

逼近次数	d_3	d_2	d_1	d_0	U_A/V	比 较 结 果	该位数码"1"是保留还是除去
1	1	0	0	0	4	$U_A<U_I$	保留
2	1	1	0	0	6	$U_A>U_I$	除去
3	1	0	1	0	5	$U_A<U_I$	保留
4	1	0	1	1	5.5	$U_A\approx U_I$	保留

知识梳理与总结

（1）数模转换器的功能是将输入的二进制数字信号转换成相对应的模拟信号输出。数模转换器按电阻网络的不同可分为 T 形电阻网络 DAC 和倒 T 形电阻网络 DAC。其原理都是利用线性网络来分配数字量各位的权，使输出短路电流与数字量成正比，然后利用运算放大器将电流转换成电压，从而把数字量转换为模拟电压。

（2）模数转换器的功能是将输入的模拟信号转换成数字输出。其基本原理是将输入的模拟量采样后，与量化基准电压进行比较，即量化后成为一组数字量，最后进行编码，得到与输入模拟电压成正比的输出数字量。

（3）目前大量使用集成 ADC 和 DAC，选择集成芯片时应注意查阅技术手册，以了解其技术性能和使用方法。

思考与练习 10

一、填空题

10-1 对于 D/A 转换器，其转换位数越多，转换精度就会越_____。

10-2 模数转换的过程可分为_____、_____、_____、_____四个过程进行。

10-3 一个6位D/A转换器，满刻度电压为10V，则输出端能分辨出_____V的电压。

二、计算题

10-4 已知8位DAC的输入模拟电压满量程为5V，其分辨率是多少？能分辨的最小电压是多少？当输入量为100000001时，输出电压是多少？

10-5 某12位ADC电路满值输入电压为10V，其分辨率是多少？

10-6 已知某电路最小分辨电压为5mV，最大满值输出电压为10V，试问是几位的DAC？

10-7 在如图10.2所示的T形D/A转换器中，若U_R=+10V，$R=10R_F$。试求当$d_3d_2d_1d_0$=1010时，输出电压U_o为多少伏？

10-8 在如图10.6所示的倒T形权电流D/A转换器中，若基准电压U_R=8V，R=64kΩ，R_F=4kΩ。试求输入数字量10111和11001时的输出电压U_o。

10-9 在4位逐次逼近ADC中，设U_R=10V，U_I=8.2V。试说明逐次比较的过程和转换的结果。

附录 A 半导体器件型号命名方法

第 一 部 分		第 二 部 分	
用数字表示器件电极数目		用汉语拼音字母表示器件材料和性能	
符 号	意 义	符 号	意 义
2	二极管	A	N 型，锗材料
		B	P 型，锗材料
		C	N 型，硅材料
		D	P 型，硅材料
3	三极管	A	PNP 型，锗材料
		B	NPN 型，锗材料
		C	PNP 型，硅材料
		D	NPN 型，硅材料
		E	化合物材料

第 三 部 分				第 四 部 分	第 五 部 分
用汉语拼音字母表示器件类型					
符 号	意 义	符 号	意 义	用数字表示器件序号	用汉语拼音字母表示规格号
P	普通管	D	低频大功率管 $f_c<3MHz, P_c \geq 1W$		
V	微波管				
W	稳压管	A	高频大功率管 $f_c \geq 3MHz, P_c \geq 1W$		
C	参量管				
Z	整流管	T	半导体晶闸管（可控硅）		
L	整流堆				
S	隧道管	Y	体效应器件		
N	阻尼管	B	雪崩管		
U	光电器件	J	阶跃恢复管		
K	开关管	CS	场效应器件		
X	低频小功率管 $f_c<3MHz, P_c<1W$	BT	半导体特殊器件		
		FH	复合管		
G	高频小功率管 $f_c \geq 3MHz, P_c<1W$	PIN	PIN 型管		
		JG	激光器件		

附录 B 常用半导体分立器件参数

B.1 检波与整流二极管

参数		最大整流电流	最大整流电流时的正向压降	反向工作峰值电压
符号		I_{OM}	U_P	U_{RWM}
单位		mA	V	V
型号	2AP1	16		20
	2AP2	16		30
	2AP3	25		30
	2AP4	16	≤1.2	50
	2AP5	16		75
	2AP6	12		100
	2AP7	12		100
	2CP10			25
	2CP11			50
	2CP12			100
	2CP13			150
	2CP14			200
	2CP15	100	≤1.5	250
	2CP16			300
	2CP17			350
	2CP18			400
	2CP19			500
	2CZ11A			100
	ZCZ11B			200
	2CZ11C			300
	2CZ11D	1000	≤1	400
	ZCZ11E			500
	2CZ11F			600
	2CZ11G			700
	2CZ12A			50
	2C212B			100
	2CZ12C			200
	2CZ12D	3000	≤0.8	300
	2CZ12E			400
	2CZ12F			500

B.2 稳压管

参数		稳定电压	稳定电流	耗损功率	最大稳定电流	动态电阻
符号		U_Z	I_Z	P_Z	I_{ZM}	r_Z
单位		V	mA	mW	mA	Ω
测试条件		$I_g=I_Z$	$U_g=U_Z$	$-60\sim+50℃$	$-60\sim+50℃$	$I_g=I_Z$
型号	2CW11	3.4～4.5	10	250	55	≤70
	2CW12	4～5.5	10	250	45	≤50
	2CW13	5～6.5	10	250	38	≤30
	2CW14	6～7.5	10	250	33	≤15
	2CW15	7～8.5	5	250	29	≤15
	2CW16	8～9.5	5	250	26	≤20
	2CW17	9～10.5	5	250	23	≤25
	2CW18	10～12	5	250	20	≤30
	2CW19	11.5～14	5	250	18	≤40
	2CW20	13.5～17	5	250	15	≤50
	2DW7A	5.8～6.6	10	200	30	≤25
	2DW7B	5.8～6.6	10	200	30	≤15
	2DW7C	6.1～6.5	10	200	30	≤10

B.3 半导体三极管（3DG6）

参数符号		单位	测试条件	型号			
				3DG6A	3DG6B	3DG6C	3DG6D
直流参数	I_{CBO}	μA	$U_{CB}=10V$	≤0.1		≤0.01	
	I_{EBO}	μA	$U_{BE}=1.5V$				
	I_{CEO}	μA	$U_{CE}=10V$				
	$U_{BE(sat)}$	V	$U_{CB}=10V$ $I_C=10mA$	≤1.1			
	$h_{FE(\beta)}$		$U_{CB}=10V$ $I_C=3mA$	10～200		20～200	
交流参数	f_T	MHz	$U_{CE}=10V$ $I_C=3mA$ $f=30MHz$	≥100		≥150	
	G_P	dB	$U_{CE}=10V$ $I_C=3mA$ $f=100MHz$	≥7			
	C_{ob}		$U_{CE}=10V$ $I_C=3mA$ $f=5MHz$	≤4		≤3	

附录 B 常用半导体分立器件参数

续表

参数符号		单位	测试条件	型号			
				3DG6A	3DG6B	3DG6C	3DG6D
极限参数	$U_{(BR)CBO}$	V	$I_C=10\mu A$	30		45	
	$U_{(BR)CEO}$	V	$I_C=200\mu A$	15		20	
	$U_{(BR)EBO}$	V	$I_E=-100\mu A$	4			
	I_{CM}	mA		20			
	P_{CM}	mW		100			
	T_{jM}	℃		150			

B.4 绝缘栅场效应管

参数	符号	单位	型号			
			3DO4	3DO2（高频管）	3DO6（开关管）	3CO1（开关管）
饱和漏极电流	I_{DSS}	μA	$0.5\times10^3 \sim 15\times10^3$		≤1	≤1
栅源夹断电压	$U_{GS(off)}$	V	≤|-9|			
开启电压	$U_{GS(th)}$	V			≤5	-2～-8
栅源绝缘电阻	R_{GB}	Ω	≥10^9			
共源小信号低频跨导	g_m	μA/V	≥200		≥400	
最高振荡频率	f_M	MHz	≥300	≥1000		
最高漏极电压	$U_{DS(ER)}$	V	20	12	20	
最高栅极电压	$U_{GS(BR)}$	V	≥20			
最大耗散功耗	P_{DM}	mW	1000			

B.5 晶闸管

参数	符号	单位	型号				
			KP5	KP20	KP50	KP200	KP500
正向重复峰值电压	U_{FRM}	V	100～3000				
反向重复峰值电压	U_{RRM}	V	100～3000				
导通时平均电压	U_F	V	1.2			0.8	
正向平均电流	I_F	A	5	20	50	200	500
维持电流	I_H	mA	40	60		100	
控制极触发电压	U_G	V	≤3.5			≤4	≤5
控制极触发电流	I_G	mA	5～70	5～100	8～150	10～250	20～300

附录 C 半导体集成电路型号命名法

国产半导体集成电路型号由五部分组成，其中各部分所代表的符号和意义如表所示。该表适用于按国家标准规定的半导体集成电路。

第零部分		第一部分		第二部分	
字母表示器件的工作符合国家标准		字母表示器件的类型		阿拉伯数字表示器件的系列和品种代号	
符 号	意 义	符 号	意 义	符 号	意 义
C	符合国家标准	T	TTL		
		H	HTL		
		E	ECL		
		C	CMOS		
		F	线性放大器		
		D	音响、视频电路		
		W	稳压器		
		J	接口电路		
		B	非线性电路		
		M	存储器		
		P	微型机电路		

第三部分		第四部分	
字母表示器件工作的温度范围		字母表示器件的封装	
符 号	意 义	符 号	意 义
C	0～70℃	W	陶瓷扁平
E	-40～85℃	B	塑料扁平
R	-55～85℃	F	全密封扁平
M	-55～125℃	D	陶瓷直插
…	…	P	塑料直插
		J	黑陶瓷直插
		K	金属菱形
		T	金属圆形

附录 D 常用半导体集成电路参数和符号

D.1 运算放大器

参数名称	符号单位	类型	通用型		高精度型	高阻型	高速型	低功耗型
		型号	CF741(F007)	F324(四运放)	CF7650	CF3140	CF715	CF253
电源电压	U/V		≤|±22|	3～30 或 ±1.5～±15	±5	≤|±18|	±15	±3～18
差模开环电压放大系数	A_{no}/dB		≥94	≥87	120	≥86	90	≥90
输入失调电压	U_{IO}/mV		≤5	≤7	$5×10^3$	≤15	2	≤5
输入失调电流	I_{IO}/μA		≤200	≤50		≤0.01	70	≤50
输入偏置电流	I_{IB}/μA		≤500	≤250		<0.05	400	≤100
共模输入电压范围	U_{icM}/V		≤|±15|			+12.5 / -14.5	±12	≤|±15|
差模输入电压范围	U_{idM}/V		≤|±30|			≤|±8|	±15	≤|±30|
共模抑制比	CMRR/dN		≥70	≥65	120	≥70	92	≥80
差模输入电阻	r_{id}/MΩ		2		10^6	$1.5×10^6$	1	6
最大输出电压	U_{OPP}/V		±13		±4.8	+13 / -14.4	+13	
动态功耗	P_D/mW		50			120	165	
U_{i0}温漂	$\frac{dU_{i0}}{dT}$/(μV/℃)		20～30		0.01	8		

D.2 W7800 系列和 W7900 系列集成稳压器

参数名称	符号	单位	7805	7815	7820	7905	7915	7920
电源电压	U_o	V	5±5%	15±5%	20±5%	-5±5%	-15±5%	-20±5%
输入电压	U_i	V	10	23	28	-10	-23	-28
电压最大调整率	S_U	mV	50	150	200	50	150	200
静态工作电流	I_o	mA	6	6	6	6	6	6
输出电压源漂	S_T	MV/℃	0.6	1.8	2.5	-0.4	-0.9	-1
最小输出电压	U_{imin}	V	7.5	17.5	22.5	-7	-17	-22
最大输出电压	U_{imax}	V	35	35	35	-35	-35	-35
最大输出电流	I_{omax}	A	1.5	1.5	1.5	1.5	1.5	1.5

附录 E TTL 门电路、触发器和计数器的部分品种型号

类别	型号	名称
门电路	CT4000（74LS00）	四输入二与非门
	CT4004（74LS04）	六反向器
	CT4008（74LS08）	四输入二与门
	CT4011（74LS11）	三输入三与门
	CT4020（74LS20）	双输入四与非门
	CT4027（74LS27）	三输入三或非门
	CT4032（74LS32）	四输入二或门
	CT4086（74LS86）	四输入二异或门
触发器	CT4074（74LS74）	双上升沿 D 触发器
	CT4112（74LS112）	双下降沿 JK 触发器
	CT4175（74LS175）	四上升沿 D 触发器
计数器	CT4161（74LS161）	4 位二进制同步计数器
	CT4162（74LS162）	十进制同步计数器
	CT4290（74LS290）	二—五—十进制计数器
	CT4293（74LS293）	二—八—十六进制计数器

附录F 国标、部标和国外逻辑符号对照表

名 称	国 标	部 标	国 外
与门	A, B → [&] → F	A, B → □ → F	A, B → ⟑ → F
或门	A, B → [≥1] → F	A, B → [+] → F	A, B → ⟓ → F
非门	A → [1]○ → F	A → □○ → F	A → ▷○ → F
与非门	A, B → [&]○ → F	A, B → □○ → F	A, B → ⟑○ → F
或非门	A, B → [≥1]○ → F	A, B → [+]○ → F	A, B → ⟓○ → F
异或门	A, B → [=1] → F	A, B → [⊕] → F	A, B → ⟓⟩ → F
同或门	A, B → [=1]○ → F	A, B → [⊙] → F	A, B → ⟓⟩○ → F
集电极开路与非门	A, B, C → [& ◇] → F	A, B, C → □⟋ → F	
三态与非门（低电平有效）	A, B, $\overline{EN}$ → [& ▽] → F	A, B, $\overline{E}$ → □○ → F	
三态与非门（高电平有效）	A, B, EN → [& ▽] → F	A, B, E → □ → F	

附录G 触发器新、旧符号对照表

名 称	新 符 号	旧 符 号
基本RS触发器	$\bar{S}_D$, $\bar{R}_D$, Q, $\bar{Q}$	S_D, R_D, Q, $\bar{Q}$
可控RS触发器（电平触发）	$\bar{S}_D$, S, C, R, $\bar{R}_D$, Q, $\bar{Q}$	S_D, S, C, R, R_D, Q, $\bar{Q}$
D触发器（锁存器）	D, C, Q, $\bar{Q}$	D, C, Q, $\bar{Q}$
D触发器（上升沿触发）	$\bar{S}_D$, D, C, $\bar{R}_D$, Q, $\bar{Q}$	S_D, D, C, R_D, Q, $\bar{Q}$
T触发器（上升沿触发）	$\bar{S}_D$, T, C, $\bar{R}_D$, Q, $\bar{Q}$	S_D, T, C, R_D, Q, $\bar{Q}$
JK触发器（上升沿触发）	$\bar{S}_D$, J, C, K, $\bar{R}_D$, Q, $\bar{Q}$	S_D, J, C, K, R_D, Q, $\bar{Q}$
JK触发器（下降沿触发）	$\bar{S}_D$, J, C, K, $\bar{R}_D$, Q, $\bar{Q}$	S_D, J, C, K, R_D, Q, $\bar{Q}$
单稳态触发器	⎍	

参 考 文 献

[1] 曲桂英. 电工基础及实训. 北京:高等教育出版社,2005.
[2] 陆国和. 电路与电工技术. 北京:高等教育出版社,2003.
[3] 常晓玲. 电工技术. 西安:西安电子科技大学出版社,2004.
[4] 陆国和. 电工实验与实训. 北京:高等教育出版社,2001.
[5] 刘志民. 电路分析. 西安:西安电子科技大学出版社,2002.
[6] 邱海霞. 电工与电气设备安装实习. 北京:中国建筑工业出版社,2003.
[7] 王浩. 电工电子技术基础. 北京:清华大学出版社,2009.
[8] 庄丽娟. 电子技术基础. 北京:机械工业出版社,2010.
[9] 史仪凯. 电子技术. 北京:科学出版社,2008.
[10] 阎石. 数字电子技术基础. 北京:高等教育出版社. 1981.
[11] 吴劲松. 电子产品工艺实训. 北京:电子工业出版社,2009.
[12] 严仲兴. 数字电路基础. 北京:中国铁道出版社,2008.
[13] 陈利永,郑明. 数字电路与逻辑设计. 北京:中国铁道出版社,2010.
[14] 王兆安,黄俊. 电力电子技术. 北京:机械工业出版社,2009.
[15] 胡宴如. 模拟电子技术. 北京:高等教育出版社,2003.
[16] 刘淑英. 数字电子技术及应用. 北京:机械工业出版社,2007.
[17] 叶致诚,唐冠宗. 电子技术基础实验. 北京:机械工业出版社,2005.

读者意见反馈表

书名： 电工电子技术基础及技能训练　　　**主编：** 王欣　王兆霞　　　**策划编辑：** 陈健德

> 谢谢您关注本书！烦请填写该表。您的意见对我们出版优秀教材、服务教学，十分重要。如果您认为本书有助于您的教学工作，请您认真地填写表格并寄回。**我们将定期给您发送我社相关教材的出版资讯或目录，或者寄送相关样书。**

个人资料

姓名＿＿＿＿年龄＿＿＿联系电话＿＿＿＿＿＿（办）＿＿＿＿＿＿（宅）＿＿＿＿＿＿（手机）

学校＿＿＿＿＿＿＿＿＿＿＿＿＿＿＿　专业＿＿＿＿＿＿　职称/职务＿＿＿＿＿＿＿＿

通信地址＿＿＿＿＿＿＿＿＿＿＿＿＿＿　邮编＿＿＿＿＿　E-mail＿＿＿＿＿＿＿＿＿＿

您校开设课程的情况为：

本校是否开设相关专业的课程　□是，课程名称为＿＿＿＿＿＿＿＿＿＿＿＿＿＿　□否

您所讲授的课程是＿＿＿＿＿＿＿＿＿＿＿＿＿＿＿＿＿＿课时＿＿＿＿＿＿＿＿＿＿

所用教材＿＿＿＿＿＿＿＿＿＿＿＿＿出版单位＿＿＿＿＿＿＿＿＿印刷册数＿＿＿＿

本书可否作为您校的教材？

□是，会用于＿＿＿＿＿＿＿＿＿＿＿＿＿＿＿＿课程教学　　□否

影响您选定教材的因素（可复选）：

□内容　　□作者　　□封面设计　　□教材页码　　□价格　　□出版社

□是否获奖　□上级要求　□广告　　□其他＿＿＿＿＿＿＿＿＿＿＿＿＿＿＿＿

您对本书质量满意的方面有（可复选）：

□内容　　□封面设计　　□价格　　□版式设计　　□其他＿＿＿＿＿＿＿＿＿＿

您希望本书在哪些方面加以改进？

□内容　　□篇幅结构　　□封面设计　　□增加配套教材　　□价格

可详细填写：＿＿＿＿＿＿＿＿＿＿＿＿＿＿＿＿＿＿＿＿＿＿＿＿＿＿＿＿＿＿＿

＿＿＿＿＿＿＿＿＿＿＿＿＿＿＿＿＿＿＿＿＿＿＿＿＿＿＿＿＿＿＿＿＿＿＿＿＿＿

您还希望得到哪些专业方向教材的出版信息？

＿＿＿＿＿＿＿＿＿＿＿＿＿＿＿＿＿＿＿＿＿＿＿＿＿＿＿＿＿＿＿＿＿＿＿＿＿＿

感谢您的配合，可将本表按以下地址反馈给我们。

邮局邮寄：北京市万寿路 173 信箱华信大厦 1104 室　职业教育分社　邮编：100036

如果您需要了解更详细的信息或有著作计划，请与我们联系。

电话：010-88254585　电子邮件：chenjd@phei.com.cn